人工智能系列规划教材

河北省高等教育教学改革研究与实践项目成果
全国高等院校计算机基础教育研究会立项项目成果

智能优化算法及应用

李 整　秦金磊　王晓霞　主编

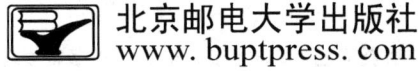
北京邮电大学出版社
www.buptpress.com

内容简介

计算智能作为人工智能的重要研究领域，通过模拟自然进化和生物智能来求解复杂最优化问题。

本书共包含 8 章内容。第 1 章介绍了最优化问题的概念及主要分类。第 2~3 章为进化计算部分，以遗传算法和差分进化算法为代表，介绍了算法原理、实现流程及关键技术，并给出了应用实例。第 4~6 章为群体智能部分，以粒子群优化算法、人工鱼群算法和蚁群优化算法为代表，阐述了算法原理，给出了应用实例，并介绍了算法的各种改进方式。第 7 章阐述了多目标优化问题及其求解方法。第 8 章为人工神经网络部分，介绍了 BP 神经网络、Elman 神经网络等，并给出了具体应用实例。

本书的特色在于巧妙地将智能算法的基本原理与生活、生产实际场景中的最优化问题求解相结合。本书可作为计算机类专业的教材，同时可作为理工科研究生和科研人员的参考用书。

图书在版编目（CIP）数据

智能优化算法及应用 / 李整，秦金磊，王晓霞主编．
北京：北京邮电大学出版社，2025． -- ISBN 978-7-5635-7663-0

Ⅰ．O242.23

中国国家版本馆 CIP 数据核字第 20250BZ706 号

策划编辑：马晓仟　　责任编辑：马晓仟　杨玉瑶　　责任校对：张会良　　封面设计：七星博纳

出版发行：北京邮电大学出版社
社　　址：北京市海淀区西土城路 10 号
邮政编码：100876
发 行 部：电话：010-62282185　　传真：010-62283578
E-mail：publish@bupt.edu.cn
经　　销：各地新华书店
印　　刷：保定市中画美凯印刷有限公司
开　　本：787 mm×1 092 mm　1/16
印　　张：16
字　　数：427 千字
版　　次：2025 年 9 月第 1 版
印　　次：2025 年 9 月第 1 次印刷

ISBN 978-7-5635-7663-0　　　　　　　　　　　　　　　　　　　　　定价：49.00 元

・如有印装质量问题，请与北京邮电大学出版社发行部联系・

前　言

　　自2017年教育部积极推进新工科建设以来,智能类本科专业建设迅速成为各大高校的工作重点之一。计算智能作为人工智能的重要研究领域,通过模拟自然进化和生物智能来求解复杂最优化问题。许多高校将计算智能涉及的各种算法作为专业必修课的重要内容,使其成为智能类专业课程设置的重要组成部分。因此,高校急需建设与之对应的教材和其他教学资源。

　　多年来,最优化问题作为应用数学的一大热点研究领域,主要研究如何提高系统的效能和效益,最终达到系统的最优目标。同时,最优目标的实现也需要考虑一系列约束条件,平衡各种因素之间的关系。在实际生活和生产中,许多问题都属于最优化问题,如电力系统优化调度问题、天然气管道铺设问题、旅行商问题、背包问题和排课问题等。尽管上述问题需要用到的条件有所不同,但其目的都是更加合理地利用现有条件,以达到一个或多个最好的目标。类似的问题还有很多,研究人员需要使用各种不同的优化技术或方法,研究问题的最好解决方案,以达到某些指标最优化的目的。

　　近几十年来,随着计算机的兴起和普及,制约优化设计方法的大运算量问题得以解决。针对传统优化方法存在的不足,研究人员结合生命科学的研究成果,大胆探索出许多新的非经典计算思想。在此过程中,研究人员相继提出了一些与传统优化方法的原理截然不同的仿生智能优化算法。本质上,这些智能优化算法通过模拟来揭示某些自然界现象的原理,是具有自适应调节功能的概率搜索算法。它们综合了数学、生物学和物理学等知识的智能优化算法和技术,通过模拟自然现象或生物智能来求解最优化问题,成为近年来最优化领域的研究热点。研究表明,这些智能优化算法能够有效解决大多数最优化问题,为经济和工业生产等领域带来了巨大的经济效益和社会价值。

　　本书对近年来应用广泛的智能优化算法进行详细阐述,由李整、秦金磊和王晓霞共同编写。本书首先介绍了最优化问题的概念及主要分类,从不同角度概括各类最优化问题的含义。本书在分析各类传统优化方法的基础上,概述智能优化算法的发展历程,从进化计算、群体智能和人工神经网络3个部分分别介绍了几种智能优化算法。进化计算以遗传算法和差分进化算法为代表,本书从这两种算法的提出、实现流程及关键技术等方面进行详细阐述,并给出了应用实例。群体智能以粒子群优化算法、人工鱼群算法和蚁群优化算法为代表，本书在阐述算法原理的基础上，进一步给出了应用实例，并介绍了算法的各种改进方式及其在多目标优化问题求解中的应用。人工神经网络部分着重介绍了相关理论并给出了应用实例。

本书将智能算法的基本原理与生活、生产实际中的最优化问题求解相结合，可作为计算机类专业的教材，同时可作为理工科研究生和科研人员的参考用书。

由于作者水平所限，书中难免存在不足之处，欢迎读者批评指正。

作　者
2025 年 2 月

目 录

第 1 章 最优化问题概述 ··········1

1.1 最优化问题概述 ··········1
1.2 最优化问题的数学描述 ··········3
1.3 最优化问题的主要分类 ··········4
1.4 传统优化算法 ··········8
1.5 智能优化算法 ··········10
1.6 如何学好智能优化算法 ··········12

第 2 章 遗传算法 ··········14

2.1 遗传算法的原理 ··········15
2.2 遗传算法的主要操作 ··········18
   2.2.1 编码 ··········18
   2.2.2 适应度评价 ··········20
   2.2.3 选择 ··········21
   2.2.4 交叉 ··········22
   2.2.5 变异 ··········25
2.3 遗传算法的程序实现 ··········27
   2.3.1 一元多峰函数求极值 ··········27
   2.3.2 典型测试函数优化 ··········32
2.4 遗传算法的改进及发展 ··········46
2.5 遗传算法的应用 ··········48

第 3 章 差分进化算法 ··········57

3.1 差分进化算法的原理 ··········57
   3.1.1 总体流程 ··········58
   3.1.2 主要步骤 ··········59
   3.1.3 主要控制参数 ··········62
3.2 差分进化算法的程序实现 ··········63
   3.2.1 基本差分进化算法求解一维多峰连续函数极值问题 ··········63
   3.2.2 基本差分进化算法求解二维多峰连续函数极值问题 ··········67
   3.2.3 自适应差分进化算法求解多维连续函数极值问题 ··········71

3.2.4 差分进化算法求解 Rastrigin 函数 ... 74
3.2.5 差分进化算法求解旅行商问题 ... 77
3.2.6 差分进化算法求解指数拟合问题 ... 83
3.3 差分进化算法的改进 ... 87
3.3.1 JDE 算法 ... 87
3.3.2 JADE 算法 ... 88
3.3.3 SHADE 算法 ... 89

第 4 章 粒子群优化算法 ... 91

4.1 粒子群优化算法的原理 ... 92
4.1.1 基本粒子群优化算法 ... 92
4.1.2 标准粒子群优化算法 ... 94
4.2 粒子群优化算法主要的控制参数 ... 95
4.3 粒子群优化算法的程序实现 ... 96
4.3.1 一元多峰函数求最大值 ... 96
4.3.2 典型测试函数优化 ... 100
4.4 粒子群优化算法的改进及发展 ... 103
4.4.1 离散粒子群优化算法 ... 103
4.4.2 带有惯性权重的粒子群优化算法 ... 104
4.4.3 全面学习的粒子群优化算法 ... 104
4.4.4 反向学习的粒子群优化算法 ... 106
4.5 粒子群优化算法的应用 ... 107

第 5 章 人工鱼群算法 ... 118

5.1 人工鱼群算法的原理 ... 118
5.1.1 总体流程 ... 118
5.1.2 行为描述 ... 119
5.1.3 主要的控制参数 ... 122
5.2 人工鱼群算法的程序实现 ... 123
5.2.1 人工鱼群算法求解函数优化问题 ... 123
5.2.2 人工鱼群算法解决旅行商问题 ... 130
5.3 人工鱼群算法的改进 ... 143
5.3.1 MAFSA 的改进策略 ... 143
5.3.2 MAFSA 的程序实现 ... 145

第 6 章 蚁群优化算法 ... 152

6.1 蚁群优化算法概述 ... 152
6.2 蚁群优化算法的理论基础 ... 152
6.2.1 蚂蚁觅食机制 ... 152
6.2.2 蚁群优化算法的模型 ... 153

6.3 蚁群优化算法的流程	154
6.4 蚁群优化算法变体	155
6.4.1 最大最小蚂蚁系统算法	156
6.4.2 蚁群系统算法	157
6.4.3 多目标蚁群优化算法	160
6.4.4 量子蚁群优化算法	163
6.5 蚁群优化算法求解旅行商问题	165
6.5.1 旅行商问题	165
6.5.2 算法设计	165
6.5.3 代码实现	166
6.5.4 运行结果	170

第7章 多目标优化问题及其求解方法 …… 171

7.1 多目标优化问题概述	171
7.2 多目标优化问题	171
7.2.1 多目标优化问题的数学模型	172
7.2.2 多目标优化问题的求解方法	173
7.3 多目标粒子群算法的原理及流程	175
7.3.1 多目标粒子群算法的原理	175
7.3.2 多目标粒子群算法的流程	177
7.4 多目标粒子群算法的应用	178
7.5 目标权重导向的多目标粒子群算法设计	186
7.5.1 外部档案	186
7.5.2 拥挤距离	186
7.5.3 目标权重因子	187
7.5.4 相关函数设计	188
7.5.5 目标权重导向的多目标粒子群算法的实现	189
7.6 多目标人工鱼群算法	190
7.6.1 多目标人工鱼群算法的原理及实现流程	190
7.6.2 多目标人工鱼群算法的应用	191

第8章 人工神经网络 …… 204

8.1 神经网络概述	204
8.1.1 神经网络的特点	204
8.1.2 神经网络的发展	205
8.1.3 神经网络的应用	206
8.2 神经网络基本理论	208
8.2.1 神经网络模型	208
8.2.2 神经网络的结构	210
8.2.3 神经网络的学习	211

8.3 前馈型神经网络 ……………………………………………………………… 212
　8.3.1 感知器 …………………………………………………………………… 212
　8.3.2 BP 神经网络 ……………………………………………………………… 216
　8.3.3 RBF 神经网络 …………………………………………………………… 219
8.4 反馈型神经网络 ……………………………………………………………… 222
　8.4.1 Hopfield 神经网络 ……………………………………………………… 222
　8.4.2 Elman 神经网络 ………………………………………………………… 227
　8.4.3 自组织映射神经网络 …………………………………………………… 229
8.5 神经网络的应用 ……………………………………………………………… 231
　8.5.1 MATLAB 实现 …………………………………………………………… 231
　8.5.2 应用实例 ………………………………………………………………… 243

参考文献 ………………………………………………………………………… 246

第1章 最优化问题概述

1.1 最优化问题概述

多年来,最优化问题作为应用数学的一大热点研究领域,主要研究如何发挥和提高系统的效能和效益,最终达到系统的最优目标。在实际生活和生产中,许多问题都属于最优化问题。例如,在日常消费中,人们都希望能够以较低的价格购买到较多的生活用品,当超市和商场举办促销或满减活动时,可以拟定一份合理的购物清单,这样既买到了需要的商品,又达到了省钱的目的;在工业生产调度中,企业都希望在现有的人员、设备和资金等限制下,合理配备生产资料,从而达到既有较高的利润产出,又可以使生产成本降到最低的目的。

同时,优化目标的实现也需要考虑一系列约束条件,平衡各种因素之间的关系。2021年和2022年,碳达峰碳中和工作连续两年被写入政府工作报告。部分人大代表认为,有序推进碳达峰碳中和工作,首先要平衡好减排与发展的关系,既要考虑不同地区、不同产业的碳减排路径差异,优先选择对经济发展影响小、可持续的经济发展方式,又要从碳排放空间中为新产业、新技术发展预留容量。在保障能源安全的基础上,积极有序地实现新能源替代,推动能源低碳转型的平稳过渡。可见,在实际生产中,优化目标的实现需要同时考虑各项制约因素,以达成各因素之间的平衡。

人类认识世界和改造世界的过程,分别表现为对最优化问题建模和求解的过程。建立模型即认识世界,采取优化措施解决问题即改造世界。我们从事的自然科学研究均可看作建模和求解在特定领域的应用。最优化问题在生活和生产中的应用十分广泛,涉及军事、经济、工业等各个领域。

数学家对最优化问题的研究源远流长。如图1-1所示,欧洲古代城堡几乎都建成圆形,这归因于古希腊数学家和物理学家阿基米德证明了在给定周长时,圆的面积最大。据史料记载,早在公元前500年,古希腊就在讨论建筑美学时发现了长方形的长与宽的最佳比例为0.618,称为黄金分割比。日常生活中,许多艺术构思常考虑黄金分割比,它是美的标准之一,也是优选法的理论基础。一维搜索法常采用黄金分割法,用于求解如连续下单峰函数的极小值等问题。

英国著名物理学家和数学家牛顿、法国著名数学家和物理学家拉格朗日等对最优化问题的发展贡献巨大。牛顿等对微积分的重要贡献,使得使用差分方程求解最优化问题成为可能。拉格朗日发明了有名的拉格朗日乘子法。柯西最先提出了最速下降法,解决了无约束最小化问题。但直到20世纪50年代,高速计算机的出现催生了大量新算法,才使最优化问题的发展进入旺盛期,约束最优化问题的求解成为可能。

图1-1 欧洲古代城堡

下面我们通过几类常见的问题来认识最优化问题。

1. 电力系统优化调度问题

在电力系统的运行过程中,虽然新能源的发展日新月异,但多年来燃煤发电一直占据半壁江山,如图1-2所示。在一定区域内,不同时段均会有一个预测的输出总负荷,而区域内的各台发电机组本身的煤耗特性有所不同(即一定量的发电消耗的燃料不同),同时具有一定的出力范围。怎样合理分配各台发电机组的发电量,以在满足每台机组各项约束的条件下,使得总的煤耗成本最低?在节能减排的低碳背景下,若同时考虑降低污染物的排放量,怎样使煤耗成本和污染物排放同时达到最低?

图1-2 传统火力发电示意图

2. 天然气管道铺设问题

在铺设天然气管道的工程中,从甲地到乙地共有多个小区需要铺设供气管道。每两个小区之间的距离已知,如何设计一种铺设路线,使得每个小区都能接通供气管道的同时,施工的管道长度最短,从而达到节约成本的目的?

3. 排课问题

在排课系统中,教师可能面向不同班级的学生讲授多门课程,每次授课均需要占用一个教室。如何对课程进行合理安排,以保证每个教师为每班学生授课均会分配到一个教室,同时保证教师和学生在同一时间仅参与一门课程?

尽管上述问题需要用到的条件有所不同，但其目的都是更加合理地利用现有条件，以达到某一个或多个最好的目标。类似的问题还有很多，它们需要使用各种不同的优化技术或方法，研究问题的最好解决方案，以达到某些指标最优化的目的。

因此，最优化问题就是以最优的方式获得特定问题的最佳处理结果，以求得人力、物力和财力的合理利用。那么，如何运用数学和工程的方法获取最佳处理结果？针对最优化问题，确定一系列的可行性方案，通过分析、比较和判断，选取满足要求的方案，使所得结果最佳的方法称为最优化方法。

从数学意义上说，最优化方法是一种求极值的方法，即在满足若干等式或不等式约束的条件下，对某些特定的量进行调整，使系统的目标函数达到极值。从经济意义上说，最优化方法是在一定的人力、物力和财力资源条件下，使经济效果达到最佳，如产值或利润最大；或者在完成规定的生产和经济任务下，投入的人力、物力和财力等资源最少。

综上所述，一个实际的最优化问题求解需要分为如下 3 个步骤：
① 将实际生产或生活中的问题转化为最优化问题的数学模型；
② 运用合适的优化算法对数学模型进行求解；
③ 将求解结果用于实际问题，指导实际生产或生活。

1.2 最优化问题的数学描述

从数学角度，最优化问题即在给定的决策空间中寻求合适的方案使某些目标取得最值（最大值或最小值）的问题。当量化求解一个实际的最优化问题时，首先要对实际问题的各方面特征进行分析研究，抓住主要因素，找到已知和未知量及它们之间的关系，建立合理的数学模型。数学模型的建立作为求解问题的首要步骤，需要综合运用与问题相关学科的知识和数学知识方能完成。以最小化问题为例，最优化问题的一般数学模型为

$$\min(f(\boldsymbol{x})) \\ \text{s.t.} \begin{cases} g_i(\boldsymbol{x}) \leqslant 0, & i=1,2,\cdots,m \\ h_j(\boldsymbol{x}) = 0, & j=1,2,\cdots,p \end{cases} \tag{1-1}$$

其中，$f(\boldsymbol{x})$ 为最小化问题的目标函数（当求最大化问题时，可将目标函数转化为 $-f(\boldsymbol{x})$，$g_i(\boldsymbol{x}) \leqslant 0$ 和 $h_j(\boldsymbol{x}) = 0$ 分别为问题的不等式约束和等式约束条件。最优化问题模型一般包括 3 个要素：决策变量、目标函数和约束条件。

1. 决策变量

在优化问题中，通过确定某些变量达到目标最优，即选择最优的方案体现在数学模型上就是决定各变量的取值。一些可被调整取值并对待优化目标的优劣造成影响的因素称为决策变量，如式(1-1)中的向量 $\boldsymbol{x}=(x_1,x_2,\cdots,x_n)$。$x_1,x_2,\cdots,x_n$ 在一定取值下组成问题的决策空间，且要求当 $i \neq j$ 时，x_i 与 x_j 线性独立($i,j \in \{1,2,\cdots,n\}$)，其中 n 为问题的维数。在设计具体问题的决策变量时，我们要根据实际情况确定变量个数。变量太少可能会偏离实际系统，表述不够精确，最终只能求得问题的次优解；变量过多则会导致问题的模型过于复杂，求解难度增大。

2. 目标函数

目标函数是最优化问题的评价标准，式(1-1)用 $f(\boldsymbol{x})$ 来表述，若最优化问题需要求解最大

值也可以写作 $\max(f(x))$。根据问题的性质和具体含义,我们可以设计针对特定问题的目标函数,使其在满足全部约束条件下达到最值(最大值或最小值),如利润最大或者成本最低。

下面区分最值和极值的概念。

定义 1-1 定义在区间 I 上的一元函数 $f(x)$,若有 $x_0 \in I$,使得对于任意 $x \in I$ 都有 $f(x_0) \leqslant f(x) (f(x_0) \geqslant f(x))$,则称 $f(x_0)$ 是函数 $f(x)$ 在区间 I 上的最小(大)值。

最值有时难以求得,通常可用极值的概念来代替,二者有时是统一的,有时是不统一的。下面考虑一元函数的极值问题。

定义 1-2 考虑定义在区间 I 上的一元函数 $f(x)$,若对于 $x^* \in I$,存在 x^* 的一个邻域 $N_\varepsilon(x^*)$,使得对任意 $x \in I \cap N_\varepsilon(x^*)$,均有 $f(x^*) \leqslant f(x)(f(x^*) \geqslant f(x))$,则称 x^* 为 $f(x)$ 的局部极小值(极大值)点,其中 $N_\varepsilon(x^*) = \{x \mid |x-x^*| \leqslant \varepsilon, \varepsilon > 0\}$。

极小值点和极大值点统称为极值点,极值是相对于某个领域而言的,所以极值是局部性质;最小值和最大值统称为最值,最值是相对于整个定义域而言的,所以最值是一个整体性质。

3. 约束条件

在对实际问题进行建模的过程中,往往需要在特定的限制条件下求得问题的最优解,如变量的取值范围,不同变量之间需要满足的等式和不等式关系等。这些由问题的实际情况决定的限制条件称为约束条件,如发电机组的额定功率、原材料的限制及劳动力的数量等。数学模型中,$g_i(\boldsymbol{x}) \leqslant 0, i=1,2,\cdots,m$,表示问题含有 m 个不等式约束条件,$h_j(\boldsymbol{x}) = 0, j=1,2,\cdots,p$ 表示问题含有 p 个不等式约束条件。

1.3 最优化问题的主要分类

本节根据构成最优化问题的 3 个要素,分析其各项特征,将最优化问题分为多种类别。问题的分类有助于研究相应的优化技术和方法,并寻求特定类别问题的更加高效的求解方式。

1. 根据决策变量分类

考虑决策变量的不同特征,可以对最优化问题进行分类。

1) 决策变量个数

决策变量个数代表问题的维数。若最优化问题含有 n 个决策变量,则称其为 n 维优化问题,最终求得的最优解由 n 个具体数值构成。

2) 决策变量取值

根据问题中变量的取值是连续的还是离散的,可将最优化问题分为函数优化问题和组合优化问题两大类。函数优化问题和组合优化问题均需要根据一定的方法或规则,对实际问题寻求某种解决方案,以使某些预定指标达到最优。

(1) 函数优化问题

函数优化问题主要是在连续区间内寻找函数极值的问题。n 元函数 $f(x_1, x_2, \cdots, x_n)$,$x_1, x_2, \cdots, x_n$ 是实数,其定义域 S 为 $\mathbf{R}^n$ 上的有界子集,函数优化问题是求函数 $f(x_1, x_2, \cdots, x_n)$ 在定义域 S 内的最值。以下是一些常用的基准测试(Benchmark)函数,通常用于比较优化算法的性能。

① Sphere Model

$$f_1(\boldsymbol{x}) = \sum_{i=1}^{D} x_i^2, \ |x_i| \leqslant 100$$

其最优状态和最优值为 $\min(f_1(\boldsymbol{x}^*)) = f_1(0,0,\cdots,0) = 0$。

② Generalized Rosenbrock's Function

$$f_2(\boldsymbol{x}) = \sum_{i=1}^{D-1}[100(x_{i+1}-x_i^2)^2 + (1-x_i)^2], \ |x_i| \leqslant 30$$

其最优状态和最优值为 $\min(f_2(\boldsymbol{x}^*)) = f_2(1,1,\cdots,1) = 0$。

③ Ackley's Function

$$f_3(\boldsymbol{x}) = -20\exp\left(-0.2\sqrt{\frac{1}{D}\sum_{i=1}^{D}x_i^2}\right) - \exp\left(\frac{1}{D}\sum_{i=1}^{D}\cos(2\pi x_i)\right) + 20 + e, \ |x_i| \leqslant 32$$

其最优状态和最优值为 $\min(f_3(\boldsymbol{x}^*)) = f_3(0,0,\cdots,0) = 0$。

④ Generalized Griewanks's Function

$$f_4(\boldsymbol{x}) = \frac{1}{4\,000}\sum_{i=1}^{D}x_i^2 - \prod_{i=1}^{D}\cos\left(\frac{x_i}{\sqrt{i}}\right) + 1, \ |x_i| \leqslant 600$$

其最优状态和最优值为 $\min(f_4(\boldsymbol{x}^*)) = f_4(0,0,\cdots,0) = 0$。

⑤ Rastrigin's Function

$$f_5(\boldsymbol{x}) = \sum_{i=1}^{D}[x_i^2 - 10\cos(2\pi x_i) + 10], \ |x_i| \leqslant 5.12$$

其最优状态和最优值为 $\min(f_5(\boldsymbol{x}^*)) = f_5(0,0,\cdots,0) = 0$。

(2) 组合优化问题

组合优化作为运筹学中的一个重要分支,是在离散状态的解空间内寻找某个问题的最佳组合方式,即从可行解集中求出最优解,以满足问题的特定要求(通常需要使得目标函数在满足全部约束条件下达到极值)。设 F 是有限集,c 是 F 到 $\boldsymbol{R}$(实数集)的映射,即 c 是定义在 F 上的一个函数。求 $f \in F$,使得对于任意 $y \in F$,有 $c(f) \leqslant c(y)$ 成立。此问题可以简化为求 $\min_{f \in F} (c(f))$。一个组合优化问题可表示为二元组形式 (F,c),其中:F 表示可行解区域,F 中的所有元素均为该问题的可行解;c 表示目标函数。满足 $c(f^*) = \min\{c(f) \mid f \in F\}$ 的可行解 f^* 称为问题的最优解。

典型的组合优化问题有旅行商问题(traveling salesman problem,TSP)、背包问题(knapsack problem)、生产调度问题(production scheduling problem)、装箱问题(bin packing problem)、图着色问题(graph coloring problem)、聚类问题(clustering problem)和最大团问题(maximum clique problem)等。

① 旅行商问题

旅行商问题(也称货郎担问题)历史悠久,最早的描述是 1759 年欧拉研究的骑士周游问题,即对于国际象棋棋盘中的 64 个方格,骑士需按规则走访 64 个方格一次且仅一次,并最终返回起始点。TSP 由美国 RAND 公司于 1948 年引入,该公司的声誉及线性规划这一新方法的出现使得 TSP 成为一个知名且流行的问题。最早的旅行商问题的数学规划是由 Dantzig 等提出,经典 TSP 可以描述为:一个推销员要去若干个城市推销商品,该推销员从一个城市出发,经过所有城市后,回到出发地,应如何选择路线,以使总行程最短。作为一个 NP 完全问题,随着问题规模的增大,目前尚无法采用多项式时间复杂度的方法进行求解。

近年来，由经典旅行商问题衍生出了许多类似的实际问题。

a. 中国邮递员问题

顾名思义，中国邮递员问题是在中国并由中国人最早提出的。管梅谷教授最早于1960年应用奇偶点图上作业法求解此问题，但当时没有给出问题的名称。该问题的具体描述是：邮递员从邮局出发，到所辖各街道投递邮件，最后返回邮局，如果他必须走遍所辖的每条街道，那么他应该如何选择投递路线，使所走的路程最短？

b. 旅行问题

有若干个城市，各城市之间的距离是已知的，旅行商决定从所在城市出发，到每个城市旅行一次后返回初始城市，问他应选择什么样的路线才能使所走的总距离最短？如中国34个省会城市的旅行问题。

② 背包问题

背包问题由默克尔(Merkel)和赫尔曼(Hellman)在1978年提出，是一种组合优化的NP完全问题。问题可以描述为：已知若干物品的重量和价值，要求对物品进行合理组合，并将其放置于给定背包中，在限定的总重量内，使得物品的价值总和最大。进一步地，该问题还能扩展到多重背包问题，即每种物品均有多件可用，如何合理安排物品并将其装入背包，使得这些物品的重量不超出背包容量，且价值总和最大。与之相似的问题经常出现在商业、组合数学、密码学和应用数学等领域中。

假设共有 n 种不同的物品，物品 i 的重量为 w_i，价值为 p_i，W 为背包可承受的最大重量，x_i 取值为 0 或 1，0 表示选中该物品，1 表示未选中。背包问题数学模型可描述为

$$\max\left(\sum_{i=1}^{n} p_i x_i\right)$$

$$\text{s. t.} \sum_{i=1}^{n} w_i x_i \leqslant W$$

③ 最小生成树问题

最小生成树(minimal spanning tree，MST)问题是求解连通无向图的权最小的生成树。生成树的权(权可以表示距离、时间、费用等)为树的所有的边的权之和。

所谓生成树，就是对于一个完全连通的带权无向图，用 $N-1$ 条边连接 N 个顶点而形成的树，即该图的生成树，如图1-3所示。而在所有的生成树中，最外侧权值相加最小的生成树，即为最小生成树。如何找到一张图中的最小生成树，就是最小生成树问题。

最小生成树问题，在实际生活中有很多应用。

a. 电缆的布线设计

通过发电站将电输送到每一个节点，其实并不需要每两个节点之间都有电缆连接，只需要保证每个节点都有电即可。这种情况下，电缆布线的最优设计就是找到这张图的最小生成树，以使布置电缆的总费用最低。

b. 燃气管道的铺设问题

城市中需要铺设天然气管道，并保证每个小区均能接入燃气，不需要每两个小区之间都有管道连接，只需要保证每个小区都有燃气即可。此时，我们需要找到城市中各小区的最小生成树，以使燃气管道的总长度最短。

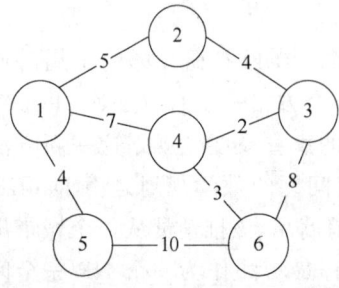

图 1-3 最小生成树问题举例

在实际问题中,如果一个图不连通,也可以分别在每个连通分量上求各自的最小生成树,最后得到的通常叫作最小生成森林。

④ 最大团问题

最大团问题是图论中的一个经典的组合优化问题,也是一类 NP 完全问题,在国际上已有广泛的研究。最大团问题又称最大独立集问题(maximum independent set problem)。常用的确定性求解算法有回溯法及分支限界法等,常用的启发式算法有蚁群算法、顺序贪婪算法和智能搜索算法等。

给定无向图 $G=(V,E)$,其中:V 是非空集合,称为顶点集;E 是 V 中元素构成的无序二元组的集合,称为边集。无向图中的边均为顶点的无序对,常用圆括号表示。如果 U 是 V 的子集,且对任意两个顶点 $u,v \in U$ 有 $(u,v) \in E$,则称 U 是 G 的完全子图。当且仅当 U 不包含在 G 的更大的完全子图中时,G 的完全子图 U 是 G 的团。G 的最大团是指 G 中所含顶点数最多的团,也就是在一个无向图中找出一个点数最多的完全图。

例如,如图 1-4 所示,给定无向图 $G=\{V,E\}$,其中,$V=\{1,2,3,4,5\}$,$E=\{(1,2),(1,4),(1,5),(2,3),(2,5),(3,5),(4,5)\}$。根据最大团问题的定义,子集$\{1,2\}$是图 G 的一个大小为 2 的完全子图,但不是一个团,因为它包含于 G 的更大的完全子图$\{1,2,5\}$之中。$\{1,2,5\}$是 G 的一个最大团。$\{1,4,5\}$和$\{2,3,5\}$也是 G 的最大团。

MCP 是现实世界中的一类真实问题,在市场分析、方案选择、信号传输、计算机视觉、故障诊断等领域具有非常广泛的应用。自 1957 年哈拉夫(Hararv)和罗斯(Ross)首次提出求解最大团问题的确定性算法以来,研究者们已提出了多种确定性算法来求解最大团问题。但随着问题规模的增大(顶点增多和边密度变大),求解问题的时间复杂度越来越高,确定性算法显得无能为力,不能有效解决这些 NP 完全问题。

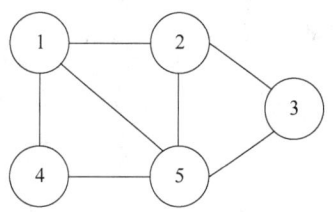

图 1-4 最大团问题举例

20 世纪 80 年代末,研究者们开始尝试采用启发式算法求解最大团问题,提出了各种各样的启发式算法,如顺序贪婪启发式算法、遗传算法、模拟退火算法、禁忌搜索算法、神经网络算法等,并且取得了令人满意的效果。在时间上,启发式算法的运算时间与确定性算法的运算时间之间的比值会随着图的顶点、边密度的增加而变得越来越小。唯一的缺点就是不一定能找到最优值,有时只能找到近优值。

这些问题的描述非常简单,并且有很强的工程代表性,但最优化问题的求解很困难,因此,组合优化理论与算法仍是当前的研究热点。

2. 根据目标函数分类

根据最优化问题所含目标函数的个数,最优化问题可分为单目标优化问题和多目标优化问题。若问题仅含一个目标函数,说明优化过程仅针对一个待优化目标,称为单目标优化问题;若问题含有两个或两个以上目标函数,说明优化过程要同时考虑多个待优化目标,称为多目标优化问题。显然,待优化目标越多,系统越复杂,需要兼顾多个不同的系统特性,优化的难度也会更大。在多目标优化问题中,很少有一个能够在所有目标上均达到最优的解;相反,通常会得到一组解,这组解被称为 Pareto 最优解集,其中的解被称为非支配解。解集中的任一非支配解在至少一个目标函数上优于其他非支配解,而在其他目标函数上可能不如其他解。多目标优化问题的目标是找到 Pareto 最优解集中的最佳解决方案,这需要在解空间中进行全面的搜索和评估。

多目标优化问题是在现实各个领域中都普遍存在的问题,例如,在电力系统的负荷分配问题中,若给出每台机组的煤耗特性和排污特性,要求同时使煤耗成本和污染排放量均达到最低,则该问题会转化为多目标优化问题。

3. 根据约束条件分类

根据有无约束条件,最优化问题可分为无约束优化问题和约束优化问题。若一个最优化问题的可行域是整个空间,则称此优化问题为无约束优化问题。约束条件越多,系统优化过程中的制约因素就越多,优化求解就会越复杂。根据约束条件和目标函数中变量的特征,传统优化算法可分为线性规划、非线性规划、整数规划等。

使用最优化方法解决实际问题,一般需经过如下步骤:
① 提出最优化问题,收集和筛选与问题求解相关的资料和数据;
② 建立最优化问题的数学模型,确定变量,列出目标函数及约束条件(等式或不等式);
③ 分析模型,选择合适的求解方法;
④ 使用计算机编程求最优解,对算法的收敛性(是否最终能收敛到最优解)、通用性与简便性、效率(计算时间)及误差等,做出评价。

上述步骤的工作相互制约、相互支持,在实践中往往反复交叉进行。最优化问题的三要素为最优化问题的分类和建模提供了根据和指导,而优化算法的选取是求解最优化问题的关键。

1.4 传统优化算法

传统优化算法通常针对具有清晰数学结构的问题。这类问题拥有明确的问题定义和约束条件描述,如线性规划、二次规划、混合整数规划、带约束优化和无约束优化等。传统优化算法一般是确定性算法,有固定的结构和参数,其计算复杂度和收敛性可进行理论分析。

1. 常用的传统优化算法

(1) 线性规划

线性规划(linear programming,LP)作为运筹学中的一个重要分支,研究线性约束条件下线性目标函数的极值问题,是一种传统的优化方法。在工业生产各领域的组织和管理方面,线性规划主要研究如何合理安排人力物力等资源,以获得最大的经济效益。自 1947 年由美国数学家 G. B. Dantzing 提出单纯形法以来,线性规划在理论上逐渐趋向成熟,近年来涌现出很多新的算法,如对偶单纯形法、互补松弛定理、分解算法等。作为应用较早、方法较成熟的一种传统优化方法,线性规划已成为科学工程领域广泛应用的优化技术,如交通运输、生产调度、经济管理及投资收益与风险等方面。

(2) 非线性规划

在实际生活和工业生产中,大量问题无法仅用线性约束条件和线性目标函数来建模。当约束条件和目标函数中含有非线性函数时,我们需要使用非线性规划(nonlinear programming,NP)来求解。非线性规划是 20 世纪 50 年代开始形成的一门新兴学科。非线性规划目前还没有适用于各种问题的一般算法,各个算法都有自己特定的适用范围,主要包括:牛顿法、共轭梯度法、黄金分割法、拉格朗日乘子法和罚函数法等。使用 NP 时应根据问题的具体情况、有无约束条件等,选取合适的方法求解非线性最优化问题,主要涉及的应用领域有工程、管理、经济和科研等。

(3) 整数规划

整数规划问题是决策变量必须取整数值的线性或非线性规划问题,比较流行的方法有分支定界法和割平面法。分支定界法比穷举法优越,它仅在一部分可行解的整数解中寻求最优解,计算量较小。随着问题中变量数目的增多,计算量也会较快增长。割平面法的基本思想与分支定界法大致相同,即先不考虑整数约束条件,求松弛问题的最优解,若不满足整数约束条件,则在此基础上增加新的约束条件,以切割相应松弛问题的可行域。特别地,0-1规划要求全部或部分变量为0或1,该要求在许多实际问题中广泛存在,因此,很多学者致力于这方面的研究。背包问题、选课问题等都属于整数规划问题。

2. 传统优化算法的基本步骤

传统优化算法的基本步骤如下:

① 选择一个初始解;

② 向改进方向移动(如负梯度方向);

③ 检查停止判据,若满足则停止,否则返回步骤②。

3. 传统优化算法的特点

随着经济社会的不断发展,社会生产力不断提高,人类认识和改造世界的能力逐渐增强,优化问题也呈现出大规模、高维、强非线性等特征,变得越来越复杂。被称为复杂的优化问题通常具有下列特征之一:

① 目标函数没有明确解析表达;

② 目标函数虽有明确解析表达,但不能被恰好估值;

③ 目标函数为多峰函数;

④ 目标函数有多个,即多目标优化问题。

被称为困难的优化问题通常是指:目标函数或约束条件不连续、不可微、高度非线性,或者问题本身是困难的组合问题。

传统优化方法往往要求目标函数是凸的、连续可微的,可行域是凸集等,而且处理非确定性信息的能力较差。这些弱点使传统优化方法在解决许多实际问题时受到了限制。主要体现在以下几个方面:

(1) 计算效率低下,高性能计算机的优势无法发挥

传统优化方法通常从一个初始值出发,在迭代过程中进行单点计算,高性能计算机并行计算的优势无法得到有效体现,这限制了社会生产力的大幅度提高。

(2) 极易陷入局部最优

由于传统优化方法的迭代过程总是向着改进方向移动,故难以进行全局范围内的多样性搜索,一旦进入局部低谷区,算法无法跳出局部最优。

(3) 要求目标函数和约束条件可微

在实际生产中,许多问题的数学模型难以满足连续可微的条件,这令传统优化算法的应用领域受到了极大的限制。

1.5 智能优化算法

1. 智能和人工智能

近几十年来,计算机的兴起和普及使得制约优化设计方法的大运算量问题得以解决。针对传统优化方法存在的不足,人们结合生命科学的研究成果,大胆探索出许多新的非经典计算思想。在此过程中,人们相继提出了一些与传统优化方法的原理截然不同的仿生智能优化算法。本质上,这些智能优化算法通过模拟来揭示某些自然界现象的原理,是具有自适应调节功能的概率搜索算法。它们综合了数学、生物学和物理学等知识的智能优化算法和技术,通过模拟自然现象或生物智能来求解最优化问题,成为近年最优化领域的研究热点。研究表明,这些智能优化算法能够有效解决大多数最优化问题,为经济和工业生产等领域带来了巨大的经济效益和社会价值。

什么是智能呢?根据学者们给出的说法,狭义地讲,智能是人类理解和学习的能力,这里强调智能的主体必须是人;广义地讲,智能是思考和理解的能力,而非本能或机械地工作,显然这里的主体不限于是人还是物。人工智能是在广义"智能"的理解基础上定义的。人工智能又称机器智能或计算机智能,是一门研究模拟人类智能并实现机器智能的科学。对于人工智能,学者给出了从不同角度理解的定义。

美国斯坦福大学人工智能研究中心的尼尔逊(Nilsson)教授对人工智能下了这样一个定义:"人工智能是关于知识的科学——怎样表示知识、获得知识并使用知识。从人工智能实现的功能来定义,人工智能是智能机器所执行的通常与人类智能有关的功能,如判断、推理、证明、识别学习和问题求解等思维活动。"而美国麻省理工学院的温斯顿(Winston)教授认为:"人工智能就是研究如何使计算机做过去只有人才能做的智能工作。"这些说法反映了人工智能学科的基本思想和基本内容。即人工智能是研究人类智能活动的规律,构造具有一定智能的人工系统,研究如何让计算机去完成以往需要人的智力才能胜任的工作,也就是研究如何应用计算机的软硬件来模拟人类某些智能行为的基本理论、方法和技术。

2. 智能优化算法

智能优化算法一般都是建立在生物智能或物理现象基础上的随机搜索算法,是从生物进化的观点来认识和模拟智能。主要包括遗传算法(genetic algorithm,GA)、粒子群优化(particle swarm optimization,PSO)算法、差分进化(differential evolution,DE)算法和人工神经网络(artificial neural networks,ANN)等。同时,针对特定领域的问题需要,学者还提出了许多融合各种优化思想的混合优化算法。智能优化算法一般不要求目标函数和约束条件的连续性与凸性,甚至不要求问题的解析表达式,避免了传统优化方法对问题目标函数和可行域的严格要求,在解决大规模组合问题和全局寻优等复杂问题时,体现了强大的优越性。

然而,当利用智能优化算法求解时,特定问题模型的函数越复杂,一般需要的迭代次数就越多。那么,函数的维数如何影响算法的收敛性呢?一般来说,找到最优解的难度随着维度(参数数量)的增长呈指数级增长。这种效应被称为"维度灾难"。例如,假设我们要查找输入值为二进制的二维函数的最小值。由于它们是二进制的,并且每个值有两个可能的值,因此,在最坏的情况下,我们需要进行 $2^2=4$ 种值的组合的评估,分别为 $F(0,0), F(0,1), F(1,0)$

和 $F(1,1)$。但是如果我们有 32 个参数,我们需要对函数进行 $2^{32}=4\,294\,967\,296$ 种可能组合的评估,即搜索空间的大小呈指数级增长。搜索空间越复杂,问题求解过程中也越容易陷入局部最优,这也是智能优化算法的研究热点之一。

通过一个形象的例子来解释局部最优解和全局最优解。

为了找出地球上最高的山,一群有志气的兔子们开始想办法。兔子朝着比现在高的地方跳去,它们找到了不远处的最高山峰,但是这座山不一定是珠穆朗玛峰。这就是局部搜索,它不能保证局部最优解就是全局最优解。它一般只可以得到"局部最优解",也就是说,可能这只兔子"登泰山而小天下",但是没有找到珠穆朗玛峰。

那么如何找到全局最优解呢?在生活和生产的各个领域,由于问题的特定含义不同,复杂程度也不同,目前尚没有一个成熟的算法来统一求解问题的最优解。智能优化算法在跳出局部最优而获得全局最优方面已经做出了很多改进,并取得了相当多的成果,但该问题目前仍是优化领域的研究热点。

3. 智能优化算法的发展历程

早在 20 世纪 60 年代,人们通过对生物智能的模拟,提出了进化规划和进化策略。这种模拟将智能建立在群体智慧的基础之上,是一种概率搜索算法。这类算法并不依赖问题本身的严格数学性质,不要求问题的连续性和可导性,同时适用于使用传统优化算法难以解决或根本不能解决的高度非线性的复杂问题。

1975 年,受达尔文进化论的启发,美国密西根大学的约翰·霍兰德(John Holland)借鉴生物进化过程提出遗传算法。它的思想源于生物遗传学和适者生存的自然规律,其中,选择、交叉和变异构成了遗传算法的遗传操作;参数编码、初始群体的设定、适应度函数的设计、遗传操作设计、控制参数设定等 5 个要素组成了遗传算法的核心内容。

1983 年,美国 IBM 公司的物理学家柯克帕特里特(Kirkpatrick)、格拉特(Gelatt)和韦基(Vecchi)发明了模拟退火算法。当一个问题的方案数量极大(甚至是无穷的)而且不是一个单峰函数时,我们常使用模拟退火求解。当寻找到一个局部最优解时,我们赋予它一个跳出去的概率,也就有更大的机会能找到全局最优解。

1991 年,意大利学者马可·多里戈(Marco Dorigo)等通过模拟自然界中蚂蚁群体觅食行为提出了蚁群算法。这是一种基于种群的启发式搜索方法,蚂蚁通过正反馈、分布式协作来寻找最优路径。它充分利用了生物蚁群能通过个体之间简单的信息传递,搜索从蚁巢至食物间最短路径的集体寻优特征。

1994 年,受文化对人类进化的影响,雷诺(Reynolds)提出一种双层进化机制,即文化算法。文化作为一种将人以往的经验保存于其中的知识库,供后人在知识库中学习没有直接经历的经验知识。作为一种新的进化计算方法,它除了拥有传统进化计算方法的群体空间,还增加了信息空间,融入了知识的概念,从而加速了整个群体的进化过程。

1995 年,肯尼迪(Kennedy)等根据鸟类觅食的群体行为提出了粒子群优化算法。粒子群中的若干粒子以一定的速度在解空间中飞行,每个粒子代表问题的一个可能解。在飞行过程中,粒子利用自身的飞行经验和群体的飞行静态动态调整自身的飞行速度,从而不断更新自己的位置,直到找到问题的最优解。由于 PSO 算法操作简单、收敛速度快,因此,其在函数优化、图像处理、大地测量等众多领域都得到了广泛的应用。

1997 年,斯托恩(Storn)等在遗传算法等思想的基础上,提出一种新兴的进化计算技术,即差分进化(differential evolution,DE)算法。和其他演化算法一样,差分进化算法是一种模拟生物进化的随机模型，主要用于求解连续变量的全局优化问题，其主要工作步骤与其他进化算法基本一致，主要包括变异、交叉、选择3种操作。

2002年，模仿大肠杆菌在人体肠道内吞噬食物的行为，帕西诺（Passino）提出一种新型仿生类算法——细菌觅食优化（bacterial foraging optimization，BFO）算法。在BFO算法中，一个细菌代表一个解，它在寻找最优解时只依靠自己。BFO由于其简单、高效的特点，在许多工程和科学领域都得到了广泛的应用。然而，在处理更复杂的优化问题，特别是高维多模态问题时，与其他群体智能优化算法相比，BFO算法的收敛性较差。

2009年，受自然界水滴流动思想的启发，模拟水滴与周围环境相互作用形成河流的过程，沙阿-侯赛因尼（Shah-Hosseini）提出了智能水滴算法。

除了上述常见的算法，近年来，研究人员还提出很多群体智能优化算法，例如，萤火虫算法、布谷鸟算法、蝙蝠算法、狼群算法、烟花算法、合同网协议算法等等。

1.6　如何学好智能优化算法

鉴于各种智能优化算法的基础理论尚只有大体框架，其在实际生产和科技领域的应用还有很多待攻克的难题，因此，对于计算机相关专业的本科生和研究生来说，智能优化算法具有重要的理论价值和广阔的应用前景。那么如何学好智能优化算法呢？总结起来，若能做好以下几点工作，将有益于初学者之后的学习过程，使其收获意想不到的效果。

1. 选择一种感兴趣的智能优化算法

初学者应首先选择一种感兴趣的智能优化算法，在对其基本思想和原理进行深入学习的同时，编写程序实现简单问题的求解并对相关参数进行测试。到目前为止，已经提出的智能优化算法已有几十种，如模拟退火、遗传算法、差分进化算法、人工神经网络及粒子群优化算法等。这些算法或理论都具有某些共同的特性：模拟自然界的进化过程或生物特性。大家选定要学习的算法之后，首先需要熟悉算法的基本原理，随后为了深入掌握算法的应用，需要从某个具体问题抽象出一个适当的数学模型，再利用此算法的基本思想对数学模型进行求解，同时编写程序实现模型求解。在此过程中，初学者可以根据问题的特点适时调整算法参数的取值，反复测试算法的性能，以便求得满意的最优解。调整参数的过程，实际上也是我们在学习方法上的一大进步。

2. 在基本算法的基础上寻求算法的改进措施，以便在对实际问题进行求解时取得更好的效果

实际生产和生活中的问题复杂多样，基本算法不一定适用于所有的问题，故我们在求解具体问题的过程中，应根据问题的数学模型对基本算法做适当的改进，以便提高问题的求解效率和精度。学者提出的标准粒子群算法也是在基本粒子群算法的基础上加上了惯性权重的概念，许多领域的实践均证明了标准粒子群算法应用效果良好。例如，遗传算法中包括了选择和交叉操作，我们可以根据问题特点设计出新的选择和交叉方式；粒子群优化算法中的粒子需要学习自身和社会经验来更新速度和位置，我们也可以为粒子设计出新颖的学习方式，提出不同的速度和位置更新思想。科技的发展源于人类的创造力，源于我们每一个人的聪明才智！

3. 结合每种算法的优势,对各种智能算法进行混合应用,解决不同领域的实际问题

工程实践中有许多复杂问题,单独使用某一种智能算法可能无法解决,或者不能达到理想的效果。学者已经尝试多种智能算法的不同组合应用,如在粒子群算法中加入遗传算法的变异操作,在粒子群算法的自身认知或社会学习过程中加入差分进化的机制等,均对求解过程产生了良好的推动作用,对求解效果起到了显著的提升作用。随着科学技术和经济社会的不断发展,势必会涌现出更多的复杂问题,这些问题是单一算法难以求解的,这就需要我们发挥自己的聪明才智,研究出更多算法之间的混合应用,来提高算法求解问题的性能。

4. 探索更广阔的智能空间,提出新的智能优化算法

智能优化算法的提出和使用是需要经过大量的理论研究和实践论证的。近年来学者提出的新的智能优化算法也正在融入智能优化领域,如智能水滴算法、蝙蝠算法、磷虾集群算法等。学者已提出的算法均不是突发奇想、偶然得到的成果,而是在经典测试问题和更多的应用领域有了良好的测试基础,才得以被后人广泛使用和改进的。我们在学习前辈提出的智能优化算法时,应运用科学的头脑进行大量理论考证,在此过程中,我们能够激发出新的火花,创造出新的智能优化算法,实现从学习到研究的一个跃进。当然,新的智能优化算法的取得不是一蹴而就、一朝一夕能够完成的,必须有扎实的理论功底和大量的测试数据,算法只有经过多位研究人员的验证,才能成为业界广泛接纳的算法。

可以看出,智能优化领域的研究留给了后来者非常大的工作空间,对自然界中进化规律和生物智能的探索将是今后相当长一个时期内的热点研究领域。正所谓道阻且长,行则将至!相信智能优化领域的学者将前赴后继,共同推动智能优化的飞速发展。

本书后续章节将重点对遗传算法、差分进化算法、粒子群优化算法、人工鱼群算法、蚁群优化算法、多目标优化问题及人工神经网络等内容进行全面且详细的阐述,为智能优化算法的初学者提供理论支持!

第 2 章 遗 传 算 法

在非洲大草原上,生活着许许多多的动物,有狮子、羚羊等。当第一缕阳光划破夜空,它们便开始了一天的生活。

虽然生活在大草原,但是羚羊并没有太多的时间来欣赏这美丽的风景,更没有时间悠闲地散步,它只是想:"我得开始奔跑了,我必须不断地跑,快速地跑,如果跑得慢了,我就会成为狮子的盘中餐。"而羚羊的死对头狮子呢?它也开始了一天的奔跑,虽然羚羊惧怕它,但它还是告诉自己:"我必须马上奔跑,尽全力地跑,如果我跑得慢了,那么我会饿死的。"于是,羚羊和狮子为了各自的生存,每天都在大草原上尽力奔跑。

在广阔的自然界中,生物种群的演化正是遵循这种"适者生存,优胜劣汰"的原则。这些被岁月塑造的生命体通过代际传承,将基因的奥秘传递了下去。生物在环境的选择和变化中不断进化,以适应不断变化的生态环境。这种生物的进化机制不知不觉地为计算领域带来了新的启发,孕育了一种被称为"遗传算法"的优化方法。

遗传算法模拟达尔文生物进化论的自然选择和遗传学机理,正如生物进化一样,问题的解也会在代际迭代中经历选择、交叉和变异,逐渐变得更优,最终趋向问题的最优解。

遗传算法由美国计算机科学家约翰·霍兰德(John Holland)于 20 世纪 60 年代提出。霍兰德最早的相关工作发表在 1962 年的论文 "Outline for a Logical Theory of Adaptive Systems" 中,该论文首次详细介绍了遗传算法的概念和原理。随后,霍兰德于 1975 年出版了著作 *Adaptation in Natural and Artificial Systems*,该书进一步详细阐述了遗传算法的理论和应用,被视为遗传算法领域的经典书籍,对于遗传算法的发展和推广产生了深远影响。遗传算法借鉴自然界生物进化的机制,通过模拟自然选择、基因交叉和随机突变等过程,探寻复杂问题的最优解。相较于传统的优化策略,遗传算法以其随机性和自适应性的操作特性,在问题空间中实施全面的搜索策略,有效规避了陷入局部最优解的风险。

遗传算法从一个初始种群起步,经多次迭代,持续进行选择、交叉和变异操作,逐渐演化出更优质的解决方案。选择操作类似于自然界中的适者生存,即优先选出表现优异的个体,以确保有利于解决问题的信息得以保留。交叉操作模拟了基因的交换和结合,创造出更多样的新一代个体。变异操作引入了一定的随机性,以防止算法过早陷入局部最优解。经上述 3 种操作得到的新群体既继承了上一代的信息,又优于上一代。这样周而复始,群体中个体适应度不断提高,直到满足一定的条件。该算法通过数学的方式,利用计算机仿真运算,将问题的求解过程转换成类似生物进化中的染色体基因的交叉、变异等过程。在求解较为复杂的组合优化问题时,相较于一些常规的优化算法,遗传算法通常能够较快地获得较好的优化结果。

遗传算法在众多领域均得到了广泛的应用。在工程优化领域,遗传算法可用于设计最优结构或参数配置,如飞机机翼设计、电路布局等。在机器学习领域,遗传算法可用于特征选择、神经网络结构优化等任务。甚至在经济学领域,遗传算法也可用于优化投资组合、市场预测等问题。正是由于其自然启发和全局搜索能力,遗传算法在解决复杂、非线性问题方面表现卓越。

2.1 遗传算法的原理

我们知道,生物的遗传离不开基因,基因包含在染色体中。染色体通过结合双方基因进行遗传,在此过程中,基因会有小概率产生变异,其中对生物有利的变异会被自然选择保存下来,促进生物的进化。

在遗传算法中,每一个优化问题的解均被视为搜索空间中的一个个体,通常设计为一维的串状数据结构,我们称之为"染色体"。每个染色体都具备基因表示、适应度值等属性,所有的有效解构成了算法的种群。基因表示是问题解在解空间中的编码方式,而适应度值则与待优化函数有关。群体中个体的数量称为群体规模。

在迭代过程中,每个染色体通过模拟自然进化的两个关键因素进行更新:交叉和变异。交叉模拟了生物基因的互换和结合,通过将两个父代染色体的部分信息组合,生成新的子代染色体。这有助于保存优质基因并提高基因的多样性水平,算法在搜索空间中寻找新的解。变异是一个随机性操作,它通过微小的随机改变来修改染色体的某些基因,从而在探索中引入新的可能性。这种随机性改变可以帮助算法从局部最优解中跳出,继续搜索更广泛的解空间。

通过交叉和变异的过程,染色体个体持续地进化和提升,引导种群逐步向问题的最优解或其近似解演化。在遗传算法的迭代过程中,个体的适应度决定其被选中的概率,从而体现适者生存的自然选择机制。这样,经过多代的进化,种群中的染色体逐渐趋向优秀的解,最终达到问题的优化目标。遗传算法中用到的相关生物学术语及其含义如表 2-1 所示。

表 2-1 相关生物学术语及含义

生物学术语	含义
基因型	性状染色体的内部表现
表现型	染色体决定的性状的外部表现
个体	染色体带有特征的实体
进化	逐渐适应生存环境并不断改良品质
适应度	度量某物种对于环境的适应程度
种群	个体的集合
选择	基于适应度以一定概率选择若干个体
复制	遗传物质 DNA 转移到新细胞
交叉	交换部分基因,产生新的染色体
变异	某些基因位以较小概率发生突变
编码	遗传信息在一个长链上按一定的模式排列,从表现型到基因型的映射
解码	从基因型到表现型的映射

在遗传算法中,每个个体都由代表基因集合的染色体构成。如图2-1所示,一条染色体可以表示为二进制字符串,其中每一位代表一个基因。每条染色体i代表D维解空间中的一个潜在解。

| 0 | 1 | 0 | 0 | 1 | 1 | 1 | 0 | 0 |

图2-1 染色体二进制编码

为了进行问题求解,算法需要维护一个由一定数量的个体组成的集合,这个集合称为种群,如图2-2所示。种群由N条染色体构成,每条染色体代表解空间中的一个潜在解。在遗传算法的迭代过程中,种群中的每个个体都会经历选择、交叉和变异等操作,以逐渐演化出更优质的解决方案。这种集体的协同进化使得遗传算法能够在解决复杂问题时找到全局或局部最优解。

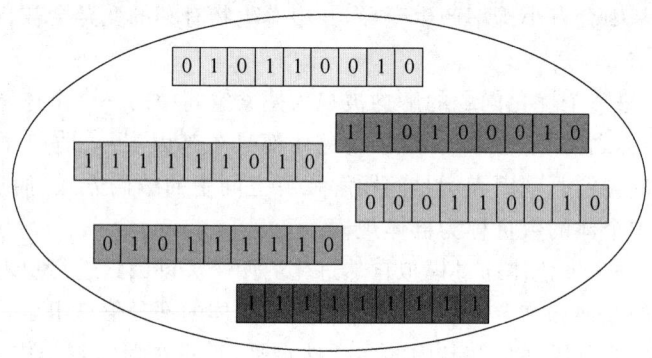

图2-2 算法种群

个体对环境的适应程度被称为适应度。适应度是评价个体解决问题能力的重要指标,在选择最优解时起着关键作用。在不同问题中,根据具体的问题特性,应采用不同的策略来判断个体适应度的高低。适应度值通常与问题的目标函数相关,根据问题的具体要求,适应度函数有不同的设计方法。

通过适应度值,遗传算法能够实现自然选择的机制,使适应度较高的个体更有可能被选中作为父代参与交叉和变异,这有利于将问题求解的遗传信息传递给下一代。这种适应度驱动的选择操作有助于种群中的个体逐步向更优解的方向演化。适应度在遗传算法中具有至关重要的作用,它决定了个体在进化过程中的生存和繁衍,影响算法的收敛速度和求解效率。

选择是遗传算法中的一个关键步骤,它的设计灵感来源于自然界中的"适者生存"原则。在选择操作中,根据种群中个体的适应度值选择父代,父代参与后续的交叉和变异操作。适应度值较高的个体具有更大的概率被选中,类似于生物界中适应环境的个体更有可能在繁衍中传递优质基因。如何根据个体的适应度值来确定其被选中的概率是选择操作的关键所在。常见的选择策略有轮盘赌选择和锦标赛选择等。这些选择策略确保适应度较高的个体有更大的机会被选中,同时也为适应度较低的个体保留一定的机会,从而维持种群的多样性水平。选择操作在遗传算法中起到了筛选优质解的关键作用,是整个演化过程中不可或缺的环节。

交叉是遗传算法的核心步骤,旨在通过个体间基因信息的交流来产生新的后代个体。类似于生物界的基因重组,交叉操作将不同个体的染色体片段进行组合,创造出具有新特征的个体,有助于遗传算法在解空间中搜索到更优解。在交叉操作中,两个或多个父代个体的染色体会被选取特定位置的基因片段进行交换、重组。这些片段的交换导致了新个体的产生,新个体拥有着来自不同父代的遗传信息。交叉操作的目标是提高种群中个体的多样性水平,通过父代的组合产生潜在更优的解。

变异是遗传算法中的另一个关键操作,它在种群中引入了一定程度的随机性和创新性。类似于生物界的基因突变,变异操作通过对个体的基因进行微小的随机改变,创造新的个体。种群中的个体可以在保持适应驱动的基础上,不断探索新的解空间,以确保种群的持续进化。这种变化可以是位翻转、基因替换或插入等操作,在保持问题约束的前提下引入随机性的改变。变异操作的目的是在种群中引入新的可能性,避免算法陷入局部最优解,并促进算法对搜索空间中未探索区域的发掘。

变异操作的概率通常设置为一个较小的值,以确保变异不会太频繁。较小的变异概率有助于维持种群的多样性水平,同时防止过度随机性。虽然变异概率较小,但它在整个算法迭代中的作用非常重要。变异操作通过在种群中引入新的基因组合,增强了算法的全局搜索能力,有助于算法在解空间中发现更优的解决方案。

在遗传算法的迭代过程中,交叉和变异操作会根据适应度值和一些概率参数,对个体进行操作。交叉和变异操作的方法选择和参数设置将直接影响算法的性能和效果,需要根据具体问题进行调整。随着多轮迭代,算法将推动待求解问题逐步产生更优质的解决方案。遗传算法流程如图2-3所示。

遗传算法的基本步骤如下。

(1) 初始化种群

随机生成一定数量的个体(染色体)作为初始种群。每个个体的基因表示可能采用不同的编码方式,根据问题的特性来定义。

(2) 适应度评价

对于每个个体,计算其适应度值,以衡量个体解决问题的能力。适应度值通常由问题的目标函数或者其他与问题相关的指标确定。

(3) 选择操作

根据个体的适应度值,选择一些个体作为"父代",参与下一代的生成。模拟自然选择的原则,适应度较高的个体被选中的概率较大。

(4) 交叉操作

对选择出的父代个体进行交叉操作,模拟生物的基因互换和结合过程。通过组合父代个体的基因,生成新的"子代"个体。

(5) 变异操作

在交叉之后,对一些子代个体进行变异操作,模拟生物基因的随机突变。变异操作在种群中引入了新的基因组合,有助于算法从局部最优解中跳出。

(6) 生成新种群

经过选择、交叉和变异操作后,新一代的个体生成,构成了新的种群。

(7) 终止条件

算法会设置终止条件,如达到一定迭代次数、找到足够接近最优解的解,或者种群的适应度值不再显著改变。一旦满足终止条件,算法将停止并返回解;否则继续执行步骤(8)。

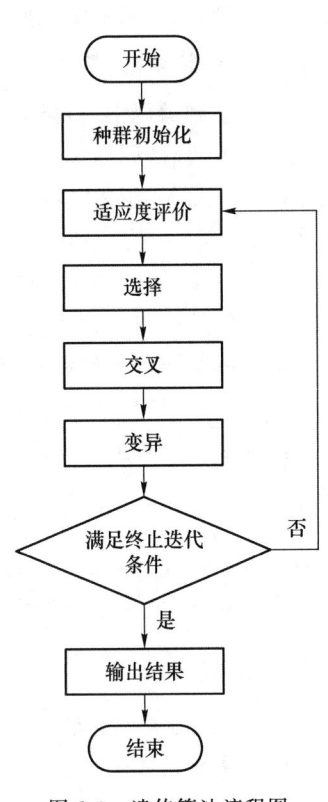

图2-3 遗传算法流程图

(8) 重复迭代

重复执行步骤(2)到步骤(6),进行多代迭代。随着迭代的进行,种群中的个体逐渐进化,适应度值逐渐提升,逐步逼近问题的最优解。

遗传算法不断地进行选择、交叉和变异操作,模拟生物进化的基本机制,以寻找问题的最优解或接近最优解的解决方案。

2.2 遗传算法的主要操作

遗传算法的主要操作包括编码、选择、交叉和变异等,在这些操作中,相关方法的选择和参数的设置对算法性能起着重要作用。选取不同的策略和参数设置可能影响算法的搜索效率、收敛速度以及解的质量。本节将详细介绍遗传算法的主要操作和相关参数的设置。

2.2.1 编码

生物体的遗传信息是按一定方式排列的,也可看作从表现型到基因型的映射。在遗传算法中,编码策略决定如何将问题的解表示为染色体,即解空间中的解在遗传算法中的表示形式。从问题的解到基因型的映射称为编码,即把一个问题的可行解从其解空间转换到遗传算法的搜索空间的方法。遗传算法在进行搜索之前先将解空间的解表示为遗传算法的基因型串结构数据,这些串结构数据的不同组合构成了不同的点。不同的问题可能需要不同的编码策略来适应其特点,常见的编码策略有二进制编码、实数编码和排列编码等。

1. 二进制编码

在二进制编码中,每条染色体都由一串二进制位组成,每一位代表一个基因。二进制编码方式具有编码、解码简单易用,交叉和变异策略易于程序实现等特点。二进制编码是一种常用的编码策略,适用于离散的优化问题。例如,在解决背包问题时,基因位可以表示是否选择某个物品。

(1) 二进制编码长度分析

二进制编码将问题空间的解表示为一系列 0 和 1 的字符串。在确定编码长度时,我们需要考虑问题的取值范围和精度要求。编码长度太短可能导致精度不足,而太长则可能增加计算复杂度。假设有一个连续的变量 x,它的取值范围为 $[x_{\min}, x_{\max}]$,并且要求编码精度至少达到 Δx,那么编码长度 L 可以通过如下公式计算:

$$L = \left\lceil \log_2 \left(\frac{x_{\max} - x_{\min}}{\Delta x} + 1 \right) \right\rceil$$

其中:$\lceil \cdot \rceil$ 表示向上取整,以确保编码长度足够表示解空间中满足精度要求的所有值。

对于 Rosenbrock 函数求极值问题,假设取值范围为 $[-5, 5]$,精度要求为 0.01,则编码长度 $L \geqslant \left\lceil \log_2 \left(\frac{5-(-5)}{0.01} + 1 \right) \right\rceil = 10$,故取 $L=10$ 即可符合要求。

(2) 二进制编码方法

染色体编码结构的设计需要考虑问题解的具体形式和约束条件。在二进制编码中,每个基因都是一个二进制串。对于含有多个决策变量的优化问题,每个决策变量对应一个基因,整个染色体包含所有决策变量的编码。

对于 Rosenbrock 函数求极值问题,经过计算,已将编码长度 L 设置为 10。一个 10 位的二进制字符串 $A_{10}A_9A_8\cdots A_3A_2A_1$ 可以有 2^{10} 种表现形式。因此,我们将值域平均划分为 1 023 个区域,以对应每个二进制串。例如,0000000000 到 1111111111 表示从 -5 到 5,共 1 024 个离散点。

在 Rosenbrock 函数中,目标是找到函数的最小值,并且函数依赖于两个变量 x_1, x_2,则染色体包含两个基因,每个基因的长度根据上述计算的编码长度 L 确定。染色体结构可表示为 $x_1 \| x_2$,其中,$\|$ 表示基因之间的连接,是 20 位二进制串,前后各 10 位分别表示变量 x_1 和 x_2 的二进制形式。通过这种方式,我们可以设计出适合特定问题的染色体编码结构,以便算法能够有效地搜索解空间并找到最优解。

(3) 二进制解码方法

在遗传操作和系列迭代完成后,算法结束前,我们需要进行解码,以便将二进制编码转换回原始问题的解,即基因型到表现型的转换。解码方法应该确保编码和解码过程是一一对应的,即每个解的编码在解码后仍为原来的解。解码的操作步骤为:对于每个染色体,完成二进制到十进制的转换。得到十进制表示后,对十进制数值进行缩放和平移,将十进制数值缩放到原始问题的取值范围。

假设变量的取值范围是 $[x_{\min}, x_{\max}]$,并且编码长度为 L 位,那么每个二进制编码表示的十进制数值需要被缩放和平移到这个范围内,具体操作如下:

$$实际值 = x_{\min} + \left(x^{(10)} \times \frac{x_{\max} - x_{\min}}{2^L - 1}\right)$$

其中,$x^{(10)}$ 为经二进制转换的十进制值,$\frac{x_{\max} - x_{\min}}{2^L - 1}$ 为缩放因子,$x_{\min}$ 为平移量。

对于 Rosenbrock 函数求极值问题,首先需要将这 20 位长的二进制编码从中间平均划分为两个长度为 10 的二进制串,然后进行解码。

例如,对于个体 $1000100011\|0000100011$,首先将其划分成 $x_1^{(2)} = 1000100011$ 和 $x_2^{(2)} = 0000100011$,然后进行解码得到实际值,具体过程如下:

$$-5 + \left(547 \times \frac{5-(-5)}{2^{10}-1}\right) \approx 0.35$$

$$-5 + \left(35 \times \frac{5-(-5)}{2^{10}-1}\right) \approx -4.66$$

2. 实数编码

实数编码适用于连续优化问题,可将待求解问题的变量值作为基因处理,运算简单。每个基因位表示一个实数分量,通常在某个范围内随机初始化。这种编码方式允许遗传算法在解空间中进行平滑的搜索。

例如:若染色体 $x = (x_1, x_2, \cdots, x_n)$ 对任意 $1 \leqslant i \leqslant n, x_i \in \mathbf{R}$,$\mathbf{R}$ 为实数集,则染色体 x 为实数编码。对于最小化问题 $\min(f(x))$,设 $x_i \in [a_i, b_i]$,则可采用如下线性变换进行实数编码:

$$x_i = a_i + r_i(b_i - a_i)$$

其中:若 r_i 为 $[0, 1]$ 区间的随机数,则 x_i 将为 $[a_i, b_i]$ 区间内的实数值。实数编码的优点是不需要在编码空间和解空间进行转换,适用于实数优化问题;缺点是难以反映出基因的特征。

3. 排列编码

排列编码又称顺序编码或自然数编码,是遗传算法中的一种编码策略,尤其适用于解空间可以被自然表达为对象序列或排列的优化问题,如旅行商问题。每个基因代表问题域中的一个实体或属性,染色体是这些基因的一个特定排列,即问题的一个潜在解决方案。设染色体 $x=(x_1,x_2,\cdots,x_n)$,对于任意 $1\leqslant i,j\leqslant n$,当 $i\neq j$ 时,要求 $x_i\neq x_j,x_i\in \mathbf{N}$,$\mathbf{N}$ 为自然数集。排列编码可以减小搜索空间,但可能需要满足一定的编码规则或约束条件来保证可行性。

在这种编码方式中,旅行商问题提供了一个经典的优化场景。旅行商问题旨在寻找最短路径,以便推销员恰好访问每个城市一次并返回起点。下面我们将以 TSP 为例,深入探讨排列编码的原理和应用。

(1) 排列编码长度分析

排列编码长度一般由问题的规模决定。在旅行商问题中,编码长度等于需访问的城市数量。如果有 N 个城市,那么每个染色体都将是一个长度为 N 的排列,其中包含了访问这些城市的特定顺序。例如,若含 5 个城市的旅行商问题,各城市编号为 1~5 的自然数,则访问顺序编码可用长度为 5 的染色体表示。如染色体 $\boldsymbol{X}=(2,3,4,1,5)$、染色体 $\boldsymbol{Y}=(5,3,2,4,1)$。

(2) 编码方法

在遗传算法中,排列编码方法是将问题的潜在解决方案表示为自然数序列。以旅行商问题为例,自然数序列中的每个位置代表旅行的顺序,而位置上的值则表示特定的城市。编码过程一般遵循以下步骤。

首先,为旅行商问题中的每个城市分配一个唯一的标号。例如,如果有 5 个城市,可以简单地将它们编号为 1、2、3、4、5。

其次,生成一个包含所有城市标号的序列,序列中的每个位置对应访问城市的顺序。序列可以是任意排列,每个排列都代表了一个潜在的解决方案。

最后,创建距离矩阵。根据已确定的城市的个数和标号,创建一个 $N\times N$ 维矩阵,记录不同城市之间的距离。

(3) 解码方法

解码是将排列编码的染色体转换回对应的问题的解的过程。以旅行商问题为例,解码后的序列直接反映了城市访问顺序,并可根据举例矩阵计算其代表的实际路径长度。解码过程分为以下步骤。

首先,从染色体中读取城市信息和其排列序列。

其次,根据序列中的城市访问顺序,使用城市间的距离矩阵计算总旅行距离。将序列中相邻城市对的距离相加,包括最后一个城市返回到起始城市的距离。

最后,输出旅行的路径和总距离,用于评估染色体的适应度。

2.2.2 适应度评价

在遗传算法中,适应度函数用来表征种群中每个个体对其生存环境的适应能力,每个个体都具有一个适应度值。适应度值是群体中个体生存机会的唯一确定性指标,决定着群体的进化行为。为了能够直接将适应度函数与群体中的个体优劣相联系,适应度值规定为非负,并且在任何情况下我们都希望其越大越好。

在遗传算法中,自然选择规律的体现就是以适应度值的大小来决定个体选择的概率大小。在遗传算法的迭代过程中,评价方法用于指导自然选择过程,即选择哪些个体进行交配和产生后代。个体的适应度值越大,其被选择遗传到下一代的概率越大。反之,个体的适应度值越小,其被遗传到下一代的概率也越小。

适应度评价是遗传算法中评估解质量的过程。对于最大化问题,目标函数值越大,个体越优秀;对于最小化问题则相反。评价方法通常基于问题特定的目标函数,还可能包括对约束满足情况的考虑。适应度函数是评定染色体好坏的标准。例如,旅行商问题的目标是最小化路径长度,因此适应度函数一般设置为路径总长度的倒数。

2.2.3 选择

选择操作是遗传算法中的一个关键步骤,它决定了如何从当前种群中选择个体作为父代参与后续的交叉和变异操作。常见的选择策略包括轮盘赌选择、锦标赛选择等,其中轮盘赌选择是最为经典的方法。

1. 轮盘赌选择

轮盘赌选择(roulette wheel selection)是一种根据个体的适应度值计算每个个体在子代中出现概率的选择策略,也被称为适应度比例法。这种策略模拟了自然界的适者生存原则,高适应度的个体在选择过程中有更大的机会被选中。在最大化问题中,适应度函数可直接取目标函数,目标函数值较高的个体直接对应着更大的选择概率;而在最小化问题中,需要对适应度函数进行转换,以确保较低的目标函数值对应着更大的选择概率。轮盘赌选择具体过程如下。

① 计算种群中所有个体的适应度值总和,得到总适应度

$$F = \sum_{i=1}^{N} f(x_i) \tag{2-1}$$

② 计算每个个体的选择概率,即个体的适应度值与总适应度的比例:

$$P(i) = \frac{f(x_i)}{\sum_{i=1}^{N} f(x_i)} \tag{2-2}$$

③ 将选择概率映射到一个 0 到 1 之间的区间,形成一个轮盘,其中个体的选择概率决定了其对应区域的大小,图 2-4 便是一个根据式(2-2)生成的轮盘。

④ 随机生成一个 0 到 1 之间的随机数,然后根据该随机数落在轮盘上的位置来选择相应的个体作为父代。

轮盘赌选择根据个体的适应度进行选择,有效地提高了更优个体被选中的概率。这种机制在加速种群向更优解进化的同时,也维持了种群的多样性水平,因为即使是适应度较低的个体,其也有机会被选中。然而,在实际应用轮盘赌选择时需要注意,适应度值差异较大时可能导致选择概率不平衡的问题,故可以采用一些改进措施,如缩放适应度值等方法,优化轮盘赌选择的性能。

2. 锦标赛选择

在锦标赛选择中,每次从种群中取出一定数量的个体(有放回抽样),然后在这个小组中选择适应度最好的个体进入子代种群。这个策略模拟了生物界中的竞争和适者生存原则,通过不断的竞争选择,将优秀的基因信息传递给下一代。图 2-5

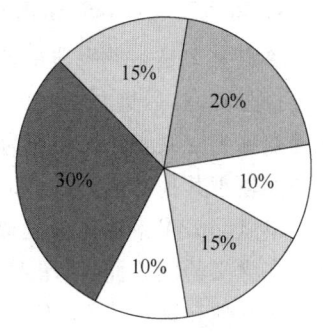

图 2-4 轮盘赌选择

展示了锦标赛选择的过程,锦标赛选择的具体操作步骤如下。

① 确定每次选择的个体数量 N。例如,当 $N=2$ 时,进行二元锦标赛选择,每次选择两个个体进行比较。

② 从种群中随机选择 N 个个体,采用有放回抽样的方式。这意味着每个个体被选择的概率相同,无论其适应度值如何。

③ 在这个小组中,根据每个个体的适应度值,选择其中适应度值最高的个体进入下一代种群。这个被选中的个体将成为子代的一员,带有优秀的遗传信息。

④ 重复步骤②和步骤③多次,重复次数通常取决于原种群规模,即直到新的种群规模达到或接近原来的种群规模,锦标赛选择结束。这样,通过多次的锦标赛选择,新的种群将逐渐形成,其中包含了适应度值较高的个体。

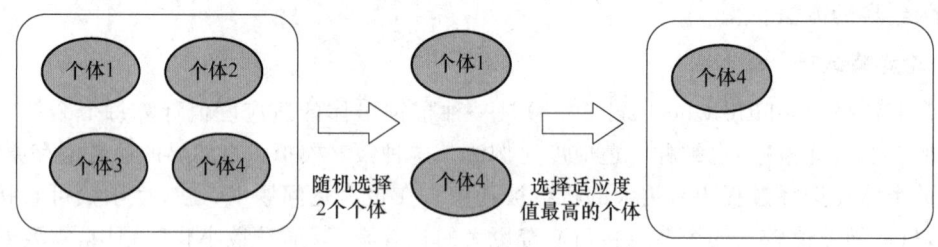

图 2-5　锦标赛选择

这种选择机制为适应度较低的个体提供了被选中的可能性,维持了种群的多样性水平。利用锦标赛选择,遗传算法能够在维持种群多样性水平的同时,逐步提高整体适应度,从而推动种群向更优解的方向进化。

2.2.4　交叉

在遗传算法中,交叉策略将两个个体的基因信息进行组合,产生新的个体。交叉策略有多种形式,适用于不同类型的编码和问题,如单点交叉、多点交叉、均匀交叉等。

在单点交叉中,一个随机选择的位置被作为交叉点,两个个体的染色体片段在交叉点处进行交换。多点交叉则涉及多个交叉点,从而产生更复杂的基因重组。均匀交叉会随机选择某个位置的基因进行交换,从而产生高度混合的个体。交叉操作能够提高种群中个体的多样性水平,但其效果取决于问题的性质,需要根据具体情况调整交叉方式。

以下是一些常见的交叉策略。

1. 单点交叉(single-point crossover)

单点交叉是一种经典的遗传算法交叉形式,首先选择两条染色体,在随机选择的一个位置点进行分割,然后将右侧基因进行交换,生成两个不同的子染色体。在单点交叉中,被交叉的位置点称为交叉点。图 2-6 为单点交叉的示例。

相较于其他交叉形式,如多点交叉或均匀交叉,单点交叉的交叉混合速度相对较慢。这是因为单点交叉将染色体分割成两段进行交叉,交叉的粒度较大。尽管如此,对于那些交叉点具有内在含义的问题而言,单点交叉造成的破坏更小。由于只在一个位置点上进行分割和交换,相对于其他交叉形式,单点交叉更容易保留原始染色体中的某些特征和结构。

在进行单点交叉时,交叉点的选择非常重要。通常,交叉点是随机选择的,但也可以根据

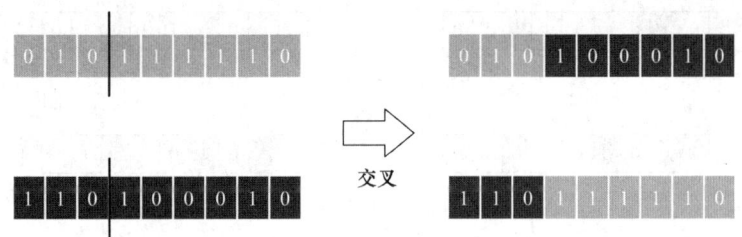

图 2-6　单点交叉

具体问题的特性进行有意的选择和调整。有些问题可能对染色体的前半部分或后半部分有更高的要求,此时可以根据问题的特性来选择交叉点,以获得更好的交叉效果。

2. 多点交叉(multi-point crossover)

多点交叉又称为广义交叉,是遗传算法中重要的交叉操作。在多点交叉中,个体的染色体被随机设置多个交叉点,然后进行基因交换,从而生成新的个体。图 2-7 为两点交叉的示例。

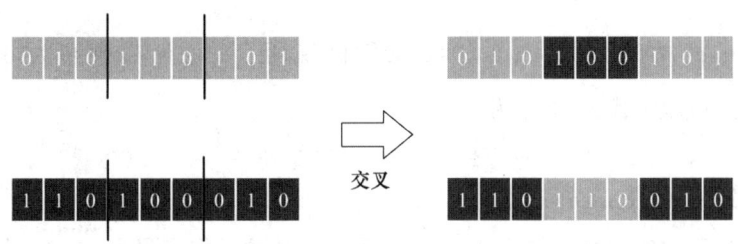

图 2-7　两点交叉

多点交叉与单点交叉类似,不同之处在于多点交叉涉及多个交叉点。具体来说,多点交叉在多个交叉点处将两个染色体分割成多个片段,然后交换这些片段,生成新的个体。交叉点的数量和位置是随机选择的,这使得多点交叉能够在更大范围内交叉基因,提高了个体的多样性水平。如果多点交叉只选择了一个交叉点,那么其实际上变成了单点交叉。因此,单点交叉和两点交叉实际上是多点交叉的特例情况。

多点交叉在解决不同问题时更为灵活,可以根据问题的特点和要求来调整交叉点的数量和位置。这种交叉策略有助于算法在探索新解和利用已有解之间找到平衡,既提高了种群中个体的多样性水平,又促进了算法的收敛。

3. 均匀交叉(uniform crossover)

均匀交叉,也称一致交叉。如图 2-8 所示,在均匀交叉中,两个染色体的同一索引位置(记为 i)上的基因有一定的交换概率。与其他交叉方法不同,均匀交叉以相等的概率对待每个基因位,在个体之间进行均匀的基因交换。均匀交叉时,首先随机生成一个与个体编码串长度相等的规则串 $\boldsymbol{g}=(g_1,g_2,\cdots,g_n)$,其中 g_i 采取等概率,设置为 0 或 1。当 g_i 为 0 时,子代个体在第 i 位的基因值继承其中一个父代个体;反之,继承另一个父代个体。

均匀交叉是一种更具优势的交叉策略,因为均匀交叉能够更好地搜索设计空间,同时保持较好的信息交换。与传统的交叉方式相比,均匀交叉后的种群具有更高的个体多样性水平,每个基因都有被交换的机会。这种特性有助于算法保持更广泛的基因探索,从而提高算法的全局搜索能力。

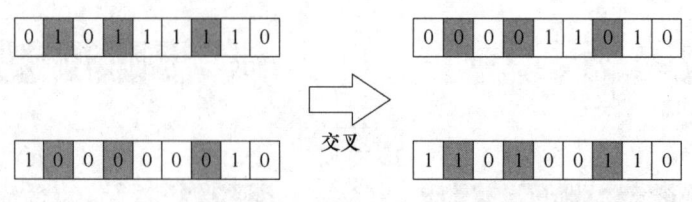

图 2-8 均匀交叉

4. 算术交叉(arithmetic crossover)

算术交叉是指配对染色体之间采用线性组合的方式进行交叉,以改变染色体基因序列。算术交叉的操作对象一般是由浮点数编码所表示的个体,算术交叉一般采用双个体算术交叉,具体步骤如下。

设 x_1、x_2 为父代个体,$\alpha \in (0,1)$ 为随机数,则子代个体 x_1' 和 x_2' 为

$$x_1' = \alpha x_1 + (1-\alpha) x_2$$
$$x_2' = \alpha x_2 + (1-\alpha) x_1$$

算术交叉也可采用多个体算术交叉,具体步骤如下。

设 $x_1, x_2, \cdots, x_n$ 为父代个体,$\alpha_i \in (0,1)$ 为随机数,且 $\sum_{i=1}^{n} \alpha_i = 1$,则可为每个子代个体产生一组不同的随机数,子代个体 x_i 为

$$x_i' = \alpha_1 x_1 + \alpha_2 x_2 + \cdots + \alpha_n x_n$$

5. 顺序交叉(order crossover)

顺序交叉,也称顺序杂交。如图 2-9 所示,顺序交叉的操作步骤为:首先,从两个染色体中随机选择一个起始位置;其次,将从起始位置开始的一段基因序列完全保留在子染色体中;最后,按照染色体中基因的顺序,将另一个染色体中未在子染色体中出现的基因,按照原顺序填充到子染色体的剩余位置。

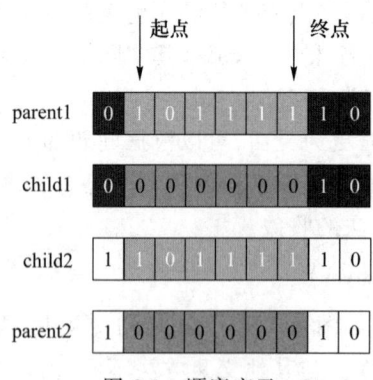

图 2-9 顺序交叉

顺序交叉的核心思想是通过保留基因序列的方式来维持某些相对固定的基因位置,从而保留父代染色体的结构信息。这种交叉策略适用于那些基因在特定位置上具有重要约束关系的问题,因为顺序交叉有助于保留这些约束条件,避免了违反问题约束的情况。

顺序交叉能够在一定程度上保持父代染色体的结构特征,有助于遗传信息的传递。不过,它也存在一些局限性,比如可能导致子染色体过于相似,限制了种群中个体多样性水平的保持,特别是在问题的解空间较大时。

6. 部分映射交叉（partially mapped crossover）

部分映射交叉是一种适用于排列编码等问题的交叉操作策略。如图 2-10 所示，部分映射交叉的操作步骤为：首先随机选择两个交叉点，然后将这两个点之间的基因片段从一个个体复制到另一个个体中对应的位置。该步骤类似于传统的两点交叉。

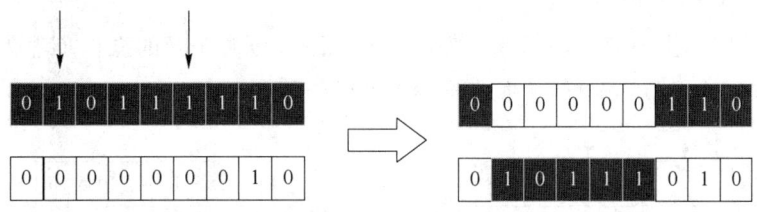

图 2-10　部分映射交叉

与传统两点交叉不同的是，部分映射交叉在交叉过程中会考虑基因的映射关系，以避免产生重复的基因。具体来说，如果在交叉片段中存在相同的基因，那么部分映射交叉就会使用基因映射关系来修复这些重复的基因，通过将重复的基因映射到未被选择的位置，保证交叉后的个体仍然是合法的排列。

部分映射交叉的优点在于它能保持父代染色体中的信息和避免产生不合法的交叉结果。该方法尤其适用于排列编码等问题，在这些问题中，基因之间的顺序和位置具有重要的约束关系。不过该方法也有一些局限性。例如，当交叉片段较长时，修复重复基因的操作可能会变得更加复杂。

2.2.5　变异

变异策略在遗传算法中是提高多样性水平和创新性的手段，有许多不同的变异操作可以应用在不同类型的问题上，以下是一些常见的变异策略。

1. 位翻转变异（bit flip mutation）

位翻转变异适用于二进制编码的问题。如图 2-11 所示，位翻转变异的操作步骤为：首先在染色体中随机选择一个或多个基因位，然后将其取反，从而改变染色体的一部分内容。

图 2-11　位翻转变异

2. 基因替换变异（gene replacement mutation）

基因替换变异适用于离散编码的问题。如图 2-12 所示，基因替换变异的操作步骤为：随机选择一个基因位，然后将其替换为问题中允许的其他值，从而改变个体的一个特征。

图 2-12　基因替换变异

3. 插入变异（insertion mutation）

插入变异适用于排列编码类问题。如图 2-13 所示，插入变异的操作步骤为：在染色体中随机选择一个基因位，然后将其插入另一个位置，从而改变基因的排列顺序。

图 2-13 插入变异

4. 交换变异(swap mutation)

交换变异适用于排列编码等问题。如图 2-14 所示,交换变异的操作步骤为:随机选择两个基因位,然后交换它们的位置,从而改变基因的排列顺序。

图 2-14 交换变异

5. 多项式变异(polynomial mutation)

多项式变异适用于实数编码的问题。假设原始基因值为 x,扰动后的基因值为 x',扰动范围为 d,则有:

$$x' = x + \delta d \tag{2-3}$$

其中:δ 为多项式分布产生的随机数,在 $[-1,1]$ 范围内取值。多项式分布的形状由一个用户定义的参数 η 决定,η 越大,扰动幅度越大。多项式变异的主要目的是引入一定的随机性,增加算法在解空间中的探索范围,通过调整多项式分布的参数,控制扰动的幅度和范围。与其他变异策略相比,多项式变异在调整基因值时具有一定的灵活性。

6. 高斯变异(gaussian mutation)

高斯变异是改进遗传算法对重点搜索区域的局部搜索性能的另外一种变异操作方法,适用于实数编码的问题。它通过引入正态分布的随机扰动,对染色体中的基因值进行变异,从而在基因值的周围引入随机变化。假设原始基因值为 x,扰动后的基因值为 x',扰动范围为 σ。则高斯变异可以通过式(2-4)计算新的基因值。

$$x' = x + N(\mu, \sigma) \tag{2-4}$$

其中,$N(\mu,\sigma)$ 表示均值为 μ、标准差为 σ 的正态分布随机数。正态分布的随机数在不同范围内采样,使得扰动的幅度随机变化。

由正态分布的特性可知,高斯变异重点搜索原个体附近的某个局部区域。高斯变异的局部搜索能力较好,但是引导个体跳出局部较优解的能力较弱,不利于全局收敛。

7. 逆转变异(inversion mutation)

逆转变异适用于排列编码等问题。如图 2-15 所示,逆转变异的操作步骤为:随机选择一个基因片段,然后将其逆转,从而改变基因片段的排列顺序。

图 2-15 逆转变异

不同的问题和编码方式可能适合不同的变异策略。在应用变异策略时,我们需要根据问题的特点和实验结果来选择合适的变异操作,以平衡收敛性和多样性,提高遗传算法的全局寻优能力。

2.3 遗传算法的程序实现

本节选取一些典型函数案例，对 GA 算法的求解过程和具体实现进行详细介绍。

2.3.1 一元多峰函数求极值

对于函数 $f(x)=abs(x\sin(x)\cos(2x)-2x\sin(3x)+3x\sin(4x))$，本小节求解其在区间 $[0,5]$ 上的最大值。从图 2-16 的函数图像中可以看出，该函数是一元多峰函数，求解难度比一般函数更大。

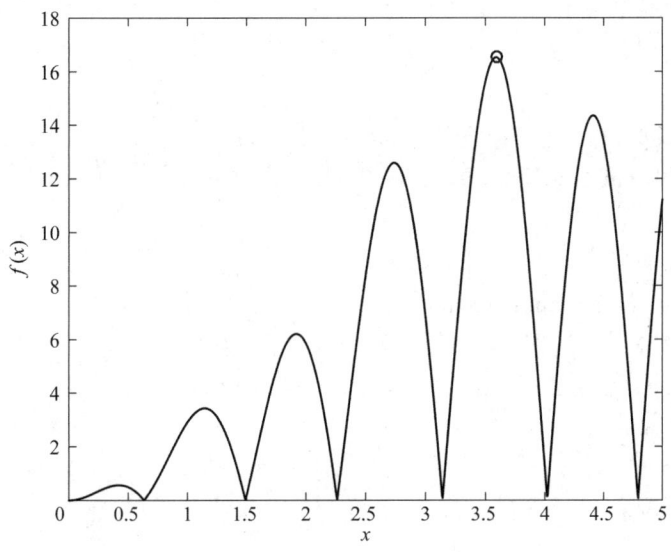

图 2-16 一元多峰函数图像

使用 MATLAB 对函数极值进行求解的代码如下：

```
function genetic_algorithm
    % 算法参数
    popSize = 20;      % 种群大小
    numGenerations = 30;      % 迭代次数
    crossoverFraction = 0.6;    % 交叉率
    mutationRate = 0.1;     % 变异率
    lb = 0;    % x 的下界
    ub = 5;    % x 的上界
    % 定义函数 f(x)
    f = @(x) abs(x.* sin(x).* cos(2*x) - 2*x.* sin(3*x) + 3*x.* sin(4*x));
    % 创建 x 的值范围，使用密集的点以获得光滑的曲线
    x = linspace(0, 5, 1000);
```

```matlab
    % 计算函数值
    y = f(x);
    % 初始化种群
    population = lb + (ub - lb) * rand(popSize, 1);
    scores = evaluate(population);
    bestScores = zeros(numGenerations, 1);

    figure;
    plot(x, y, 'k-');
    hold on;
scatter(population, scores, 'ko', 'MarkerFaceColor', 'none');
set(gca, 'Color', 'w');
    axis tight;
    hold off;
    axis([0 5 0 18]);
    set(gca, 'FontSize', 10.5, 'FontName', 'SimSun');

    % 算法主循环
    for gen = 1:numGenerations
        % 选择
        parents = selection(scores, crossoverFraction);

        % 交叉
        children = crossover(population(parents), lb, ub);

        % 变异
        children = mutate(children, lb, ub, mutationRate);

        % 评估新的种群
        childrenScores = evaluate(children);

        % 下一代种群
        [population, scores] = regenerate(population, children, scores, childrenScores);

        % 记录最优得分
        bestScores(gen) = max(scores);

        % 画图
        figure;
```

```matlab
            plot(x,y,'k-');
            hold on;
            scatter(population,scores,'ko','MarkerFaceColor','none');
            title(sprintf('第%d次迭代进化',gen));
            set(gca,'Color','w');
            axis tight;
            hold off;
            axis([0 5 0 18]);
            set(gca,'FontSize',10.5,'FontName','SimSun');
            pause(0.01);

        end

    % 适应度进化曲线图
    fitnessHistory = bestScores;
    % 绘制适应度进化曲线
    figure;
    plot(1:numGenerations,fitnessHistory,'k-','LineWidth',1);
    title('适应度进化曲线');
    set(gca,'Color','w');
    set(gcf,'Color','w');
    set(gca,'FontSize',10.5,'FontName','SimSun');
    % 输出最终的最优解
    [bestScore,bestIndex] = max(scores);
    bestX = population(bestIndex);
    fprintf('Best solution x: %f, Fitness: %f\n',bestX,bestScore);
end


% 评估函数
function scores = evaluate(population)
    scores = abs(population.*sin(population).*cos(2*population) - ...
        2*population.*sin(3*population) + ...
        3*population.*sin(4*population));
end


% 选择函数
function parents = selection(scores,fraction)
    [~,sortedIndices] = sort(scores,'descend');
    numParents = round(length(scores)*fraction);
    parents = sortedIndices(1:numParents);
```

```
        end

    % 交叉函数
    function children = crossover(parents, lb, ub)
        numChildren = length(parents);
        children = zeros(numChildren, 1);
        for i = 1:2:numChildren - 1
            p1 = parents(i);
            p2 = parents(i + 1);
            alpha = rand();
            children(i) = alpha * p1 + (1 - alpha) * p2;
            children(i + 1) = alpha * p2 + (1 - alpha) * p1;
            children(i) = min(max(children(i), lb), ub);
            children(i + 1) = min(max(children(i + 1), lb), ub);
        end
    end

    % 变异函数
    function children = mutate(children, lb, ub, mutationRate)
        for i = 1:length(children)
            if rand() < mutationRate
                children(i) = lb + (ub - lb) * rand();
            end
        end
    end

    % 再生成种群函数
    function [newPopulation, newScores] = regenerate(oldPopulation, children, oldScores, childrenScores)

        combinedPopulation = [oldPopulation; children];
        combinedScores = [oldScores; childrenScores];

        [~, sortedIndices] = sort(combinedScores, 'descend');
            newPopulation = combinedPopulation(sortedIndices(1:length(oldPopulation)));
        newScores = combinedScores(sortedIndices(1:length(oldPopulation)));
    end
```

遗传算法的运行结果受到迭代次数、种群大小等因素的影响,具有一定的随机性和偶然性。为评估算法的性能，我们需要多次运行算法并计算平均结果。图 2-17 和图 2-18 分别展示了连续函数在遗传算法初始时期和最终状态时解的位置分布情况。为了更直观地观察遗传算法寻找函数最优解的过程，程序在图像绘制过程中设置了暂停时间，以图形化的方式展现这一动态优化过程。图中用圆圈标记了每次迭代的结果，以帮助分析和追踪算法的移动路径及其收敛趋势。图 2-19 为适应度随迭代次数变化的曲线。

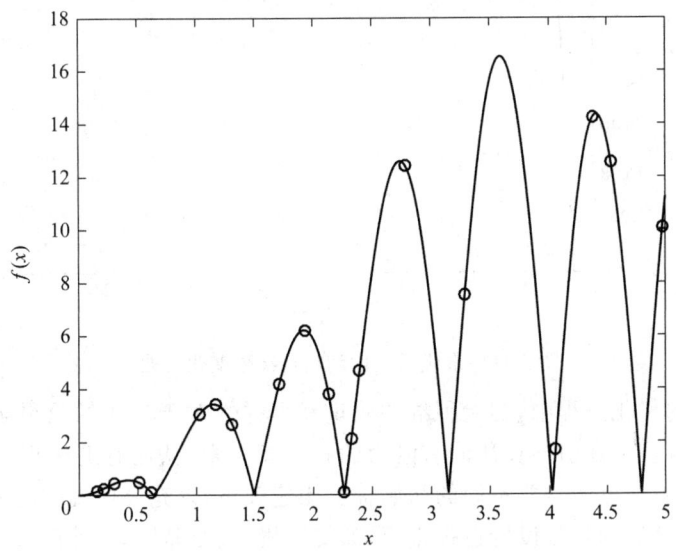

图 2-17　初始时期解的位置分布情况

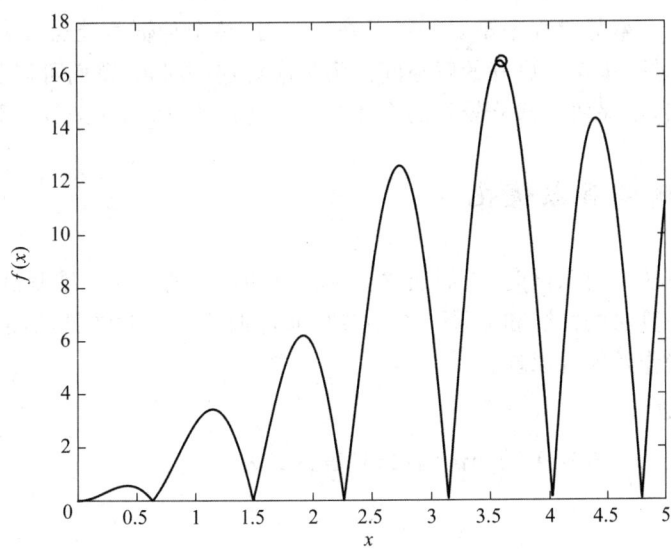

图 2-18　最终状态解的位置分布情况

通过程序的运行，我们得到在遗传算法迭代过程中，当变量 x 取值为 3.6 时，求取的函数最大值为 16.522 7。遗传算法作为一种进化算法，其寻优过程也具有随机性，初始种群的构建和进化过程中的交叉、变异等操作都会对最终求得的最优解产生影响。在解决复杂问题时，遗传算法的性能取决于参数设置和算法的运行过程。

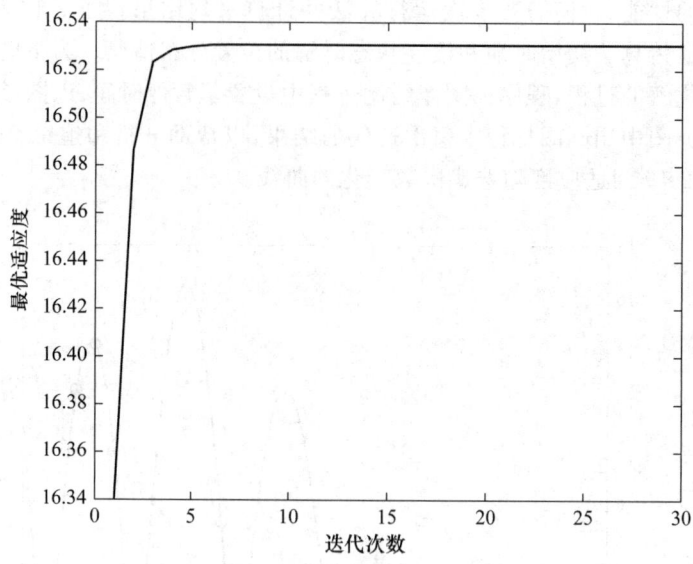

图 2-19 最优适应度随迭代次数变化的曲线

在遗传算法的优化过程中,初始种群的质量和多样性对于算法的效果至关重要。一个较好的初始种群可以在早期引导算法向有潜力的解空间探索,从而有助于提高算法的全局搜索能力。然而,不同问题可能需要不同的初始种群构建策略,以充分挖掘问题的特性。在遗传算法的优化过程中,算法的参数设置也很重要,如交叉概率、变异概率、种群大小等。这些参数的设置会直接影响算法的收敛速度和全局搜索能力。适当的参数设置可以使算法在合理的时间内找到较优解,而不当的参数设置可能导致算法陷入局部最优解。

当个体在交叉和变异过程中难以获得更好的解时,整个种群可能会收敛到一个局部最优解,导致算法无法进一步探索更好的解空间。为了应对这一问题,我们可以尝试引入一些维持多样性水平的策略,如保留一部分较差的个体或引入随机扰动,以帮助算法跳出局部最优解。

2.3.2 典型测试函数优化

在应用遗传算法进行测试时,人们通常会选择一些典型的多元多维测试函数,这些测试函数被广泛用于评估算法的性能和效果。本小节将通过遗传算法对常见的测试函数进行求解,展示算法的主要操作及实现原理。

1. Sphere 函数

Sphere 函数是一个较简单的测试函数,其表达式为

$$f(x) = \sum_{i=1}^{n} x_i^2 \tag{2-5}$$

Sphere 函数具有单一的全局最优解,即 $f(x)=0$,该解在 $x=(0,0,\cdots,0)$ 处取得。在二维空间内,该函数的图像如图 2-20 所示。

在算法设计之初,我们需要设置相应参数,其中,维度 D 为 5 维,迭代次数 T_{MAX} 为 200 次,种群规模 N 为 100,选择策略为轮盘赌选择,交叉策略为多点交叉,变异策略为高斯变异,变异率为 0.01。

Sphere 函数的最优解为 −0.0002、0.0021、−0.0005、0.0009、−0.0009;最优解对应的适应度值为 6.2970×10^{-6}。最优适应度随迭代次数变化的曲线如图 2-21 所示。显然,在高

维度函数优化过程中,算法仅得到了问题的近似解。

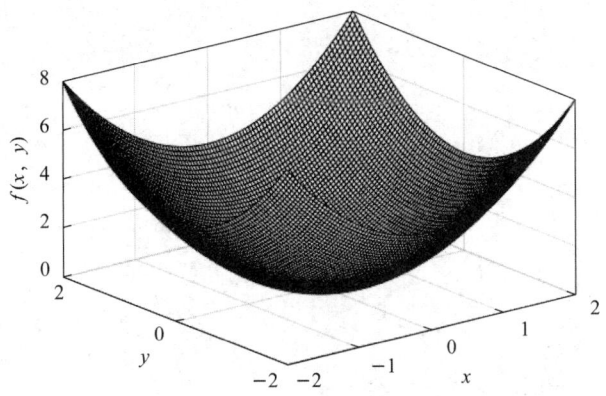

图 2-20　Sphere 函数图像

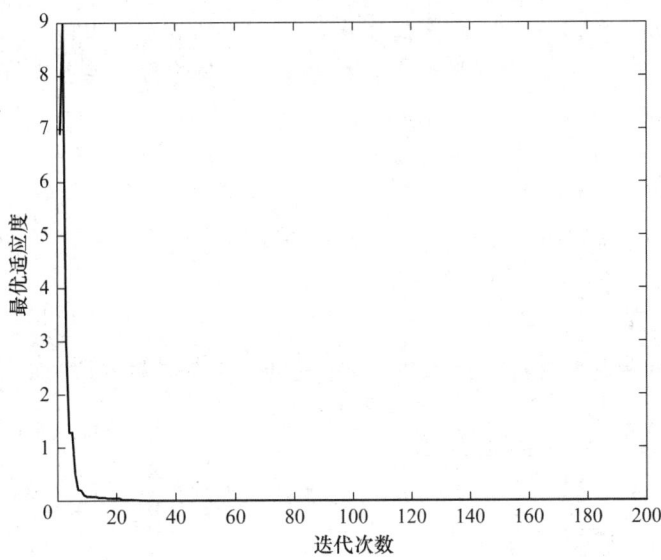

图 2-21　最优适应度随迭代次数变化的曲线

算法的 MATLAB 代码如下:

```
clc
clear
% 定义 Sphere 函数
Sphere = @(x, y) x.^2 + y.^2;


x = linspace(-2, 2, 100);
y = linspace(-2, 2, 100);
[X, Y] = meshgrid(x, y);


% 计算每个坐标点的 Sphere 函数值
```

```
Z = Sphere(X, Y);

% 绘制立体图
figure;
surf(X, Y, Z);
title('Sphere Function');
xlabel('x');
ylabel('y');
zlabel('f(x, y)');

% 遗传算法参数设置
populationSize = 100;       % 种群大小
numGenes = 5;               % 染色体长度(基因数)
mutationRate = 0.01;        % 变异率
numGenerations = 200;       % 迭代次数
eliteRatio = 0.2;           % 选择适应度前20%的个体作为精英个体
minInitValue = -5;          % 最小初始值
maxInitValue = 5;           % 最大初始值
% 初始化种群
population = minInitValue + (maxInitValue - minInitValue) * rand(populationSize, numGenes);

bestFitnessPerGeneration = zeros(numGenerations, 1);

for generation = 1:numGenerations
    % 计算适应度
    fitness = sphereBatch(population);

    % 选择操作
    selectedParents = rouletteWheelSelection(fitness);
    selectedParents = population(selectedParents, :);

    % 多点交叉操作
    offspringPopulation = crossover(selectedParents);

    % 多项式变异操作
    mutatedPopulation = mutate(offspringPopulation, mutationRate);

    % 更新种群
    population = mutatedPopulation;
```

```
        bestFitnessPerGeneration(generation) = min(fitness);

end

% 找到最优解
fitness = sphereBatch(population);
[minFitness, minIndex] = min(fitness);
bestSolution = population(minIndex, :);

disp('最优解:');
disp(bestSolution);
disp('最优解对应的适应度值:');
disp(minFitness);

figure;
plot(1:numGenerations, bestFitnessPerGeneration, 'b-');
xlabel('代数');
ylabel('最优适应度');
title('遗传算法优化 Sphere 函数的最优适应度');
grid on;

% 轮盘赌选择
function selectedParents = rouletteWheelSelection(fitness)

    populationSize = length(fitness);
    numParents = populationSize;
    selectedParents = zeros(numParents, 1);
    invertedFitness = 1 ./ fitness;
    totalInvertedFitness = sum(invertedFitness);
    probabilities = invertedFitness / totalInvertedFitness;

    for i = 1:numParents
        pick = rand;
        cumulativeProb = 0;

        for j = 1:populationSize
            cumulativeProb = cumulativeProb + probabilities(j);

            if pick <= cumulativeProb
                selectedParents(i) = j;
```

```
                break;
            end
        end
    end

end

% 多点交叉
function offspringPopulation = crossover(selectedPopulation)
    numOffspring = size(selectedPopulation, 1);
    crossoverPoints = randi(size(selectedPopulation, 2), numOffspring, 2);


    offspringPopulation = zeros(size(selectedPopulation));

    for i = 1:numOffspring
        parent1 = selectedPopulation(i, :);
        parent2 = selectedPopulation(mod(i, numOffspring) + 1, :);
        crossoverPoint1 = min(crossoverPoints(i, :));
        crossoverPoint2 = max(crossoverPoints(i, :));

        offspring1 = [parent1(1:crossoverPoint1), parent2(crossoverPoint1 + 1:crossoverPoint2), parent1(crossoverPoint2 + 1:end)];
        offspring2 = [parent2(1:crossoverPoint1), parent1(crossoverPoint1 + 1:crossoverPoint2), parent2(crossoverPoint2 + 1:end)];

        offspringPopulation(i, :) = offspring1;
        offspringPopulation(mod(i, numOffspring) + 1, :) = offspring2;
    end

end

% 多项式变异
function mutatedPopulation = mutate(offspringPopulation, mutationRate)
    mutatedPopulation = offspringPopulation;

    for i = 1:size(mutatedPopulation, 1)
        for j = 1:size(mutatedPopulation, 2)
            if rand() < mutationRate
```

```
                    u = rand();
                    if u <= 0.5
                        delta = (2 * u)^(1/(1 + 20));
                        mutatedPopulation(i, j) = mutatedPopulation(i, j) + delta - 1;
                    else
                        delta = (2 * (1 - u))^(1/(1 + 20));
                        mutatedPopulation(i, j) = mutatedPopulation(i, j) - delta + 1;
                    end
                end
            end
        end
end

function fitnessValues = sphereBatch(population)
[numIndividuals, n] = size(population);
fitnessValues = zeros(numIndividuals, 1);
for i = 1:numIndividuals
    x = population(i, :);
    sum = 0;
    for j = 1:n
        sum = sum + x(j)^2;
    end
    fitnessValues(i) = sum;
end
end
```

2. Rosenbrock 函数

Rosenbrock 函数是一个常用的测试函数,其表达式为

$$f(x) = \sum_{i=1}^{n-1}[100(x_{i+1} - x_i^2)^2 + (1 - x_i)^2] \tag{2-6}$$

对于 Rosenbrock 函数来说,全局最优解在 $f(x)=0$ 处取得,Rosenbrock 函数图像呈现出一个长而狭窄的峡谷,该函数在二维空间内的图像如图 2-22 所示。

在求解该问题时,我们使用与之前不同的选择和交叉策略,其中,种群大小 N 为 100,维度 D 为 5,变异率为 0.01,迭代次数为 500 次,选择策略为锦标赛选择,交叉策略为单点交叉。

Rosenbrock 函数的最优解为 0.909 0、0.825 9、3.049 8、−1.909 1、3.088 4;最优解对应的适应度值为 0.008 3。算法在执行过程中最优适应度随迭代次数变化的曲线如图 2-23 所示。可以看出,在该策略下遗传算法在每个维度上都能接近最优值。

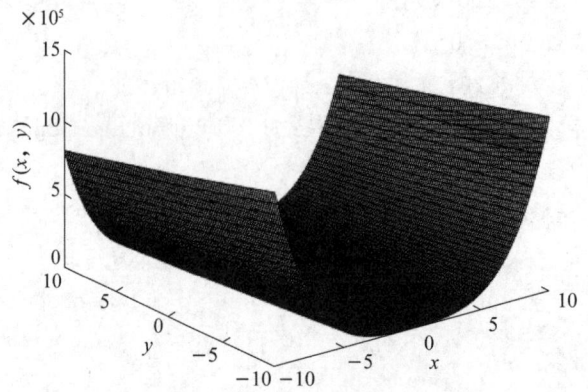

图 2-22　Rosenbrock 函数图像

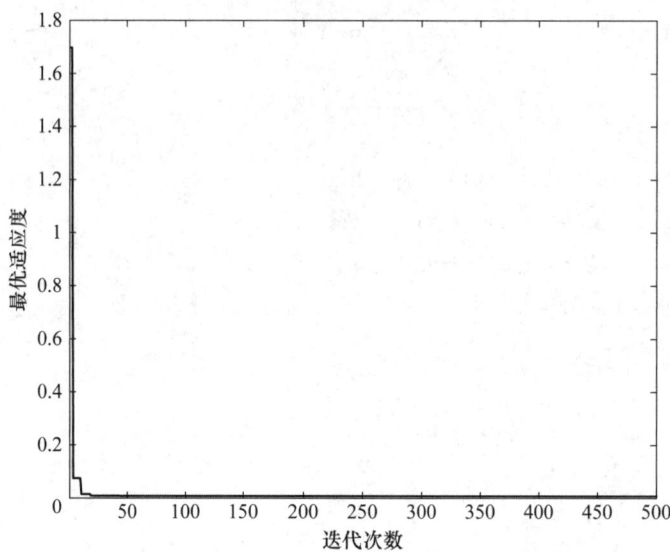

图 2-23　最优适应度随迭代次数变化的曲线

算法的 MATLAB 代码如下：

```
clc
clear
%% 函数图像
% 定义 Rosenbrock 函数
rosenbrock_f = @(x, y) 100 * (y - x.^2).^2 + (1 - x).^2;
% 生成 x 和 y 坐标点
x = linspace(-2, 2, 100);      % x 范围
y = linspace(-1, 3, 100);      % y 范围
[X, Y] = meshgrid(x, y);
% 计算每个坐标点的 Rosenbrock 函数值
Z = rosenbrock_f(X, Y);
% 绘制立体图
```

```matlab
figure;
surf(X, Y, Z);
title('Rosenbrock Function (n = 2)');
xlabel('x','FontSize', 12);
ylabel('y','FontSize', 12);
zlabel('f(x, y)','FontSize', 12);
%% 遗传算法参数设置
populationSize = 100;     % 种群大小
numGenes = 5;     % 染色体长度(基因数)
mutationRate = 0.01;    % 变异率
numGenerations = 500;    % 迭代次数
% 初始化范围
minInitValue = -3;    % 最小初始值
maxInitValue = 3;     % 最大初始值
% 初始化种群
population = minInitValue + (maxInitValue - minInitValue) * rand(populationSize, numGenes);
% 选择参数
numParents = populationSize;    % 选择的父代个数
tournamentSize = 2;    % 锦标赛小组大小
bestFitnessPerGeneration = zeros(numGenerations, 1);
%% 开始循环
for generation = 1:numGenerations
    % 计算适应度
    fitness = rosenbrockBatch(population);
    % 选择操作(锦标赛选择)
    selectedParents = tournamentSelection(population, numParents, tournamentSize);
    % 单点交叉操作
    offspringPopulation = singlePointCrossover(selectedParents);
    % 多项式变异操作
    mutatedPopulation = mutate(offspringPopulation, mutationRate);
    % 更新种群
    population = mutatedPopulation;
    bestFitnessPerGeneration(generation) = min(fitness);
end
fitness = rosenbrockBatch(population);
[minFitness, minIndex] = min(fitness);
bestSolution = population(minIndex, :);
disp('最优解:');
```

```matlab
    disp(bestSolution);
    disp('最优解对应的适应度值:');
    disp(minFitness);
    figure;
    plot(1:numGenerations, bestFitnessPerGeneration, 'b-');
    xlabel('代数');
    ylabel('最优适应度');
    title('遗传算法优化 Rosenbrock 函数的最优适应度');
    grid on;
    % 锦标赛选择
    function selectedParents = tournamentSelection(population, numParents, tournamentSize)
    populationSize = size(population, 1);
    selectedParents = zeros(numParents, size(population, 2));
    for i = 1:numParents
        tournamentIndices = randperm(populationSize, tournamentSize);
        tournamentFitness = rosenbrockBatch(population(tournamentIndices,:));
        [~, winnerIndex] = min(tournamentFitness);
        selectedParents(i, :) = population(tournamentIndices(winnerIndex), :);
    end
    end
    % 单点交叉
    function offspringPopulation = singlePointCrossover(selectedPopulation)
    numOffspring = size(selectedPopulation, 1);     % 总个数
        crossoverPoints = randi(size(selectedPopulation, 2), numOffspring, 1);
    offspringPopulation = zeros(size(selectedPopulation));
    % 交叉操作
    for i = 1:numOffspring
        parent1 = selectedPopulation(i, :);
        parent2 = selectedPopulation(mod(i, numOffspring) + 1, :);
        crossoverPoint = crossoverPoints(i);
        offspring1 = [parent1(1:crossoverPoint), parent2(crossoverPoint + 1:end)];
        offspring2 = [parent2(1:crossoverPoint), parent1(crossoverPoint + 1:end)];
        offspringPopulation(i, :) = offspring1;
        offspringPopulation(mod(i, numOffspring) + 1, :) = offspring2;
    end
    end
    % 多项式变异
    function mutatedPopulation = mutate(offspringPopulation, mutationRate)
    mutatedPopulation = offspringPopulation;
```

```
        for i = 1:size(mutatedPopulation, 1)
            for j = 1:size(mutatedPopulation, 2)
                if rand() < mutationRate
                    u = rand();
                    if u <= 0.5
                        delta = (2 * u)^(1/(1 + 20));
                        mutatedPopulation(i, j) = mutatedPopulation(i, j) + delta - 1;
                    else
                        delta = (2 * (1 - u))^(1/(1 + 20));
                        mutatedPopulation(i, j) = mutatedPopulation(i, j) - delta + 1;
                    end
                end
            end
        end
    end
end
function fitnessValues = rosenbrockBatch(population)
    [numIndividuals, n] = size(population);
    fitnessValues = zeros(numIndividuals, 1);
    for i = 1:numIndividuals
        x = population(i, :);
        sum = 0;
        for j = 1
            sum = sum + 100 * (x(j+1) - x(j)^2)^2 + (1 - x(j))^2;
        end
        fitnessValues(i) = sum;
    end
end
```

3. Ackley 函数

Ackley 函数是一个经典的优化测试函数，常用于评估优化算法的性能。它具有多个局部极小值和一个全局极小值，是一个具有挑战性的函数。其函数定义为

$$f(x) = -a\exp\left(-b\sqrt{\frac{1}{n}\sum_{i=1}^{n}x_i^2}\right) - \exp\left(\frac{1}{n}\sum_{i=1}^{n}\cos(cx_i)\right) + a + \exp(1) \qquad (2-7)$$

其中：n 是维度数量，x_i 是第 i 个维度上的变量值，a，b，c 是常数参数。对于 Ackley 函数，最优解通常在 $x_i = 0$ 处。Ackley 函数在二维空间内的图像如图 2-24 所示。

算法的参数设置为：种群大小 N 为 100，维度 D 为 5，变异率为 0.05，迭代次数为 50 次，选择策略为锦标赛选择，交叉策略为均值交叉，变异策略为多项式变异。Ackley 函数的最优解为 -0.0014、-0.0038、-0.0038、-0.0041、0.0011；最优解对应的适应度值为 0.0129。

算法得到的最优适应度随迭代次数变化的曲线如图 2-25 所示。

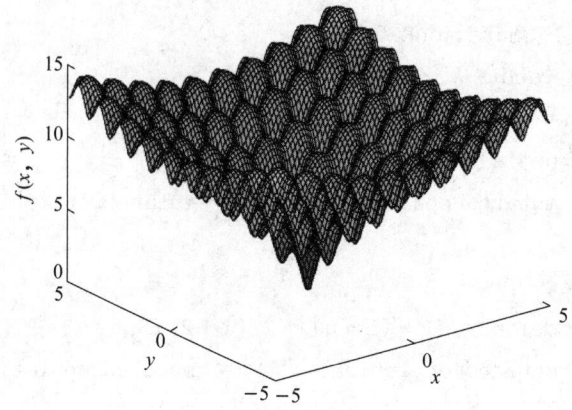

图 2-24　Ackley 函数图像

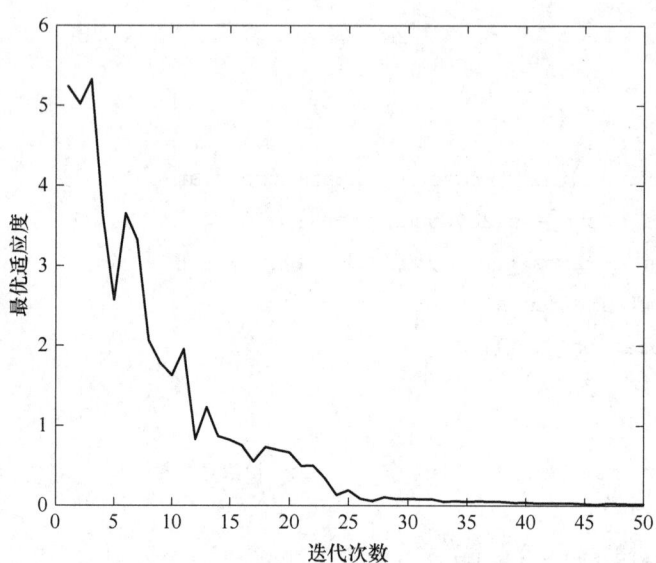

图 2-25　最优适应度随迭代次数变化的曲线

算法的 MATLAB 代码如下：

```
clc
clear
%% 函数图像
% 定义Ackley函数
ackley_function = @(x, y, a, b, c) -a * exp(-b * sqrt((x.^2 + y.^2) / 2))...
    - exp((cos(c * x) + cos(c * y)) / 2) + a + exp(1);
% 参数设置
a = 20;
b = 0.2;
c = 2 * pi;
```

```matlab
% 生成x和y坐标点
x = linspace(-5, 5, 100);     % x 范围
y = linspace(-5, 5, 100);     % y 范围
[X, Y] = meshgrid(x, y);
% 计算每个坐标点的Ackley函数值
Z = ackley_function(X, Y, a, b, c);
% 绘制立体图
figure;
surf(X, Y, Z);
title('Ackley Function','FontSize', 12);
xlabel('x','FontSize', 12);
ylabel('y','FontSize', 12);
zlabel('f(x, y)','FontSize', 12);
%% 遗传算法参数设置
populationSize = 100;     % 种群大小
numGenes = 5;     % 染色体长度(基因数)
mutationRate = 0.05;     % 变异率
numGenerations = 50;     % 迭代次数
% 初始化范围
minInitValue = -5;     % 最小初始值
maxInitValue = 5;     % 最大初始值
% 初始化种群
population = minInitValue + (maxInitValue - minInitValue) * rand(populationSize, numGenes);
% 选择参数
numParents = populationSize;     % 选择的父代个数
tournamentSize = 2;     % 锦标赛小组大小
% 交叉参数
crossoverRate = 0.6;
% 记录每一代的最优适应度
bestFitnessPerGeneration = zeros(numGenerations, 1);

for generation = 1:numGenerations
    % 计算适应度
    fitness = Ackley(population);
    % 选择操作(锦标赛选择)
    selectedParents = tournamentSelection(population, numParents, tournamentSize);
    % 均值交叉操作
    offspringPopulation = uniformCrossover(selectedParents, crossoverRate);
```

```matlab
    % 多项式变异操作
    mutatedPopulation = mutate(offspringPopulation, mutationRate);
    % 更新种群
    population = mutatedPopulation;
    bestFitnessPerGeneration(generation) = min(fitness);
end
% 找到最优解
fitness = Ackley(population);
[minFitness, minIndex] = min(fitness);
bestSolution = population(minIndex, :);
disp('最优解:');
disp(bestSolution);
disp('最优解对应的适应度值:');
disp(minFitness);
figure;
plot(1:numGenerations, bestFitnessPerGeneration, 'b-');
xlabel('代数');
ylabel('最优适应度');
title('遗传算法优化 Ackley 函数的最优适应度');
grid on;
% 锦标赛选择
function selectedParents = tournamentSelection(population, numParents, tournamentSize)
    populationSize = size(population, 1);
    selectedParents = zeros(numParents, size(population, 2));
    for i = 1:numParents

        tournamentIndices = randperm(populationSize, tournamentSize);
        tournamentFitness = Ackley(population(tournamentIndices,:));

        [~, winnerIndex] = min(tournamentFitness);
        selectedParents(i, :) = population(tournamentIndices(winnerIndex), :);
    end
end
% 均值交叉
function offspringPopulation = uniformCrossover(selectedPopulation, crossoverRate)
    numOffspring = size(selectedPopulation, 1);     % 子代个体总数
    geneLength = size(selectedPopulation, 2);
    offspringPopulation = zeros(size(selectedPopulation));
```

```
        for i = 1:numOffspring
            parent1 = selectedPopulation(i, :);
            parent2 = selectedPopulation(mod(i, numOffspring) + 1, :);
            offspring = zeros(1, geneLength);
            for j = 1:geneLength
                if rand <= crossoverRate
                    offspring(j) = parent1(j);
                else
                    offspring(j) = parent2(j);
                end
            end
            offspringPopulation(i, :) = offspring;
        end
    end
    % 多项式变异
    function mutatedPopulation = mutate(offspringPopulation, mutationRate)
        mutatedPopulation = offspringPopulation;

        for i = 1:size(mutatedPopulation, 1)
            for j = 1:size(mutatedPopulation, 2)
                if rand() < mutationRate
                    u = rand();
                    if u <= 0.5
                        delta = (2 * u)^(1/(1 + 20));
                        mutatedPopulation(i, j) = mutatedPopulation(i, j) + delta - 1;
                    else
                        delta = (2 * (1 - u))^(1/(1 + 20));
                        mutatedPopulation(i, j) = mutatedPopulation(i, j) - delta + 1;
                    end
                end
            end
        end
    end
    function fitnessValues = Ackley(population)
        [numIndividuals, n] = size(population);
        a = 20;
        b = 0.2;
        c = 2 * pi;
```

```
    fitnessValues = zeros(numIndividuals, 1);
    for i = 1:numIndividuals
        individual = population(i, :);
        sum1 = sum(individual .^ 2);
        sum2 = sum(cos(c * individual));
        term1 = -a * exp(-b * sqrt(sum1 / n));
        term2 = -exp(sum2 / n);
        fitnessValues(i) = term1 + term2 + a + exp(1);
    end
end
```

2.4 遗传算法的改进及发展

经过多年的研究和发展，遗传算法在优化和搜索领域取得了显著的进展，其中的主要改进和发展方向包括以下几个方面：首先，自适应机制和参数控制的发展，使算法能够自动调整参数，以适应问题的特性；其次，并行化和分布式计算的使用，加速了算法的搜索过程；再次，混合算法和元启发式方法的创新，提高了算法的性能；最后，多目标遗传算法的提出和发展拓展了算法在工程设计、资源分配等领域的应用边界。这些改进使得遗传算法不仅在理论研究方面有了深入探索，而且在各个领域的应用中也发挥了重要作用，为解决各类复杂优化、搜索和决策问题提供了新的途径。

1. 自适应遗传算法

自适应遗传算法(adaptive genetic algorithm，AGA)是在进化过程中对遗传算法的交叉和变异概率进行适应性调整，旨在提升遗传算法在不同问题上的性能。传统遗传算法通常在固定的参数设置下运行，然而不同问题的特性和复杂度可能导致算法的性能差异。为了克服这一问题，自适应遗传算法引入了自适应性的概念，允许算法在运行过程中灵活地调整参数和操作，以更好地适应问题的特点。

自适应遗传算法的核心理念在于算法根据种群的进化情况动态调整选择概率、交叉概率和变异概率等参数。通过监测种群中适应度值的变化，自动调整参数值。在前期迭代过程中，算法尽可能地探索更大的解空间，这有助于迅速发现解空间中的潜在优质解；随着迭代的进行，参数逐渐进行适应性调整，以使优秀的个体在后期迭代中获得更多的选择和保留机会，算法能够更快地收敛到优质解。相较于传统的固定参数遗传算法，自适应遗传算法在不同问题上具有更强的适应性和灵活性。通过动态参数调整，算法能够更迅速地收敛至优质解，提高了搜索效率。

2. 并行遗传算法

并行遗传算法(parallel genetic algorithm)是一种基于并行计算的遗传算法变种，其利用多个处理单元或计算资源来加速遗传算法的执行。与传统的遗传算法相比，并行遗传算法搜索解空间的时间更短，效率和性能均得到了提高。并行遗传算法的核心思想是将遗传算法的不同部分并行化，使得这些部分可以同时执行，从而在较短的时间内产生更多的候选解。并行遗传算法的一些关键点如下。

① 并行遗传算法将遗传算法的各种操作(如选择、交叉、变异)分解成可以并行执行的任务。这些操作可以在不同的处理单元上同时进行。

② 并行遗传算法将整个种群分成多个子种群,每个子种群在一个处理单元上独立地进行进化。每个子种群都维护自己的进化过程,从而提高并行度。

③ 并行遗传算法可以在不同的并行性级别上进行,包括粗粒度并行(如并行种群的进化)和细粒度并行(如并行交叉、变异操作)等。

④ 并行遗传算法可以在多核处理器、分布式计算集群、GPU 等不同的并行计算平台上实现。

下面是一个基于 MATLAB 的并行遗传算法代码框架。该代码框架使用 MATLAB 的 Parallel Computing Toolbox 来实现并行遗传算法,其中,parfor 函数用于实现并行循环,而 parpool 和 delete(gcp) 函数用于启动和关闭并行池。

```
% 初始化参数
populationSize = 50;     % 种群大小
maxGenerations = 100;    % 最大迭代次数
mutationRate = 0.1;      % 变异率
crossoverRate = 0.8;     % 交叉率
% 初始化并行池
parpool();    % 使用默认配置启动并行池
% 初始化种群
population = initializePopulation(populationSize);
% 主循环
parfor generation = 1:maxGenerations
    % 计算个体适应度值
    fitnessValues = evaluateFitness(population);
    % 非支配排序和拥挤度距离计算
    paretoFronts = nonDominatedSorting(population, fitnessValues);
    crowdingDistances = calculateCrowdingDistances(population, paretoFronts);
    % 选择操作
    selectedPopulation = selectPopulation(population, paretoFronts, crowdingDistances);
    % 交叉操作
    offspringPopulation = crossover(selectedPopulation, crossoverRate);
    % 变异操作
    mutatedPopulation = mutate(offspringPopulation, mutationRate);
    % 更新种群
    population = mutatedPopulation;
end
% 输出 Pareto 前沿
paretoFront = getFinalParetoFront(population, fitnessValues, paretoFronts);
```

```
% 关闭并行池
delete(gcp);      % 关闭并行池
% 显示 Pareto 前沿(仅针对二维问题)
scatter(paretoFront(:,1), paretoFront(:,2),'filled');
xlabel('Objective 1');
ylabel('Objective 2');
title('Pareto Front');
% ------------------------
% 下面是需要自己实现的函数
% initializePopulation
% evaluateFitness
% nonDominatedSorting
% calculateCrowdingDistances
% selectPopulation
% crossover
% mutate
% getFinalParetoFront
% ------------------------
```

2.5 遗传算法的应用

旅行商问题(traveling salesman problem,TSP)是一个经典的组合优化问题,其目标是找到一条路径,使得一名推销员恰好访问每个城市一次,并最终回到起始城市,同时要求路径的总长度最小。这个问题可以被描述为一个图论问题,其中,每个城市表示图中的一个节点,城市之间的距离表示节点之间的边,路径长度即为经过边的总权重。

旅行商问题的形式化描述如下:

给定 n 个城市,城市之间的距离矩阵为 $\boldsymbol{D}_{n\times n}$,其中 $D_{i,j}$ 表示从城市 i 到城市 j 的距离,找到一个排列 $\boldsymbol{P}$,其中 $\boldsymbol{P}=(p_1,p_2,\cdots,p_n)$,满足以下条件。

① 每个城市在路径中只出现一次(起始城市和终点城市相同);

② 路径从起始城市出发,途经所有城市,最终回到起始城市;

③ 目标是最小化路径的总长度,计算 $\sum_{i=1}^{n-1}D_{p_i,p_{i+1}}$,并补充 D_{p_n,p_1},构成环路。

使用遗传算法解决旅行商问题时,我们需要将问题抽象为遗传算法的框架,设计适应度函数、编码方案、选择、交叉和变异等操作,具体步骤如下。

① 将城市排列作为个体的基因型,通常使用整数表示城市的访问顺序。例如,排列(2,4,1,3)表示从城市 2 出发,依次访问城市 4、1、3,最后回到城市 2。

② 用适应度函数度量路径的总长度,即从起始城市出发,依次访问每个城市后,回到起始城市的总距离。因为问题的目标是最小化路径长度,那么路径的倒数可作为适应度函数,即适应度值越大越好。

③ 初始化种群,随机生成一组初始个体,每个个体代表一个城市排列。种群大小可以根据问题的规模来确定。

④ 使用选择算子(如轮盘赌选择、锦标赛选择等)从种群中选择父代个体,以便进行交叉和变异。

⑤ 使用交叉算子将两个父代个体合并产生子代个体,常用的交叉方式包括顺序交叉和部分映射交叉等。

⑥ 对子代个体应用变异操作,以引入新的基因,一种常见的变异操作是交换两个基因的位置。

⑦ 使用某种替代策略(如精英保留策略)来更新种群,确保优秀个体的传承。

⑧ 设置终止条件,如达到最大迭代次数或找到满意的解。

⑨ 在遗传算法完成运行后,从最终种群中选择最优适应度个体,即最优解——最短路径对应的城市排列。

⑩ 可将最优路径在地图上进行可视化,以便更直观地理解结果。

需要注意的是,遗传算法求解 TSP 并不能保证找到全局最优解,通常仅能寻找到近似最优解。不同的参数设置、交叉方式和变异策略等都会影响算法的性能。因此,在实际应用中,我们可能需要进行多次实验和调优以获得更好的求解效果。

对于求解 20 个城市之间的最短距离,具体 MATLAB 代码实现如下:

```matlab
CityNum = 20;      % 城市数目
[dislist, Clist] = tsp(CityNum);
inn = 50;      % 初始种群大小
gnMax = 200;     % 最大代数
crossProb = 0.8;    % 交叉概率
muteProb = 0.1;    % 变异概率
% 随机产生初始种群
population = zeros(inn, CityNum);
for i = 1 : inn
    population(i,:) = randperm(CityNum);
end
[~, cumulativeProbs] = calPopulationValue(population, dislist);
generationNum = 1;
generationMeanValue = zeros(generationNum, 1);
generationMaxValue = zeros(generationNum, 1);
bestRoute = zeros(gnMax, CityNum);
newPopulation = zeros(inn, CityNum);
while generationNum < gnMax + 1
    for j = 1 : 2 : inn
        selectedChromos = select(cumulativeProbs);
        crossedChromos = cross(population, selectedChromos, crossProb);
        newPopulation(j, :) = mut(crossedChromos(1, :),muteProb);
        newPopulation(j + 1, :) = mut(crossedChromos(2, :),muteProb);
```

```
            end
            population = newPopulation;
            [populationValue, cumulativeProbs] = calPopulationValue(population, dislist);
            % 记录当前代最好和平均的适应度
            [fmax, nmax] = max(populationValue);
            generationMeanValue(generationNum) = 1 / mean(populationValue);
            generationMaxValue(generationNum) = 1 / fmax;
            bestChromo = population(nmax, :);
            bestRoute(generationNum, :) = bestChromo;
            drawTSP(Clist, bestChromo, generationMaxValue(generationNum), generationNum,
0);
            generationNum = generationNum + 1;
        end
        [bestValue,index] = min(generationMaxValue);
        drawTSP(Clist, bestRoute(index, :), bestValue, index,1);
        figure(2);
        plot(generationMaxValue,'r');
        hold on;
        plot(generationMeanValue,'b');
        grid;
        title('搜索过程','FontSize', 12);
        legend('最优解','平均解','FontSize', 12);
        fprintf('遗传算法得到的最短距离: %.2f\n', bestValue,'FontSize', 12);
        fprintf('遗传算法得到的最短路线','FontSize', 12);
        disp(bestRoute(index, :));

        %------------------------------------------------
        % 计算所有染色体的适应度
        function [chromoValues, cumulativeProbs] = calPopulationValue(s, dislist)
        inn = size(s, 1);
        chromoValues = zeros(inn, 1);
        for i = 1 : inn
            chromoValues(i) = CalDist(dislist, s(i, :));
        end
        chromoValues = 1./chromoValues';
        % 根据个体的适应度计算其被选择的概率
        fsum = 0;
        for i = 1 : inn
            % 放大个体差异
```

```
fsum = fsum + chromoValues(i)^15;
end


probs = zeros(inn, 1);
for i = 1: inn
probs(i) = chromoValues(i)^15 / fsum;
end

cumulativeProbs = zeros(inn,1);
cumulativeProbs(1) = probs(1);
for i = 2 : inn
cumulativeProbs(i) = cumulativeProbs(i - 1) + probs(i);
end
cumulativeProbs = cumulativeProbs';
end
% ---------------------------------------------------------------
%"选择"操作
function selectedChromoNums = select(cumulatedPro)
selectedChromoNums = zeros(2, 1);

for i = 1 : 2
r = rand;
prand = cumulatedPro - r;
j = 1;
while prand(j) < 0
j = j + 1;
end
selectedChromoNums(i) = j;
if i == 2 && j == selectedChromoNums(i - 1)
r = rand;
prand = cumulatedPro - r;
j = 1;
while prand(j) < 0
j = j + 1;
end
selectedChromoNums(i) = j;
end
end
end
```

```matlab
%-----------------------------------------------------------------
% "交叉"操作
function crossedChromos = cross(population, selectedChromoNums, crossProb)
length = size(population, 2);
crossProbc = crossMuteOrNot(crossProb);
crossedChromos(1,:) = population(selectedChromoNums(1), :);
crossedChromos(2,:) = population(selectedChromoNums(2), :);
if crossProbc == 1
c1 = round(rand * (length - 2)) + 1;
c2 = round(rand * (length - 2)) + 1;
chb1 = min(c1, c2);
chb2 = max(c1,c2);
middle = crossedChromos(1,chb1 + 1:chb2);
crossedChromos(1,chb1 + 1 : chb2) = crossedChromos(2, chb1 + 1 : chb2);
crossedChromos(2,chb1 + 1 : chb2) = middle;
for i = 1 : chb1
while find(crossedChromos(1,chb1 + 1: chb2) == crossedChromos(1, i))
location = find(crossedChromos(1,chb1 + 1: chb2) == crossedChromos(1, i));
y = crossedChromos(2,chb1 + location);
crossedChromos(1, i) = y;
end
while find(crossedChromos(2,chb1 + 1 : chb2) == crossedChromos(2, i))
location = find(crossedChromos(2, chb1 + 1 : chb2) == crossedChromos(2, i));
y = crossedChromos(1, chb1 + location);
crossedChromos(2, i) = y;
end
end
for i = chb2 + 1 : length
while find(crossedChromos(1, 1 : chb2) == crossedChromos(1, i))
location = logical(crossedChromos(1, 1 : chb2) == crossedChromos(1, i));
y = crossedChromos(2, location);
crossedChromos(1, i) = y;
end
while find(crossedChromos(2, 1 : chb2) == crossedChromos(2, i))
location = logical(crossedChromos(2, 1 : chb2) == crossedChromos(2, i));
y = crossedChromos(1, location);
crossedChromos(2, i) = y;
end
end
```

```
end
end
%------------------------------------------------
%"变异"操作

function snnew = mut(chromo,muteProb)
length = size(chromo, 2);
snnew = chromo;
muteProbm = crossMuteOrNot(muteProb);
if muteProbm == 1
c1 = round(rand * (length - 2)) + 1;
c2 = round(rand * (length - 2)) + 1;
chb1 = min(c1, c2);
chb2 = max(c1, c2);
x = chromo(chb1 + 1 : chb2);
snnew(chb1 + 1 : chb2) = fliplr(x);
end
end

function crossProbc = crossMuteOrNot(crossMuteProb)
test(1 : 100) = 0;
l = round(100 * crossMuteProb);
test(1 : l) = 1;
n = round(rand * 99) + 1;
crossProbc = test(n);
end
%------------------------------------------------

function chromoValue = CalDist(dislist, chromo)
DistanV = 0;
n = size(chromo, 2);
for i = 1 : (n - 1)
DistanV = DistanV + dislist(chromo(i), chromo(i + 1));
end
DistanV = DistanV + dislist(chromo(n), chromo(1));
chromoValue = DistanV;
end
%------------------------------------------------
```

```
function drawTSP(Clist, route, generationValue, generationNum, isBestGeneration)
    CityN = size(Clist, 1);
    for i = 1 : CityN - 1
        plot([Clist(route(i), 1), Clist(route(i + 1), 1)], [Clist(route(i), 2), Clist(route(i+1), 2)], 'ms-', 'LineWidth', 2, 'MarkerEdgeColor', 'k', 'MarkerFaceColor', 'g');
        text(Clist(route(i), 1), Clist(route(i), 2), ['', int2str(route(i))], 'FontSize', 12);
        text(Clist(route(i+1), 1), Clist(route(i + 1), 2), ['', int2str(route(i+1))], 'FontSize', 12);
        hold on;
    end
    plot([Clist(route(CityN), 1), Clist(route(1), 1)], [Clist(route(CityN), 2), Clist(route(1), 2)], 'ms-', 'LineWidth', 2, 'MarkerEdgeColor', 'k', 'MarkerFaceColor', 'g');
    title([num2str(CityN), '城市 TSP'], 'FontSize', 12);

    if isBestGeneration == 0 && CityN ~= 20
        text(5, 5, ['第 ', int2str(generationNum), ' 代', ' 最短距离为 ', num2str(generationValue)], 'FontSize', 12);
    else
        text(5, 5, ['最终搜索结果:最短距离 ', num2str(generationValue), ', 在第 ', num2str(generationNum), '代达到'], 'FontSize', 12);
    end

    if CityN == 20
        if isBestGeneration == 0
            text(0, 0, ['第 ', int2str(generationNum), ' 代', ' 最短距离为 ', num2str(generationValue)], 'FontSize', 12);
        else
            text(0, 0, ['最终搜索结果:最短距离 ', num2str(generationValue), ', 在第 ', num2str(generationNum), '代达到'], 'FontSize', 12);
        end
    end

    hold off;
    pause(0.05);
end
```

```
%------------------------------------------------
function [DLn, cityn] = tsp(n)
DLn = zeros(n, n);
if n == 20
city = [1304 2312;3639 1315;4177 2244;3712 1399;3488 1535;
3326 1556;3238 1229;4196 1004;4312 790;4386 570;
3007 1970;2562 1756;2788 1491;2381 1676;1332 695;
3715 1678;3918 2179;4061 2370;3780 2212;3676 2578];
for i = 1 :20
    for j = 1 :20
DLn(i, j) = ((city(i,1) - city(j,1))^2 + (city(i,2) - city(j,2))^2)^0.5;
    end
end
cityn = city;
end
end
```

通过运行,遗传算法得到的规划路线如图 2-26 所示。

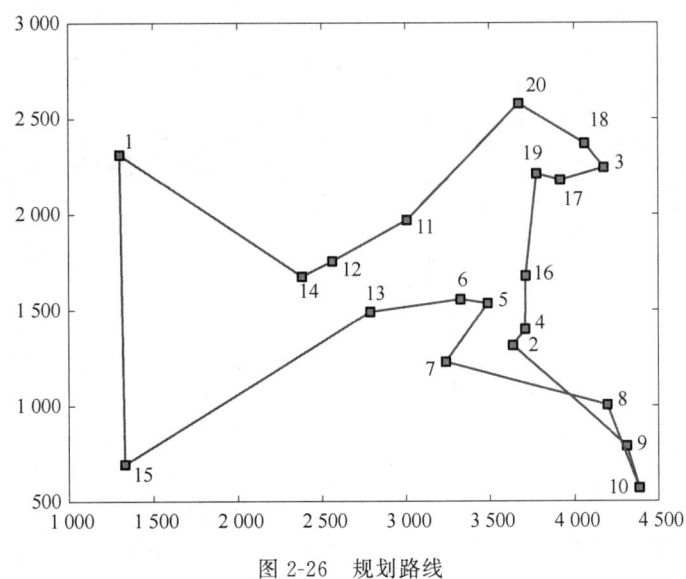

图 2-26　规划路线

遗传算法每轮的迭代搜索过程如图 2-27 所示。

可以看出,在算法进化过程中最优解会出现反复的现象,这是因为算法中未保留上一代的精英个体,导致每一代较前一代存在退化风险。在后续的算法改进过程中,我们可以考虑精英个体保留策略,即强制将上一代的优秀个体复制到下一代,或者将新生成的子代个体与上一代种群合并,按适应度对个体排序,根据种群规模取多个优秀个体,形成新的种群。算法改进策略及更多城市的旅行者问题,可作为后续研究方向。

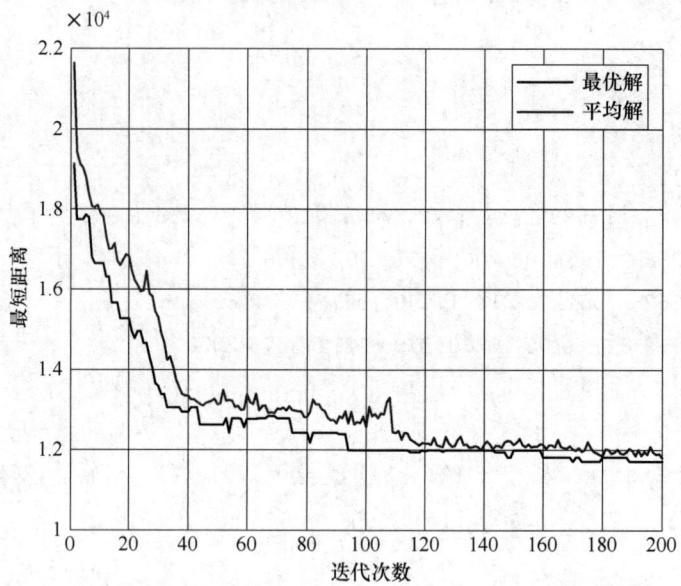

图 2-27 迭代搜索过程

第3章 差分进化算法

差分进化(differential evolution，DE)算法是由美国学者斯托恩(Storn)和普赖斯(Price)提出的，其初衷是求解 Chebyshev 多项式拟合问题，是一种基于群体智能的启发式随机搜索算法。1995 年，Storn 和 Price 发表了有关 DE 的首份报告。差分进化算法因原理简单，参数设置较少，目前已被证明是一种高效的智能优化算法，主要用于求解连续变量的全局优化问题。算法的思想来源是：早期的遗传算法模拟遗传学中的操作，通过群体内个体之间的相互合作与竞争，使得那些适应性更好的个体被保存下来，从而一步步逼近全局最优解。

算法采用实数编码，基于差分形式的简单变异操作和基于概率的交叉操作进行迭代寻优，并采用一对一的竞争生存策略，选择具有较好适应性的个体组成新的种群，具有较强的全局收敛能力和鲁棒性。求解过程中，算法不需要借助问题的特征信息，适用于求解一些利用常规的数学规划方法难以求解的复杂优化问题。1996 年，在日本名古屋举行的第一届国际进化计算竞赛中，差分进化算法被证明是速度最快的进化算法。1997 年，在第二届国际进化计算竞赛中，Price 通过大量实验证明了 DE 算法是一种性能优异的进化算法。从此，DE 算法得到了更多学者的关注。自 2005 年以来，在 IEEE International Conference on Evolutionary Computation(CEC)会议的多次竞赛中，差分进化算法均有优异表现。目前，DE 算法已经在许多领域得到了应用，譬如欧洲航天局使用 DE 算法设计最佳轨迹，以便使用尽可能少的燃料到达行星的轨道；在人工神经元网络、数据挖掘、电力、机器人、信号处理、生物信息、经济学、环境保护和运筹学等领域，DE 及其改进算法均有重要应用。

3.1 差分进化算法的原理

差分进化(DE)算法是一种用于求解连续变量的全局优化问题的启发式随机搜索算法，其主要工作步骤包括变异、交叉和选择三种操作。该算法的基本思想是从某一随机产生的初始群体开始的，算法在每一代的进化过程中，保留优良个体，淘汰劣质个体，引导搜索过程向全局最优解逼近。具体而言，算法首先从种群中随机选取两个个体，计算它们的差向量并加权，得到第三个个体的变异个体；然后，将变异个体与某个预先决定的目标个体进行参数混合，生成试验个体，该过程称为交叉。如果试验个体的适应度优于目标个体的适应度，那么在下一代中，试验个体将取代目标个体，否则目标个体仍保存下来，该操作称为选择。通过不断迭代计算，DE 算法能够一步步逼近全局最优解，因此，被广泛应用于复杂函数的优化问题中。

作为一种基于群体导向的随机搜索技术，DE 算法的进化个体扰动是通过多个个体的差分信息来体现的，虽然保留了遗传算法的操作名称，但具体实现方法完全不同。遗传算法是根据适应度值来控制父代杂交的，变异操作是个体基因的轻微扰动，适应性好的个体被选择的概率会相应大一些。而差分进化算法的变异向量是由父代两个个体的差分向量与另一个个体求和生成的，然后目标向量与变异向量交叉生成新的子代个体向量，该子代个体向量直接与父代的目标向量个体竞争，从而保留较优个体。故相较于遗传算法，差分进化算法逼近全局最优解的效果更加显著。

3.1.1 总体流程

差分进化算法的总体流程如图 3-1 所示，具体描述如下。

① 确定差分进化算法的控制参数和适应度函数。差分进化算法控制参数包括：种群规模 N、缩放因子 F 与交叉概率 CR。

② 随机产生初始种群。

③ 对种群进行评价，即计算种群中每个个体的适应度值。

④ 判断是否达到终止条件。若是，终止进化，得到最佳个体作为最优解输出，算法结束；若否，继续进化。

⑤ 进行变异和交叉操作，得到中间种群。

⑥ 在原种群和中间种群中选择个体，得到新一代种群。

⑦ 迭代次数 $g=g+1$，返回步骤③。

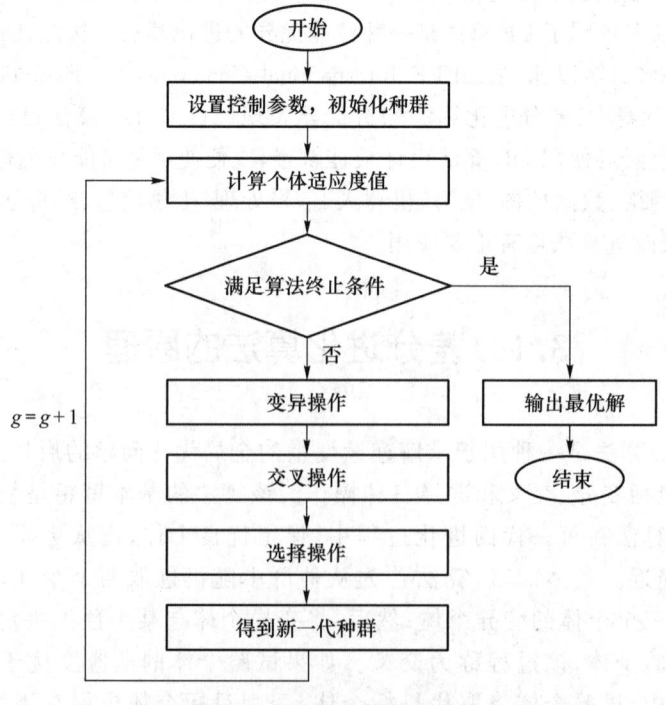

图 3-1　差分进化算法流程图

3.1.2 主要步骤

1. 种群初始化

DE算法通过采用浮点矢量进行编码生成种群个体。在解空间中随机均匀产生初始种群个体,假设N为群体规模,每个个体由D维向量组成,则初始种群中第i个个体$\boldsymbol{x}_i$表示为

$$\boldsymbol{x}_i(0) = (x_{i,1}(0), x_{i,2}(0), \cdots, x_{i,D}(0)), \quad i = 1, 2, \cdots, N$$

对于第i个个体的第d维分量$x_{i,d}(d=1,2,\cdots,D)$,采用随机初始化方式产生

$$x_{i,d} = x_{\min,d} + r(x_{\max,d} - x_{\min,d})$$

其中,$x_{\min,d}$和$x_{\max,d}$分别表示第d个分量所允许取到的最小和最大值,r为[0,1]区间均匀分布的随机数。

为了差分进化算法在后续步骤的实现中能确保有足够不同的变异向量,群体规模N的取值一般不小于向量维数D的4倍,例如,N取维数D的5~10倍。但是,N值并非越大越好,过大的种群规模虽能提高种群的多样性水平,提高搜索到最优解的概率,但同时也会增加计算量,降低了算法的运行效率。

2. 变异操作

变异操作在智能优化算法中应用广泛,如在遗传算法中,染色体进行二进制编码后,对某些位进行补码操作。差分进化算法中的变异操作有多种方式,其中最经典的是在第g次迭代中,对于种群中每个个体$\boldsymbol{x}_i$,从种群中随机选择3个个体$\boldsymbol{x}_{p_1}, \boldsymbol{x}_{p_2}, \boldsymbol{x}_{p_3}$,按照下式求得变异向量:

$$\boldsymbol{v}_i(g) = \boldsymbol{x}_{p_1}(g) + F(\boldsymbol{x}_{p_2}(g) - \boldsymbol{x}_{p_3}(g)) \tag{3-1}$$

其中:当前个体$\boldsymbol{x}_i$称为目标向量;p_1、p_2和p_3均为种群中的个体编号,且要求$i \neq p_1 \neq p_2 \neq p_3$;$\Delta \boldsymbol{x}_{p_2,p_3}(g) = \boldsymbol{x}_{p_2}(g) - \boldsymbol{x}_{p_3}(g)$称为差分向量;$F$为缩放因子,一般情况下,其取值范围为[0,2],用于控制差分向量对变异向量的影响程度。F越小,算法对局部的搜索能力越强,F越大,算法越能跳出局部极小点,但是收敛速度会变慢。目前研究表明,F小于0.4或大于1时变异操作仅偶尔有效,$F=0.5$通常是一个好的选择。若种群过早收敛,那么F或N应该增大。

差分进化算法的变异操作二维空间示意图如图3-2所示。

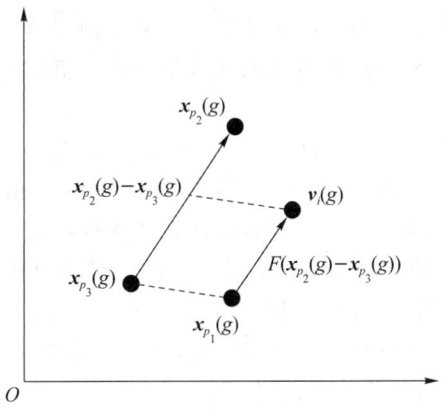

图3-2 差分进化算法的变异操作二维空间示意图

随着算法迭代次数的增加,个体之间的差异越来越小,这影响变异所带来的多样性,导致算法过早收敛到局部最优,形成早熟现象。为了进一步提高差分进化的寻优能力,避免早熟现象,我们可采用自适应变异算子对算法进行改进,这里 F 不再取固定值,而是随着迭代次数的增加发生变化。

$$\lambda = e^{1-\frac{G}{G+1-g}}$$

$$F = F_0 2^\lambda$$

其中,F_0 为变异算子,G 代表最大迭代次数,g 代表当前迭代次数。在算法运行之初,缩放因子 $F=2F_0$,这有利于提高种群的多样性水平,避免陷入局部最优;随着算法迭代次数增加,缩放因子逐步减小,最后接近 F_0,这可以防止最优解被破坏,保留优良信息,提高收敛速度,有利于算法收敛到全局最优解。

除此之外,变异向量还可以由其他的方式产生,表示方法通常为 DE/x/y/z。x 说明当前被变异的基向量是如何选择的,y 表示差分向量的个数,z 代表交叉操作的模式。常用的部分差分策略如下。

(1) DE/rand/1/bin

$$v_i(g) = x_{p_1}(g) + F(x_{p_2}(g) - x_{p_3}(g))$$

(2) DE/best/1/bin

$$v_i(g) = x_{\text{best}}(g) + F(x_{p_1}(g) - x_{p_2}(g))$$

(3) DE/rand/2/bin

$$v_i(g) = x_{p_1}(g) + F(x_{p_2}(g) - x_{p_3}(g)) + F(x_{p_4}(g) - x_{p_5}(g))$$

(4) DE/best/2/bin

$$v_i(g) = x_{\text{best}}(g) + F(x_{p_1}(g) - x_{p_2}(g)) + F(x_{p_4}(g) - x_{p_5}(g))$$

(5) DE/rand-to-best/1/bin

$$v_i(g) = x_i(g) + \lambda(x_{\text{best}}(g) - x_{p_1}(g)) + F(x_{p_2}(g) - x_{p_3}(g))$$

(6) DE/current-to-rand/1/bin

$$v_i(g) = x_i(g) + \lambda(x_{p_1}(g) - x_i(g)) + F(x_{p_2}(g) - x_{p_3}(g))$$

(7) DE/current-to-best/1/bin

$$v_i(g) = x_i(g) + \lambda(x_{\text{best}}(g) - x_i(g)) + F(x_{p_1}(g) - x_{p_2}(g))$$

差分进化算法对基向量的选取,除随机方式外,还可根据向量的目标函数值来选择。比如,在算法 DE/best/1/bin 中,生成一个试验向量的过程如下:我们通常会选择当前最好的向量作为基向量,再加上一个单独的缩放向量差值组成变异向量,最后对变异向量和目标向量进行二项式交叉。在此算法中,基向量的函数值通常是当代种群中最优的。在最小化问题中,设目标函数为 $f(x)$,则有

$$p_1 = \text{best}, 若 \forall i \in (0,1,\cdots,N-1), f(x_{\text{best}}(g)) \leqslant f(x_i(g))$$

在相同的种群规模 N 下,与随机选择基向量的算法(DE/rand/1/bin)相比,选择当前种群最好个体作为基向量的算法(DE/best/1/bin)通常会加快种群的收敛速度,减少停滞的可能性并降低算法的成功率。因此,在实际的优化问题中,我们有必要比较这两种算法的性能,从而在收敛速度和可靠性之间达到适当的平衡。

作为折中方案,在差分进化过程中,我们还可以选择较好向量作为基向量,即基向量的目标函数必须小于或是等于目标向量的函数值。

$$p_1 = \text{better}, 若 f(x_{\text{better}}(g)) \leqslant f(x_i(g))$$

另外一种方法,DE/target-to-best/1/bin 算法,也称 DE/rand-to-best/1/bin 算法,选用算

术重组生成基向量,使基向量位于目标向量和种群当前最好向量之间。
$$x_{p_1}(g) = x_i(g) + k(x_{\text{best}}(g) - x_i(g))$$
其中,常数 $k \in [0,1]$,控制基向量在两个向量之间的偏移程度。

与随机选择基向量方案相比,在其他基向量选择方案中,令 $p_1 =$ best 会降低算法的多样性。为了弥补种群的多样性,增加种群个体数目通常作为一种简单而又有效的方法。除此之外,斯托恩和普赖斯还提出了一些其他方案,例如,通过增加两个差分向量来扩大差分向量集合或对缩放因子 F 进行随机化处理等,这些方案对停滞或收敛速度较慢的情况比较有效。

3. 交叉操作

为了增加种群多样性,我们引入交叉操作。与变异操作一样,交叉操作也是智能优化算法中常采用的优化策略之一。差分进化算法也是一种随机算法,最常采用的是二项式交叉和指数交叉。

(1) 二项式交叉

二项式交叉的目的是利用变异向量和目标向量进行重新组合产生试验向量,交叉过程由交叉概率控制。为确定试验向量的各分量来自哪一个向量,算法针对每个分量索引均匀随机产生一个 0 到 1 之间的小数,若该随机数小于等于交叉概率 CR,则选取变异向量的分量作为试验向量对应分量,反之选取原目标向量的分量作为试验向量的分量。

$$u_i(g) = (u_{i,1}(g), u_{i,2}(g), \cdots, u_{i,D}(g)) \quad (3\text{-}2)$$

$$u_{i,d}(g) = \begin{cases} v_{i,d}(g), & \text{rand} \leqslant \text{CR 或 } d = r \\ x_{i,d}(g), & \text{其他} \end{cases} \quad (3\text{-}3)$$

其中:rand 表示 $[0,1]$ 内均匀分布的随机数;CR 为交叉概率,取值范围为 0 到 1。二项式交叉通过概率的方式随机生成新的个体。交叉概率 CR 越大,发生交叉的可能性就越大。CR 较好的选择为 0.1。r 为区间 $[1,D]$ 上随机产生的整数,极端情况下,它可以保证至少有一个试验向量 $u_i(g)$ 的分量来自变异向量 $v_i(g)$,以避免 $u_i(g)$ 与原目标向量 $x_i(g)$ 完全相同。在此情况下,CR 将只是近似地表达试验向量继承自变异向量的概率,而非完全相等。

(2) 指数交叉

指数交叉按如下方式进行:

$$u_{i,d}(g) = \begin{cases} v_{i,d}(g), & d = \langle l \rangle_D, \langle l+1 \rangle_D, \cdots, \langle l+L-1 \rangle_D \\ x_{i,d}(g), & \text{其他} \end{cases} \quad (3\text{-}4)$$

其中,$\langle l \rangle_D$ 表示对 D 进行取模运算,l 和 L 均为区间 $[1,D]$ 上随机产生的整数。指数交叉首先选择 l 作为交叉的起点,此处试验向量的分量取自变异向量,然后产生均匀分布的随机数,使之与交叉概率 CR 进行比较,选择一个小于 D 的长度 L 作为替换的分量数目(随机数对每个参数都重新产生一遍)。若 $\text{rand}_d(0,1) \leqslant \text{CR}$,则试验向量继续从变异向量继承对应分量,直到第一次 $\text{rand}_d(0,1) > \text{CR}$,此时,当前和剩余的试验向量分量都将从目标向量继承。图 3-3 为指数交叉的具体操作。

如图 3-3 所示,从随机选取的索引 2 开始,试验向量继承变异向量的对应分量,随后对每个索引产生随机数。只要 $\text{rand} \leqslant \text{CR}$,试验向量就一直从变异向量继承相应分量。直到首次出现 $\text{rand} > \text{CR}$(索引号为 5),确定了长度 $L=3$ 为替换的分量数目,当前及其后的各分量(即索引号为 5、6、7、1)都将从目标向量继承。

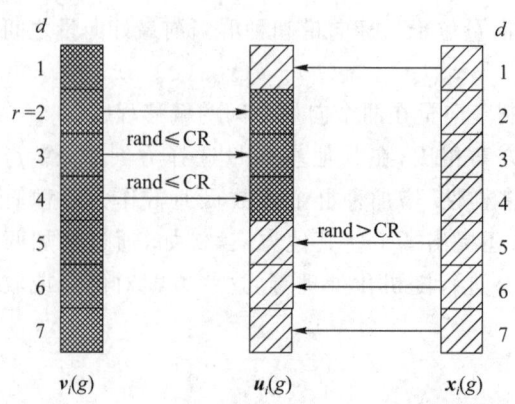

图 3-3 差分进化算法的指数交叉操作示意图

值得注意的是,在交叉操作完成以后,试验向量可能会在某些维度超出边界条件,此时,我们可采用一些措施使得这些维度重新回归限定区间,常见的方法如下。

① 重新随机初始化

重新随机初始化是指将超出边界的向量维度使用可行域中随机产生的参数向量代替。

$$u_{i,d}(g) = x_{\min,d} + r(x_{\max,d} - x_{\min,d})$$

② 边界吸收处理

若向量某一维度超出边界上限,则直接拉回上限;反之,直接拉回下限。

```
if u_{i,d}(g) > x_{max,d}
u_{i,d}(g) = x_{max,d}
end
if u_{i,d}(g) < x_{min,d}
u_{i,d}(g) = x_{min,d}
end
```

4. 选择操作

差分进化算法采用贪婪策略选择下一代个体,即将试验向量与当前的目标向量进行比较,适应度值更大的向量将在下一代出现。需要注意的是,试验向量只与一个个体进行比较,而不是所有个体。假设待优化问题为最小化问题,则根据式(3-5)选择下一代个体。

$$x_i(g+1) = \begin{cases} \boldsymbol{u}_i(g), & f(\boldsymbol{u}_i(g)) \leqslant f(\boldsymbol{x}_i(g)) \\ \boldsymbol{x}_i(g), & \text{其他} \end{cases} \tag{3-5}$$

其中,$f(\ )$ 为待优化问题的目标函数值。

综上,经过进化后,算法具有如下性质:

① 对于每个个体,$x_i(g+1)$ 的适应度值一定会大于或者等于 $x_i(g)$;

② 算法最终肯定会收敛到某个最优点(可能是局部最优);

③ 变异、交叉操作有助于提高种群多样性水平,从而可能使算法跳出局部最优到达全局最优。

3.1.3 主要控制参数

差分进化算法主要的控制参数包括:种群规模 N、交叉概率 CR 和缩放因子 F。

种群规模 N 主要反映算法中种群信息量的大小，N 值越大，种群信息包含的越丰富，算法迭代的计算量越大，可能会导致计算效率降低；反之，N 值过小，种群多样性易受到限制，不利于算法求得全局最优解，甚至会导致搜索停滞。因此，我们需要针对具体问题控制种群规模，使算法在一定时间内逼近全局最优解。

交叉概率 CR 主要反映的是在交叉的过程中，子代与父代、中间变异体之间交换信息量的程度。CR 的值越大，交换信息量的程度越大；反之，如果 CR 的值偏小，那么种群的多样性将快速减小，不利于算法进行全局寻优。极端情况下，若 CR 取值为 1，则试验向量的所有分量均来自变异向量；若 CR 取值为 0，则除一个随机分量取自变异向量外，其他全部分量均来自原目标向量。

相较于交叉概率 CR，缩放因子 F 对算法性能的影响更大，F 主要影响算法的全局寻优能力。F 越小，算法对局部的搜索能力越强；F 越大，算法越能跳出局部极小点，但是收敛速度会变慢。此外，F 还会影响种群的多样性。

3.2 差分进化算法的程序实现

3.2.1 基本差分进化算法求解一维多峰连续函数极值问题

本小节将求解函数 $f(x)=x+10\sin(5x)+7\cos(4x)$ 的最小值，其中 x 的取值范围为 $[0,9]$。首先在 MATLAB 中绘制出该函数的图像，代码如下：

```matlab
clear all;      %清除所有变量
close all;      %清图
clc;            %清屏
x = 0:0.01:10;
y = x + 10 * sin(5 * x) + 7 * cos(4 * x);
plot(x,y)
xlabel('x')
ylabel('f(x)')
title('f(x) = x + 10sin(5x) + 7cos(4x)')
```

函数图像如图 3-4 所示，可知其为多峰函数。

在 MATLAB 环境中实现差分进化算法求解一维多峰优化问题的过程如下。

（1）定义适应度函数

```matlab
function value = func1(x)
    value = x + 10 * sin(5 * x) + 7 * cos(4 * x);
    end
```

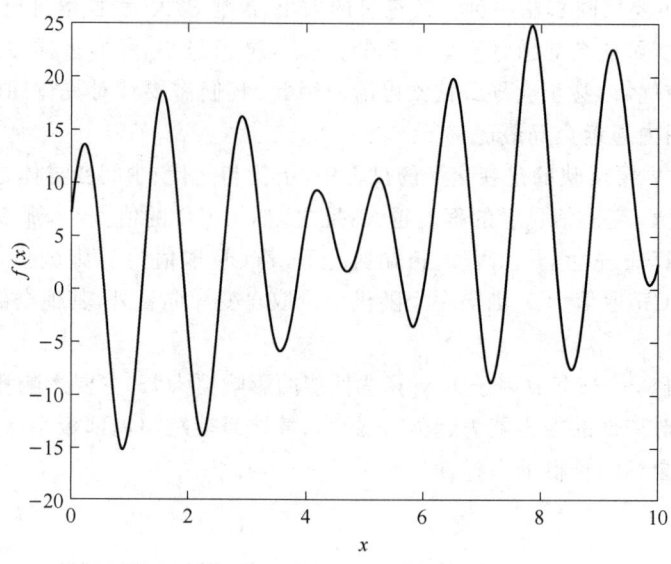

图 3-4 函数图像

(2) MATLAB 主函数程序

```
% 初始化参数设置
clear all;
close all;
clc;
NP = 20;      % 种群数量
D = 1;        % 变量的维数
G = 100;      % 最大迭代次数
F = 0.5;      % 变异算子
CR = 0.1;     % 交叉算子
Xs = 9;       % 上限
Xx = 0;       % 下限

x = zeros(D,NP);     % 初始种群
v = zeros(D,NP);     % 变异种群
u = zeros(D,NP);     % 选择种群
x = rand(D,NP) * (Xs - Xx) + Xx;    % 赋初值

% 计算适应度函数值
for m = 1:NP
    Ob(m) = func1(x(:,m));
end
trace(1) = min(Ob);
```

```
% 差分操作
for gen = 1:G
    % 变异操作
    % r1,r2,r3 和 m 互不相同
    for m = 1:NP
        r1 = randi([1,NP],1,1);
        while(r1 == m)
            r1 = randi([1,NP],1,1);
        end
        r2 = randi([1,NP],1,1);
        while(r2 == m)|(r2 == r1)
            r2 = randi([1,NP],1,1);
        end
        r3 = randi([1,NP],1,1);
        while((r3 == m)|(r3 == r1)|(r3 == r2))
            r3 = randi([1,NP],1,1);
        end
        v(:,m) = x(:,r1) + F * (x(:,r2) - x(:,r3));
    end

    % 交叉操作
    r = randi([1,NP],1,1);
    for n = 1:D
        cr = rand(1);
        if(cr < CR)|(n == r)
            u(n,:) = v(n,:);
        else
            u(n,:) = x(n,:);
        end
    end

    % 边界条件处理
    % 边界吸收
    for n = 1:D
        for m = 1:NP
            if u(n,m) < Xx
                u(n,m) = Xx;
            end
```

```
                    if u(n,m)> Xs
                        u(n,m) = Xs;
                    end
                end
            end
            %选择操作
            for m = 1:NP
                Ob1(m) = func1(u(:,m));
            end

            for m = 1:NP
                if Ob1(m)< Ob(m)        %小于先前的目标值
                    x(:,m) = u(:,m);
                end
            end
            for m = 1:NP
                Ob(m) = func1(x(:,m));
            end
            trace(gen + 1) = min(Ob);
end
        [SortOb,Index] = sort(Ob);
        x = x(:,Index);
        X = x(:,1);        %最优变量
        Y = min(Ob);       %最优值
    disp('最优变量');
    disp(X);
    disp('最优值');
    disp(Y);
    %绘图
    figure
plot(trace);
%plot(X,Y,'- ro');
xlabel('迭代次数');
ylabel('目标函数值');
title('DE目标函数曲线');
```

算法运行结果如图 3-5 所示。最优变量为 0.891 2,最优值为 $-15.164\ 4$。

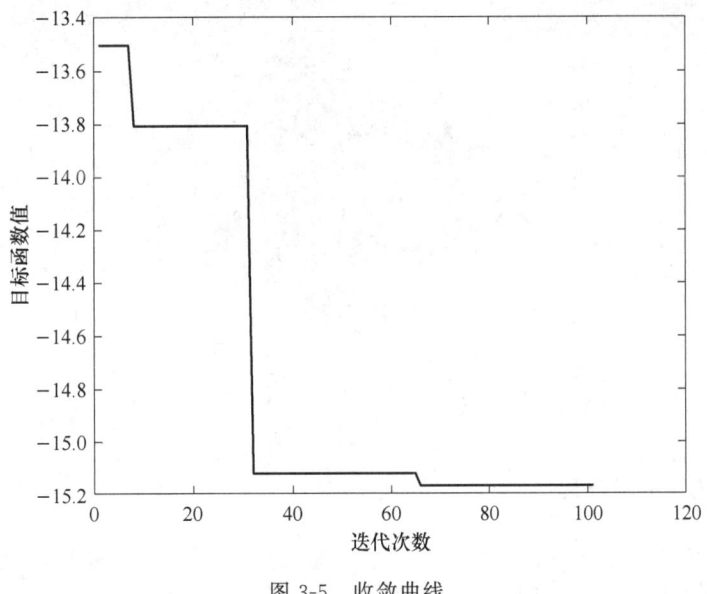

图 3-5 收敛曲线

3.2.2 基本差分进化算法求解二维多峰连续函数极值问题

本小节求解函数 $f(x,y)=3\cos(xy)+x+y$ 的最小值,其中 x 的取值范围为 $[-4,4]$,y 的取值范围为 $[-4,4]$,该函数为多个局部极值的函数。

首先在 MATLAB 中绘制出该函数的图像,代码如下:

```
x = [-4:0.1:4];
y = x;
[X,Y] = meshgrid(x,y);
[row,col] = size(X);
for l = 1:col
    for h = 1:row
        z(h,l) = 3 * cos(X(h,l) * Y(h,l)) + X(h,l) + Y(h,l);
    end
end
surf(X,Y,z);
shading interp
title('f(x,y)函数图像');
```

函数图像如图 3-6 所示。

在 MATLAB 环境实现差分进化算法求解二维优化问题的过程如下。

(1) 定义适应度函数

```
function value = func2(x)
value = 3 * cos(x(1) * x(2)) + x(1) + x(2);
end
```

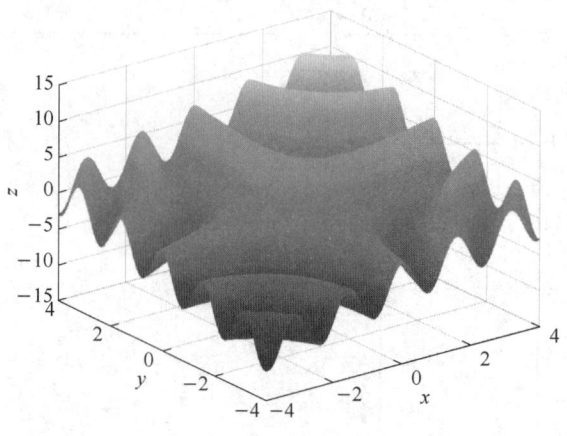

图 3-6 函数图像

(2) MATLAB 主函数程序

```
%初始化参数设置
clear all;
close all;
clc;
NP = 20;        %种群数量
D = 2;          %变量的维数
G = 100;        %最大迭代次数
F = 0.5;        %变异算子
CR = 0.1;       %交叉算子
Xs = 4;         %上限
Xx = -4;        %下限

x = zeros(D,NP);        %初始种群
v = zeros(D,NP);        %变异种群
u = zeros(D,NP);        %选择种群
x = rand(D,NP) * (Xs - Xx) + Xx;    %赋初值

%计算适应度函数值
for m = 1:NP
    Ob(m) = func2(x(:,m));
end
trace(1) = min(Ob);
%差分操作
for gen = 1:G
    %变异操作
    %r1,r2,r3 和 m 互不相同
    for m = 1:NP
        r1 = randi([1,NP],1,1);
```

```
            while(r1 == m)
                r1 = randi([1,NP],1,1);
            end
            r2 = randi([1,NP],1,1);
            while(r2 == m)|(r2 == r1)
                r2 = randi([1,NP],1,1);
            end
            r3 = randi([1,NP],1,1);
            while((r3 == m)|(r3 == r1)|(r3 == r2))
                r3 = randi([1,NP],1,1);
            end
            v(:,m) = x(:,r1) + F * (x(:,r2) - x(:,r3));
end

%交叉操作
r = randi([1,NP],1,1);
for n = 1:D
    cr = rand(1);
    if(cr < CR)|(n == r)
        u(n,:) = v(n,:);
    else
        u(n,:) = x(n,:);
    end
end

%边界条件处理
%边界吸收
for n = 1:D
    for m = 1:NP
        if u(n,m)< Xx
            u(n,m) = Xx;
        end
        if u(n,m)> Xs
            u(n,m) = Xs;
        end
    end
end
%选择操作
for m = 1:NP
    Ob1(m) = func2(u(:,m));
end
```

```
        for m = 1:NP
            if Ob1(m)< Ob(m)      % 小于先前的目标值
                x(:,m) = u(:,m);
            end
        end
        for m = 1:NP
            Ob(m) = func2(x(:,m));
        end
        trace(gen + 1) = min(Ob);
end
    [SortOb,Index] = sort(Ob);
    x = x(:,Index);
    X = x(:,1);        % 最优变量
    Y = min(Ob);       % 最优值
disp('最优变量');
disp(X);
disp('最优值');
disp(Y);
% 绘图
figure
plot(trace);
% plot(X,Y,'- ro');
xlabel('迭代次数');
ylabel('目标函数值');
title('DE 目标函数曲线');
```

算法运行结果如图 3-7 所示。最优变量为 −4.000 0, −3.945 6, 最优值为 −10.937 3。

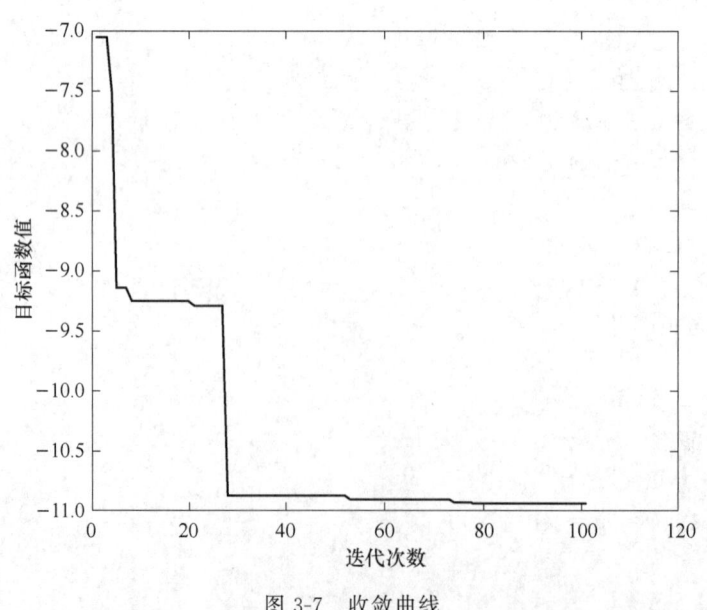

图 3-7　收敛曲线

3.2.3 自适应差分进化算法求解多维连续函数极值问题

本小节计算当$-20 \leqslant x_i \leqslant 20$时,函数$f(\boldsymbol{x}) = \sum_{i=1}^{n} x_i^2$的最小值,其中个体$\boldsymbol{x}$的维数$D=10$。$f(\boldsymbol{x})$是一个简单的平方和函数,只有一个极小点$\boldsymbol{x}=(0,0,\cdots,0)$,理论上,最小目标函数值为$f(0,0,\cdots,0)=0$。本小节采用自适应差分进化算法进行求解,具体代码如下。

```matlab
clear all;
close all;
clc;
NP = 50;        % 种群数量
D = 10;         % 变量的维数
G = 200;        % 最大迭代次数
F0 = 0.4;       % 初始变异算子
CR = 0.1;       % 交叉算子
Xs = 20;        % 上限
Xx = -20;       % 下限
yz = 10^-6;     % 阈值
% 赋初值
x = zeros(D,NP);       % 初始种群
v = zeros(D,NP);       % 变异种群
u = zeros(D,NP);       % 选择种群
x = rand(D,NP) * (Xs - Xx) + Xx;     % 赋初值
% 计算目标函数
for m = 1:NP
    Ob(m) = func1(x(:,m));
end
trace(1) = min(Ob);
% 差分进化循环
for gen = 1:G
    % 变异操作
    % 自适应变异算子
    lamda = exp(1 - G/(G + 1 - gen));
    F = F0 * 2^lamda;
    % r1,r2,r3,m 互不相同
    for m = 1:NP
        r1 = randi([1,NP],1,1);
        while (r1 == m)
```

```
            r1 = randi([1,NP],1,1);
        end
        r2 = randi([1,NP],1,1);
        while (r2 == m) || (r1 == r2)
            r2 = randi([1,NP],1,1);
        end
        r3 = randi([1,NP],1,1);
        while (r3 == m) || (r2 == r3) || (r1 == r3)
            r3 = randi([1,NP],1,1);
        end
        v(:,m) = x(:,r1) + F*(x(:,r2) - x(:,r3));
end
% 交叉操作
r = randi([1,D],1,1);
for n = 1:D
    cr = rand(1);
    if (cr <= CR) || (n == r)
        u(n,:) = v(n,:);
    else
        u(n,:) = x(n,:);
    end
end
% 边界条件处理
for n = 1:D
    for m = 1:NP
        if (u(n,m)< Xx) || (u(n,m)> Xs)
            u(n,m) = rand*(Xs - Xx) + Xx;
        end
    end
end
% 选择操作
for m = 1:NP
    Ob1(m) = func1(u(:,m));
end
for m = 1:NP
    if Ob1(m)< Ob(m)
        x(:,m) = u(:,m);
    end
end
for m = 1:NP
```

```
        Ob(m) = func1(x(:,m));
    end
    trace(gen + 1) = min(Ob);
    if min(Ob)< yz
        break
    end
end
[SortOb,Index] = sort(Ob);
x = x(:,Index);
X = x(:,1);      % 最优变量
Y = min(Ob);     % 最优值
% 画图
figure
plot(trace);
xlabel('迭代次数')
ylabel('目标函数值')
title('差分进化算法求解函数最小值')
```

其中，目标函数定义为 func1() 函数：

```
function result = func1(x)
summ = sum(x.^2);
result = summ;
end
```

算法运行结果如图 3-8 所示。

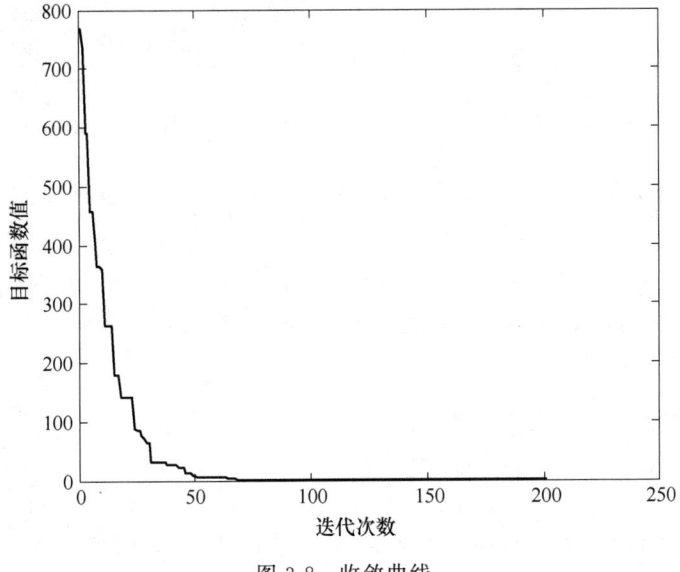

图 3-8 收敛曲线

3.2.4 差分进化算法求解 Rastrigin 函数

本小节利用差分进化算法求解 Rastrigin 函数 $f(\boldsymbol{x}) = \sum_{i=1}^{D}\left[x_i^2 - 10\cos(2\pi x_i) + 10\right]$ 的最小值,$|x_i| \leqslant 5.12$,其最优状态和最优值为 $\min(f(\boldsymbol{x}^*)) = f(0,0,\cdots,0) = 0$,具体代码如下。

```matlab
function DE(Gm,F0)
t0 = cputime;
%差分进化算法程序
%F0 为变异率,Gm 为最大迭代次数
Gm = 10000;
F0 = 0.5;
Np = 100;
CR = 0.9;      % 交叉概率
G = 1;         % 初始化代数
D = 10;        % 所求问题的维数
Gmin = zeros(1,Gm);       % 各代的最优值
best_x = zeros(Gm,D);     % 各代的最优解
value = zeros(1,Np);
% 产生初始种群
% xmin = -10; xmax = 100;    % 带负数的下界
xmin = -5.12;
xmax = 5.12;
function y = f(v)     % Rastrigin 函数
y = sum(v.^2 - 10.*cos(2.*pi.*v) + 10);
end
X0 = (xmax - xmin) * rand(Np,D) + xmin;    % 产生 Np 个 D 维向量
XG = X0;
%%%%%%%%%%%%% ---- 这里未做评价,不判断终止条件 ---- %%%%%%%%%%%%%
XG_next_1 = zeros(Np,D);     % 初始化
XG_next_2 = zeros(Np,D);
XG_next = zeros(Np,D);
while G <= Gm
G
%%%%%%%%%%%%% ---- 变异操作 ---- %%%%%%%%%%%%%%%
    for i = 1:Np
```

```matlab
    % 产生 j,k,p 三个不同的数
    a = 1;
    b = Np;
    dx = randperm(b - a + 1) + a - 1;
    j = dx(1);
    k = dx(2);
    p = dx(3);
    % 要保证与 i 不同
    if j == i
        j = dx(4);
        else if k == i
            k = dx(4);
            else if p == i
                p = dx(4);
            end
        end
    end
    % 变异算子
    suanzi = exp(1 - Gm/(Gm + 1 - G));
    F = F0 * 2.^suanzi;
    % 变异的个体来自 3 个随机父代
    son = XG(p,:) + F * (XG(j,:) - XG(k,:));
    for j = 1:D
        if son(1,j) > xmin & son(1,j) < xmax  % 防止变异超出边界
            XG_next_1(i,j) = son(1,j);
        else
            XG_next_1(i,j) = (xmax - xmin) * rand(1) + xmin;
        end
    end
    end
end
%%%%%%%%%%%%%% ----交叉操作---- %%%%%%%%%%%%%%
for i = 1:Np
    randx = randperm(D);        % [1,2,3,...D]的随机序列
    for j = 1:D
        if rand > CR & randx(1) ~= j
            XG_next_2(i,j) = XG(i,j);
```

```
            else
                XG_next_2(i,j) = XG_next_1(i,j);
            end
        end
    end
    %%%%%%%%%%%%% ---- 选择操作 --- %%%%%%%%%%%%%%
    for i = 1:Np
        if f(XG_next_2(i,:)) < f(XG(i,:))

            XG_next(i,:) = XG_next_2(i,:);
        else
            XG_next(i,:) = XG(i,:);
        end
    end
    % 找出最小值
    for i = 1:Np
        value(i) = f(XG_next(i,:));
    end
    [value_min,pos_min] = min(value);
    % 第 G 代中的目标函数的最小值
    Gmin(G) = value_min;
    % 保存最优的个体
    best_x(G,:) = XG_next(pos_min,:);
    XG = XG_next;
    trace(G,1) = G;
    trace(G,2) = value_min;
    G = G + 1;
end
[value_min,pos_min] = min(Gmin);
best_value = value_min
best_vector =  best_x(pos_min,:)
fprintf('DE 所耗的时间为:%f \n',cputime - t0);
% 画出代数跟最优函数值之间的关系图
plot(trace(:,1),trace(:,2));
end
```

算法运行结果如图 3-9 所示。

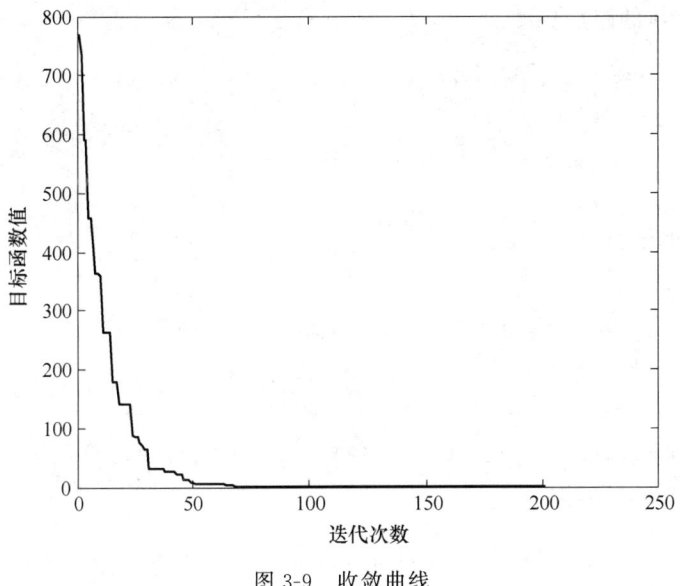

图 3-9　收敛曲线

3.2.5　差分进化算法求解旅行商问题

旅行商问题(traveling salesman problem，TSP)是数学领域一个经典的组合优化问题，可以描述为：一位推销员从一个城市出发，去往各个城市推销产品，要求经过所有城市一次后，最后回到出发点，求最短旅行路线。抽象成图论知识，旅行商问题实质为在一个带权完全无向图中，寻找一个权值最小的 Hamilton 回路。其本质是一个典型的 NP-hard 问题，随着旅行城市的增加，该无向图的顶点数随之增加，计算量会呈指数级增长。

旅行城市的个数作为向量的维数 D，每个向量的元素的顺序作为可行解(每条路径)，每条路径的长度作为适应度值。

步骤 1　初始化算法参数，包括交叉概率 CR、缩放因子 F、种群规模 N、最大迭代次数 Max_Gens。

步骤 2　随机初始化种群，得到种群 X，对 X 中每个向量的路径长度进行从小到大排序，计算适应度值(得到每条路径的长度)。

步骤 3　如果迭代次数 gen＝Max_Gens，则算法终止，输出适应度最优值(最短路径长度)，以及最优解(即最短路径依次序号)；否则，算法继续执行。

步骤 4　对种群 X 做如下操作。

① 从种群 X 中随机选取适应度值不小于 x_i 的向量 x_{r_1}，随机选取向量 x_{r_2}，x_{r_3}，其中 $r_1 \neq r_2 \neq r_3$；

② 随机选取整数 Z，其中 $Z \in [1, D]$，随机产生一个 $[0,1]$ 内均匀分布的随机数 r；

③ 若 $r <$ CR 且 $j = Z$，则对种群 X 中每个向量 x_i 的每一维度进行更新：

$$v_{ij} = (x_{r_1 j} + x_{ij})/2 + F(x_{r_1 j} - x_{ij} + x_{r_2 j} + x_{r_3 j})$$

否则 $v_{ij} = x_{ij}$；

④ 计算 x_i 和 v_i 的适应度值，选择最优的保留。

步骤 5　迭代次数 gen++，返回步骤 3。

使用差分进化算法求解 TSP 的具体代码如下。

(1) 计算各个体的路径长度

```
function len = PathLength(D,Chrom)
[B,Chrom] = sort(Chrom,2,'ascend');
[row,col] = size(D);
NIND = size(Chrom,1);
len = zeros(NIND,1);
for i = 1:NIND
    p = [Chrom(i,:) Chrom(i,1)];
    i1 = p(1:end-1);
    i2 = p(2:end);
    len(i,1) = sum(D((i1-1)*col+i2));      % 计算每个个体所代表的路径长度
end
```

这段代码用来计算每个个体所代表的路径长度,每个个体中维度值表示城市序号,对其进行从小到大排序。

(2) 计算两两城市之间的路径距离

```
function D = Distanse(a)
row = size(a,1);
D = zeros(row,row);
for i = 1:row
    for j = i+1:row
        D(i,j) = ((a(i,1)-a(j,1))^2+(a(i,2)-a(j,2))^2)^0.5;
        D(j,i) = D(i,j);
    end
end
```

该段代码用来计算旅行城市中两两城市之间的距离,为计算总路径做准备。

(3) 使用到的其他函数

① 画路径函数

```
function DrawPath(Chrom,X) % Chrom 待画路径 X 各城市坐标位置
R = [Chrom(1,:) Chrom(1,1)];
figure;
hold on
plot(X(:,1),X(:,2),'o','color',[0.5,0.5,0.5])
plot(X(Chrom(1,1),1),X(Chrom(1,1),2),'kv','MarkerSize',20)
for i = 1:size(X,1)
    text(X(i,1)+0.05,X(i,2)+0.05,num2str(i),'color',[0,0,0]);
end
A = X(R,:);
row = size(A,1);
```

```matlab
for i = 2:row
[arrowx,arrowy] = dsxy2figxy(gca,A(i-1:i,1),A(i-1:i,2));
% 坐标转换
annotation('textarrow',arrowx,arrowy,'HeadWidth',8,'color',[0,0,1]);
end
hold off
xlabel('横坐标')
ylabel('纵坐标')
title('轨迹图')
% box on
```

② 将数据空间坐标转换为图形空间坐标的函数

```matlab
function varargout = dsxy2figxy(varargin)
if length(varargin{1}) == 1 && ishandle(varargin{1})&& strcmp(get(varargin{1},'type'),'axes')
    hAx = varargin{1};
    varargin = varargin(2:end);
else
    hAx = gca;
end;
if length(varargin) == 1
    pos = varargin{1};
else [x,y] = deal(varargin{:});
end
axun = get(hAx,'Units');
set(hAx,'Units','normalized');
axpos = get(hAx,'Position');
axlim = axis(hAx);
axwidth = diff(axlim(1:2));
axheight = diff(axlim(3:4));
if exist('x','var')
    varargout{1} = (x - axlim(1)) * axpos(3) / axwidth + axpos(1);
    varargout{2} = (y - axlim(3)) * axpos(4) / axheight + axpos(2);
else
    pos(1) = (pos(1) - axlim(1)) / axwidth * axpos(3) + axpos(1);
    pos(2) = (pos(2) - axlim(3)) / axheight * axpos(4) + axpos(2);
    pos(3) = pos(3) * axpos(3) / axwidth;
    pos(4) = pos(4) * axpos(4) / axheight;
    varargout{1} = pos;
end
set(hAx,'Units',axun)
```

(4) 主程序:使用差分进化算法解决 TSP

```
clc
clear
close all
F0 = 0.4;           % 变异因子
CR = 0.1;           % 交叉概率
MaxGens = 1000;     % 最大迭代次数
x_high = 500;
x_low = -500;
X = [16.47,96.10
    16.47,94.44
    20.09,92.54
    22.39,93.37
    25.23,97.24
    22.00,96.05
    20.47,97.02
    15.20,96.29
    16.30,97.38
    15.05,98.12
    17.53,97.38
    21.52,95.59
    19.41,97.13
    23.09,92.55];   % 14个城市的坐标
figure(1)
plot(X(:,1),X(:,2),'bo');
title('各个城市的分布情况')
xlabel('横坐标')
ylabel('纵坐标')
% for i = 1:length(X)
% text(X(i,1),X(i,2) + 0.2,'a','color','k');
% end
DM = Distanse(X);
D = length(X);
NP = 8 * D;
pop = rand(NP,D) * (x_high - x_low) + x_low;
g = 1;
fit = PathLength(DM,pop);    % 目标函数值等于个体的路径长度
trace(1) = min(fit);         % 最佳目标函数值即路径长度最小值保存在trace的第一个元素
v = zeros(NP,D);
for gen = 1:MaxGens          % 开始迭代
```

```matlab
%%    变异和交叉操作
    for i = 1:NP
        r1 = randi([1,NP],1,1);
        pop_s = fit(r1);
        while(pop_s < fit(i))
            r1 = randi([1,NP],1,1);
            pop_s = fit(r1);
        end
        %% 产生 r2,r3
        r2 = randi([1,NP],1,1);
        while(r2 == r1) || (r2 == i)
            r2 = randi([1,NP],1,1);
        end
        r3 = randi([1,NP],1,1);
        while(r3 == i) || (r3 == r2) || (r3 == r1)
            r3 = randi([1,NP],1,1);
        end
        %% 交叉
        Z = randi([1,D],1,1);
        r = rand;
        for j = 1:D
            if (r <= CR) || (j == Z)
                v(i,j) = (pop(r1,j) + pop(i,j))/2 + F0 * (pop(r1,j) - pop(i,j) + pop(r2,j) - pop(r3,j));
            else
                v(i,j) = pop(i,j);
            end
        end
        if PathLength(DM,v(i,:)) < PathLength(DM,pop(i,:))       %选择操作
            pop(i,:) = v(i,:);
        end
    end
    %% 寻找最优路径
    fit = PathLength(DM,pop);
    [trace(gen + 1),d] = min(fit);
    tt = min(fit);
end
% figure(2);
[~,pop(d,:)] = sort(pop(d,:),2,'ascend');
DrawPath(pop(d,:),X)
```

```
title('差分进化算法优化 TSP 的最优路径')
figure(3);
title('差分进化算法(DE),最小值:');
xlabel('迭代次数');
ylabel('目标函数值');
plot(trace);
```

城市分布情况如图 3-10 所示。

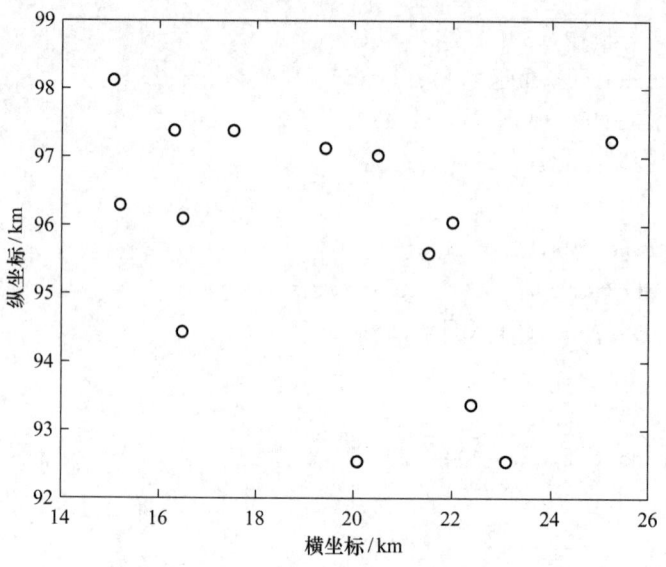

图 3-10 城市分布情况

差分进化算法解决 TSP 的最优路径如图 3-11 所示。

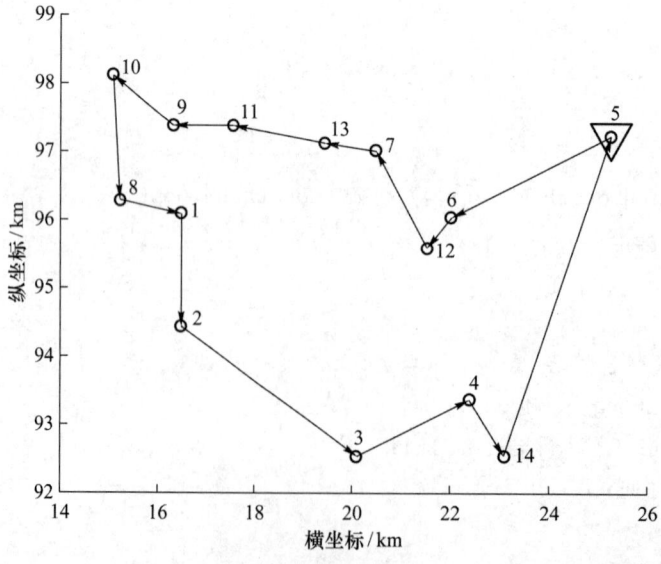

图 3-11 DE 解决 TSP 的最优路径

算法得到的运行结果如图 3-12 所示。

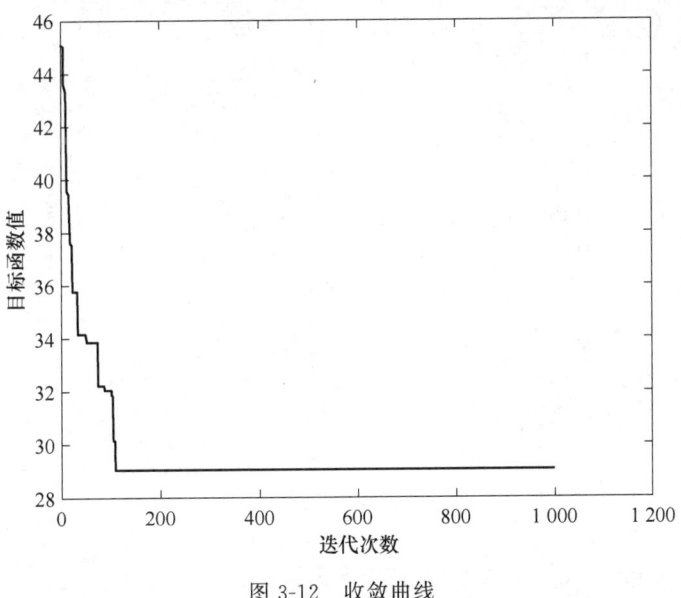

图 3-12 收敛曲线

3.2.6 差分进化算法求解指数拟合问题

本小节根据给出的自变量数据和函数值数据进行指数拟合,得到目标函数 $y=a\mathrm{e}^{-\frac{x}{b}}+c$ 中参数 a、b、c 的最优值,使得拟合曲线函数值与给定数据函数值之间尽可能存在较小的误差,具体代码如下。

```
clear;
clc;
t = 0.2 * (1:3000)';
data = 400 * exp(-t/5) + 10 * randn(size(t));
tic;
p = DE_ExpFit(t, data)
toc;
fit = p(1) * exp(-t/p(2)) + p(3);
% plot(t, data, t, fit,'LineWidth', 2)
%'color',[0,0,1]
plot(t, data,'b',t, fit,'g','LineWidth', 2)
legend('model:复杂的数据','DE:用差分进化算法拟合后用来替代原复杂数据的指数函数');
title('差分进化算法实现指数拟合');
xlabel('自变量:X')
ylabel('因变量:Y')


function [x_opt, y_opt] = DE_ExpFit(t, Et)
%{
函数功能:差分进化算法实现指数拟合:y = a * exp(-x/b) + c
```

输入：
    t:自变量；
    Et:因变量；
输出：
    x_opt:最优解；
    y_opt:适应度（目标函数值）；
%}
% 初始值
NP = 50;   % 种群数量
D = 3;   % 变量维度
G = 200;   % 最大迭代次数
F0 = 0.5;   % 初始变异算子
CR = 0.9;   % 交叉算子
max_sig = max(Et);
Xmin = [0.5 * max_sig, -2, 0];   % 下限
Xmax = [1.5 * max_sig, 4, 0.5 * max_sig];   % 上限；
%%%%%%%%%%%%   赋初值 %%%%%%%%%%%%%%
Ob = zeros(NP, 1);
Ob1 = zeros(NP, 1);
v = zeros(NP, D);   % 变异种群
u = zeros(NP, D);   % 选择种群
x = rand(NP, D) .* repmat(Xmax - Xmin, NP, 1) + repmat(Xmin, NP, 1);
%%%%%%%%%%%%   计算目标函数 %%%%%%%%%%%%%%
for m = 1 : NP
    Ob(m) = Obj_Fit(x(m, :), t, Et);
end
y_opt = zeros(1, G);
%%%%%%%%%%%%   差分进化循环 %%%%%%%%%%%%%%
for gen = 1 : G
    %%%%%%%%%%%%   变异操作 %%%%%%%%%%%%%%
    %%%%%%%%%%%%   自适应变异算子 %%%%%%%%%%
    lamda = exp(1 - G/(G + 1 - gen));
    F = F0 * 2^lamda;
    %%%%%%%%%%%   r1,r2,r3 和 m 互不相同 %%%%%%%%%%
    for m = 1 : NP
        r1 = randi([1, NP], 1);
        while r1 == m
            r1 = randi([1, NP], 1);
        end
        r2 = randi([1, NP], 1);
        while r2 == m)| r2 == r1
```
```

```
            r2 = randi([1, NP], 1);
        end
        r3 = randi([1, NP], 1);
        while r3 == m || r3 == r2 || r3 == r1
            r3 = randi([1, NP], 1);
        end
        v(m, :) = x(r1, :) + F * (x(r2, :) - x(r3, :));
    end
    %%%%%%%%%%%%%%  交叉操作  %%%%%%%%%%%%%%
    r = randi([1, D], 1);
    for n = 1:D
        cr = rand;
        if cr <= CR || n == r
            u(:, n) = v(:, n);
        else
            u(:, n) = x(:, n);
        end
    end
    %%%%%%%%%%%%%%  边界条件的处理  %%%%%%%%%%%%%%
    % 范围内随机值
        for n = 1:NP
            for m = 1:D
                if u(n, m) < Xmin(m) || u(n, m) > Xmax(m)
                    u(n, m) = rand * (Xmax(m) - Xmin(m)) + Xmin(m);
                end
            end
        end
    % 边界吸收
    %     for n = 1 : NP
    %         for m = 1 : D
    %             if u(n, m) < Xmin(m)
    %                 u(n, m) = Xmin(m);
    %             end
    %             if u(n, m) > Xmax(m)
    %                 u(n, m) = Xmax(m);
    %             end
    %         end
    %     end
    %%%%%%%%%%%%%%  选择操作  %%%%%%%%%%%%%%
    for m = 1 : NP
        Ob1(m) = Obj_Fit(u(m, :), t, Et);
```

```
        end
        for m = 1 : NP
            if Ob1(m) < Ob(m)
                x(m, :) = u(m, :);
            end
        end
        for m = 1 : NP
            Ob(m) = Obj_Fit(x(m, :), t, Et);
        end
        y_opt(gen) = min(Ob);
    end
    [~, Index] = min(Ob);
    x_opt = x(Index, :);
    x_opt(2) = 10^(x_opt(2));
end

% 目标函数
function fitError = Obj_Fit(p0, t ,Et)
A = p0(1);
B = p0(2);
C = p0(3);
f = A * exp(-t/10^B)  + C;
fitError = norm(Et - f);
end
```

算法运行结果如图 3-13 所示。

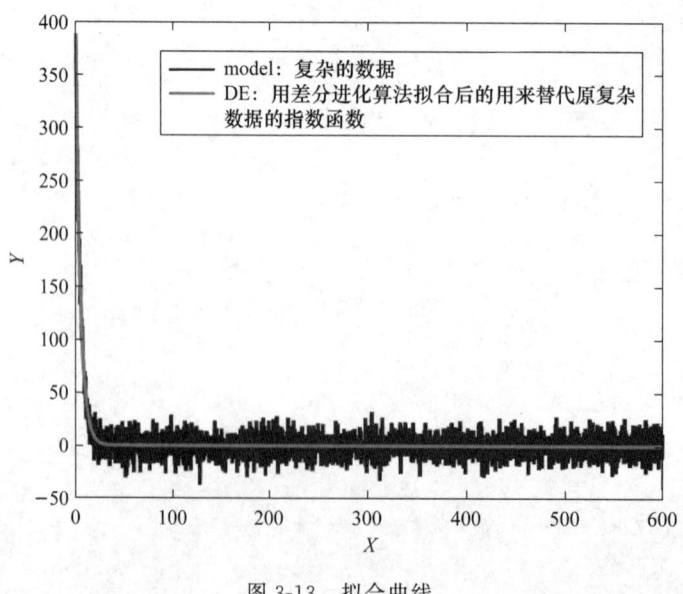

图 3-13　拟合曲线

3.3 差分进化算法的改进

针对标准差分进化算法(DE)存在的收敛速度慢、对控制参数的选择敏感、解决高维复杂问题效果差、容易陷入局部最优解等问题,许多文献从不同角度提出了改进意见,改进算法大多围绕控制参数的自适应变化、变异策略的选择、种群结构的设计等方面进行。

JDE 算法是在 DE 算法的基础上引入控制参数的自适应动态选择策略,每次迭代中的参数可设置为与上一次迭代相同,或者随机产生的一组新参数。JDE 算法通过动态地调整差异向量的缩放因子和交叉概率来自适应地控制算法的行为。这种自适应参数控制机制使得算法能够在不同的优化阶段自适应地调整搜索策略,提高了算法的适应性和收敛速度。自适应差分进化(JADE)算法所使用的突变策略 DE/current-to-pbest 是 DE/current-to-best 策略的变体,使用参数 p 来调节贪婪度,对于参数 F(缩放因子)和 CR(交叉概率)则采用自适应机制调节。JADE 算法针对每个个体使用不同的参数值进行变异交叉操作。JADE 算法增加了一个可选外部存档,用来存储在选择操作中被丢弃的目标向量。尽管该算法具有贪婪的特性,但其变异策略提高了种群多样性水平,缓解了算法过早收敛等问题。同时 JADE 算法对参数进行自适应控制,进一步提高了算法的收敛速度。SHADE 算法基于 JADE 算法在参数生成时增加历史内存来存储进化过程中优越的参数 F 和 CR,防止不合适的参数影响算法进行,提高了算法的稳定性。改进算法 L-SHADE 算法基于 SHADE 算法,引入一个线性函数,根据问题的复杂度和搜索进展来动态控制种群大小。这样可以在不同的优化阶段合理分配计算资源,并提高算法的效率和性能。双策略差分进化(DSDE)是一种具有亲和传播聚类(APC)的算法,在个体进化中,采用双策略突变方案,使每个个体都能够选择适合自己的突变策略,以满足自身的探索和开发需求。DSDE 算法对于解决多模态问题具有良好的性能。相比于标准 DE 算法,改进算法在收敛速度、求解问题的规模、收敛精度等方面都有所提高。

本节将详细介绍经典差分进化算法的改进算法,即 JDE、JADE 和 SHADE 算法。

3.3.1 JDE 算法

1. 算法思想

JDE 算法主要将 F 和 CR 这两个参数设计为与上次迭代一样的或者随机产生的一组新参数。参数自适应策略如下:

$$F_{i,G+1} = \begin{cases} F_l + \text{rand}_1 F_u, & \text{rand}_2 < \tau_1 \\ F_{i,G}, & \text{其他} \end{cases} \tag{3-6}$$

$$\text{CR}_{i,G+1} = \begin{cases} \text{rand}_3, & \text{rand}_4 < \tau_2 \\ \text{CR}_{i,G}, & \text{其他} \end{cases} \tag{3-7}$$

其中,τ_1、τ_2 用来改变 F 和 CR 的调整概率,rand_1、rand_2、rand_3、rand_4 为 0~1 之间符合均匀分布的随机数。

2. 参数设计

考虑之前研究中很少将 F 设置到 1 以上,F 为 0 则失去意义,故我们可以将 F_l 设置为

0.1，F_u 设置为 0.9，则 F 取值范围为 0.1～0.9，CR 取值范围为 0～1。

JDE 算法是基于 DE 算法的一种进化算法，并通过参数自适应来提高算法性能。进化算法的不同阶段需要不同的参数，因为进化算法本身是动态的。JDE 算法的主要改进之处在于将缩放因子 F 和交叉概率 CR 这两个参数编码到个体中，使得这些参数可以随着个体进入下一代而发生变化。

3.3.2 JADE 算法

JADE 算法相较于标准差分进化算法的主要创新之处是采用了一种新的变异策略——DE/current-to-pbest/1，并引入了一个可选的外部存档，用于对参数进行自适应控制。下面是 JADE 算法的主要改进方式。

1. DE/current-to-pbest/1 变异策略

DE/current-to-best/1 变异策略通过学习种群中最优向量而得到突变个体，该策略被证明在解决某些优化问题上表现良好，但是其过度贪婪的特性可能导致种群的早熟收敛，可靠性较低。JADE 算法基于 DE/current-to-best/1 变异策略提出一种新的变异策略 DE/current-to-pbest/1。该策略引入参数 p 来调节贪婪度，$p \in (0,1)$，将原变异策略中种群最优向量改为种群中质量前 $100p\%$ 的某个随机向量。具体变异策略如下：

$$\boldsymbol{v}_{i,g} = \boldsymbol{x}_{r_1,g} + F_i(\boldsymbol{x}^p_{\text{best},g} - \boldsymbol{x}_{i,g}) + F_i(\boldsymbol{x}_{r_1,g} - \boldsymbol{x}_{r_2,g}) \tag{3-8}$$

其中，F_i 为随 $\boldsymbol{x}_i$ 自适应变化的缩放因子，向量 $\boldsymbol{x}^p_{\text{best},g}$ 表示在第 g 次迭代中种群内质量前 $100p\%$ 的某个随机向量。

2. 引入外部存档

为了保证种群的多样性，避免过于贪婪导致种群收敛到某个局部最优值，JADE 算法引入一个可选的外部存档 A。DE 算法在选择操作中通过比较目标变量和试验向量对于给定函数的适应值来决定进入下一代的向量，如果试验向量优于目标向量，则试验向量进入下一次迭代，目标向量被舍弃。在 JADE 算法中使用外部存档 A 来保留被舍弃的目标向量，被保留下来的目标向量与种群中其他向量一起参与到下一次迭代的变异操作中。外部存档 A 初始化为空集，且大小不能超过种群数量 NP，若超出，则在此次迭代结束后将随机删除存档中的某个元素来为新插入的元素腾出空间。使用外部存档时，变异策略如下：

$$\boldsymbol{v}_{i,g} = \boldsymbol{x}_{r_1,g} + F_i \cdot (\boldsymbol{x}^p_{\text{best},g} - \boldsymbol{x}_{i,g}) + F_i \cdot (\boldsymbol{x}_{r_1,g} - \tilde{\boldsymbol{x}}_{r_2,g}) \tag{3-9}$$

其中，$\tilde{\boldsymbol{x}}_{r_2,g}$ 为从 $P \cup A$ 种群中随机选择的一个不同于 $\boldsymbol{x}_{r_1,g}$ 和目标向量的随机向量。

3. 参数设计

在 JADE 算法中，参数 CR 与 F 都与向量 $\boldsymbol{x}_i$ 相关联，在每一代开始时根据自适应控制参数 μ_{CR}、μ_F 使用如下公式生成：

$$\text{CR}_i = \text{rand}n_i(\mu_{\text{CR}}, 0.1) \tag{3-10}$$

$$F_i = \text{rand}c_i(\mu_F, 0.1) \tag{3-11}$$

参数 CR 的生成符合以 μ_{CR} 为平均值，以 0.1 为标准差的正态分布；参数 F 的生成符合位置参数为 μ_F，尺度参数为 0.1 的柯西分布。如果生成的 CR 值小于 0，则设置 CR 值为 0；如果生成的 CR 值大于 1，则设置 CR 值为 1。如果生成的 F 值大于 1，则设置 F 值为 1；如果生成的 F 值小于等于 0，则根据式(3-11)重新生成。μ_{CR} 与 μ_F 在第一次迭代开始时都初始化为 0.5，

每次迭代完成后进行自适应变化,具体变化方式如下:

$$\mu_{CR} = (1-c) \cdot \mu_{CR} + c\operatorname{mean}_A(S_{CR}) \tag{3-12}$$

$$\mu_F = (1-c) \cdot \mu_F + c\operatorname{mean}_L(S_F) \tag{3-13}$$

其中:参数 c 为固定值,$c \in (0,1]$,在测试时通常设置为 0.1,作为学习率来调整更新μ_{CR}和μ_F所需历史信息和本次迭代中的进化信息的权重;S_{CR}和S_F为两个集合,用来保存在本次迭代中生成能够进入下一次迭代的试验向量所使用的参数 CR 值和参数 F 值;$\operatorname{mean}_A(S_{CR})$表示计算$S_{CR}$内元素的算数平均值。$\operatorname{mean}_L(S_F)$是$S_F$内元素的莱默均值,计算公式如下:

$$\operatorname{mean}_L(S_F) = \frac{\sum\limits_{F \in S_F} F^2}{\sum\limits_{F \in S_F} F} \tag{3-14}$$

如果变异向量的某个维度超过问题中给定的界限,那么采用如下公式处理:

$$v_{j,i,g} = \begin{cases} (x_j^{\text{low}} + x_{j,i,g})/2, & v_{j,i,g} < x_j^{\text{low}} \\ (x_j^{\text{up}} + x_{j,i,g})/2, & v_{j,i,g} > x_j^{\text{low}} \end{cases} \tag{3-15}$$

相较于标准差分进化算法,JADE 算法的优势如下。

(1) 变异和交叉需要设定的参数 F 和 CR 可以自适应地选择,而不需要人为设定。

(2) 防止早熟,维持种群多样性水平,对 DE/current_to_best/1 变异策略做出调整。调整分为两部分:① 把变异中种群表现最好的个体替换为种群中最好的 p 个个体中的随机一个;② 增加一个可选存档,$x_{r_2,g}$原来是从种群 P 中选择,现在从 $P \cup A$ 中选择,A 是历史中比父代好的子代个体。如果 A 中个体的数量大于 P 中个体的数量,那么需要随机丢弃一些,这样做的好处是引入了一些次优的选择,提高了种群的多样性水平。

(3) 设置集合 S_F,S_{CR}同时工作,这两个集合用来记录在选择阶段进入下一次迭代的试验向量在产生时所需的 F 值和 CR 值。

3.3.3 SHADE 算法

1. 算法思想

在 JADE 算法中,μ_{CR}和μ_F的更新策略为在每次迭代中都更接近最新一次迭代中S_{CR}和S_F的平均值,这种计算方式是基于集合S_{CR}和S_F只保存了一些对于给定问题有着良好表现的参数值的假设,然而由于 DE 算法的鲁棒性,有些不合适的参数设置也可能进入S_{CR}和S_F,从而导致μ_{CR}和μ_F向错误的方向前进,进而产生不合适的 CR 值和 F 值,影响算法的进一步运行。

SHADE 算法同样将每次迭代中成功的 CR 值和 F 值存入集合S_{CR}和S_F,如果在某次迭代之后S_{CR}和S_F不为空,那么我们通过S_{CR}和S_F分别计算M_{CR}和M_F,计算方式如下:

$$\operatorname{mean}_{WA}(S_{CR}) = \sum_{k=1}^{|S_{CR}|} w_k S_{CR,k} \tag{3-16}$$

$$\operatorname{mean}_{WL}(S_F) = \frac{\sum\limits_{k=1}^{|S_F|} w_k S_{F,k}^2}{\sum\limits_{k=1}^{|S_F|} w_k S_{F,k}} \tag{3-17}$$

其中，$\Delta f_k = |f(u_{k,G}) - f(x_{k,G})|$，$w_k = \dfrac{\Delta f_k}{\sum_{k=1}^{|S_{CR}|} \Delta f_k}$。

2. 参数设计

参数 CR 的生成服从以 H 次迭代中随机一次迭代产生的 M_{CR} 为平均值，以 0.1 为标准差的正态分布；参数 F 的生成符合以与生成 CR 值的 M_{CR} 对应的 M_F 为位置参数，以 0.1 为尺度参数的柯西分布。如果生成的参数越过界限，处理方法与 JADE 算法相同。

3. SHADE 算法的主要创新点

在 SHADE 算法中建立新的历史存储 M_{CR} 和 M_F 来存储过去表现好的 CR 和 F。并通过直接抽样的方式在参数空间中选取接近这些存储的参数对，从而产生新的参数对。参数的生成根据 H 的取值，故很大概率上并不依赖于此次迭代产生的 M_{CR} 和 M_F，即使某次迭代中集合 S_{CR} 和 S_F 中包含部分不合适的参数值，导致这次迭代生成的 M_{CR} 和 M_F 的值偏离了最合适的值，那么在多次迭代中也有较大概率不会影响参数的生成，从而进一步提高了算法的鲁棒性。

第4章　粒子群优化算法

我们知道,自然界中的很多生物个体的自身能力非常有限,仅能完成一些简单的活动,如单只鸟儿或单个蚂蚁只能搬运非常轻的食物。20世纪以来,学者在对生物学领域进行研究时发现,当一些生物个体协同工作时,可以表现出惊人的系统工作能力,如鸟群可以合作寻找到食物。此外,蚁群、蜂群和鱼群等也具有非常强大的协同工作能力。自然界中各种生物体均具有一定的群体行为,而人工生命的主要研究方向之一是探索自然界生物的群体行为,并在计算机上构建群体模型。

自然界中鸟群和鱼群的群体行为一直是科学家感兴趣的研究方向,生物学家克雷格·雷诺兹(Craig Reynolds)在1987年提出了一个非常有影响力的鸟群聚集模型,在他的仿真模型中,每一个个体均遵循如下规则。

① 避免与邻域个体冲撞;
② 匹配邻域个体的速度;
③ 飞向鸟群中心,且整个群体飞向目标。

仿真模型仅利用上述3条简单的规则,就可以非常接近地模拟出鸟群飞行的现象。科学家从不同生物群体表现出的群体智能行为得到启发,取得了群体智能领域的一系列研究成果。

粒子群优化(particle swarm optimization,PSO)算法是由社会心理学博士肯尼迪(Kennedy)和电子工程学博士埃伯哈特(Eberhart)在1995年提出的一种基于群体智能的优化技术。两位学者基于自己的专业背景,对鸟群觅食行为进行了深入研究,题目分别为"Particle swarm optimization"和"A new optimizer using particle swarm theory"。这两篇论文的发表标志着粒子群优化算法的诞生,其基本思想是受鸟类群体行为建模与仿真的研究结果的启发。鸟群中的每只鸟在初始状态下从随机位置出发向各个随机方向飞行,虽然它们不知道食物的具体位置,但每只鸟都知道自己离食物有多远,并朝着离食物最近的鸟的位置飞行。另外,所有的鸟都有记忆功能,能够分辨自己经过的是否是最佳位置。当有一只鸟接近食物时,它将会吸引其他所有鸟向其靠拢。随着时间的推移,处于随机状态的鸟通过自组织逐步聚集成一个个小的群落,并根据自身记忆和向其他鸟的更好位置靠拢,动态调整自己的飞行速度。与此同时,粒子群优化算法的设计还借鉴了人们在决策过程中使用的两类信息——自身的经验和他人的经验,即自我认知和社会认知。

粒子群优化算法的设计思想主要有两个方面:一是和进化算法相似,粒子群优化算法采用了种群的方式按照一定的方法进行搜索,保证了并行搜索目标函数解空间中的多个区域,提高了搜索效率;二是粒子群优化算法受人工生命研究结果的启发,探索自然界生物的群体行为,从而在计算机上构建其群体模型。算法通过群体中个体之间的协作和信息共享来寻找最优解,体现了良好的优化效果。由于算法简单且容易实现,故其需要调整的参数较少,无须编码和解码,因此,具有很高的学术价值和广阔的应用前景。PSO算法通过粒子位置的不断更新来靠近最优解,省去了遗传算法的选择、交叉和变异等操作,近年来在函数优化、组合优化、神经网络和模糊系统等领域引起了很多学者的兴趣。

4.1 粒子群优化算法的原理

鸟群觅食现象与粒子群优化算法的各概念之间的对应类比关系如图4-1所示。

在PSO算法中,每个优化问题的解都可以看作搜索空间中一只无重量、无体积的鸟,称为粒子,所有有效解构成粒子群。每个粒子具有位置、速度和适应值等属性:位置即解空间中的向量,速度包括位置移动的大小和方向,适应值与待优化函数的函数值有关。每个粒子不清楚目标的具体位置,但清楚自身历史位置的好坏,也知道哪个粒子离目标最近。在迭代过程中,每个粒子通过追随两个极值实现自身速度和位置的更新,在可行域中进行搜索。粒子i个体从最初到第k次迭代为止经历的最优(适应值最好)位置称为个体极值,表示为$\boldsymbol{p}_i^k=(p_{i1}^k, p_{i2}^k, \cdots, p_{iD}^k)$,其中$D$为粒子的维数;整个群体从最初到第$k$次迭代为止经历的最优(适应值最好)位置称为全局极值,表示为$\boldsymbol{g}^k=(g_1^k, g_2^k, \cdots, g_D^k)$。

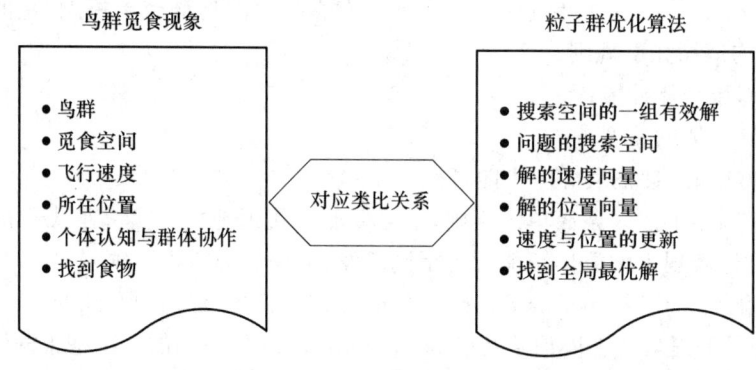

图4-1 鸟群觅食现象与粒子群优化算法的各概念之间的对应类比关系

4.1.1 基本粒子群优化算法

对于待求解的优化问题,每个粒子均代表一个潜在的解。由若干粒子组成的群体在D维空间中以一定速度飞行,其中速度为包含大小和方向的矢量。速度的更新是以粒子本来的速度、个体极值和全局极值与粒子当前位置的距离的加权和决定的。粒子的速度和位置按式(4-1)和式(4-2)更新。在此过程中,不断检验终止标准,一旦达到预定条件则输出最优解,算法终止。

$$v_{id}^{k+1} = v_{id}^k + c_1 r_1 (p_{id}^k - x_{id}^k) + c_2 r_2 (g_d^k - x_{id}^k) \tag{4-1}$$

$$x_{id}^{k+1} = x_{id}^k + v_{id}^{k+1} \tag{4-2}$$

其中:v_{id}^k、x_{id}^k分别为第$i(1 \leqslant i \leqslant M)$个粒子的第$d$维$(1 \leqslant d \leqslant D)$在第$k$次$(1 \leqslant k \leqslant K)$迭代中的速度和位置;$M$、$K$分别为设定的种群规模和最大迭代次数;$c_1$和$c_2$为速度更新时的学习因子,分别称为个体认识因子和社会认识因子,用于调整个体极值和全局极值对粒子吸引的影响程度；r_1 和 r_2 为 0～1 范围内的随机数。

进化过程中，粒子在解空间中的迁移方式如图 4-2 所示。

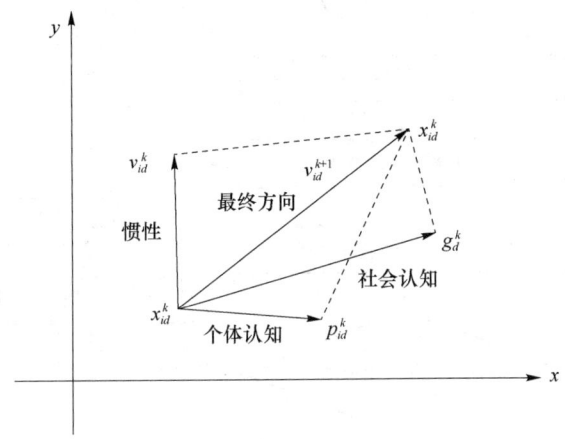

图 4-2　粒子在解空间中的迁移方式示意图

从粒子速度的更新公式和粒子在解空间中的迁移方式图中可以看出，粒子速度的更新包括三部分。

第一部分是粒子保持当前飞行速度的惯性，由自身提供动力，保证其继续在搜索空间中飞行。

第二部分是个体认知部分，即粒子将自身经历的最好历史位置即个体极值与当前位置进行比较，产生靠近个体极值的趋势，而 c_1 和 r_1 将影响粒子靠近个体极值的程度。若 $c_1=0$，表示粒子只有社会学习能力，没有个体认知能力；若 $c_1\neq 0$，表示粒子在与群体中其他粒子的相互作用下，有能力在新的搜索空间内探索，并飞向个体极值和全局极值的加权中心。此时，c_1 的取值决定了粒子飞向个体极值的趋势：c_1 取较小的值表示允许粒子在被拉回前在目标区域外徘徊，c_1 取较大的值则表示粒子会突然冲向或越过目标区域。

第三部分是社会认知部分，粒子将群体经历的最好历史位置即全局极值与当前位置进行比较，产生靠近全局极值的趋势，而 c_2 和 r_2 将影响粒子靠近全局极值的程度。若 $c_2=0$，表示粒子只有自身认知能力，没有群体的社会经验共享机制，相当于种群中各粒子单独运行，算法能够得到最优解的概率很低。

飞行过程中，粒子会利用自身的飞行经验和群体的飞行经验动态调整自身速度，以便在自身飞行惯性的基础上，结合个体认知和社会认知，寻求问题最优解。

基本粒子群优化算法的执行流程如图 4-3 所示，具体步骤描述如下。

① 根据给定问题搜索空间的取值范围，初始化粒子群及相关参数，包括规模、速度和位置等；

② 根据待优化问题的实际意义，评估每个粒子的适应度值；

③ 对每个粒子，比较粒子当前位置和历史最好位置的适应度值，若前者优于后者，则设置当前位置为粒子本身的个体极值；计算当前粒子的个体极值与全局极值的适应度值并比较，设置较优者为种群的全局极值。

④ 根据式(4-1)和式(4-2)更新每个粒子的速度和位置，并限制最大、最小速度值，重置超出搜索空间范围的粒子位置；

⑤ 根据事先设定的终止条件判断是否停止搜索，若是则输出结果，否则更新粒子的速度

和位置,并返回步骤②继续迭代。

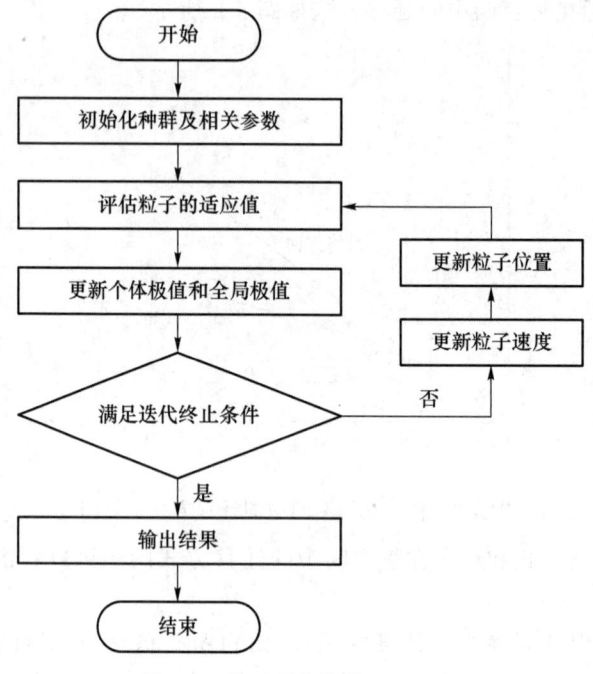

图 4-3　粒子群优化算法流程图

4.1.2　标准粒子群优化算法

为了使粒子保持运动惯性,进一步探索新的搜索空间,同时控制算法在迭代过程中对当前速度继承的程度,埃伯哈特和史玉回于 1998 年引入了惯性权重的概念,对基本粒子群优化算法进行了改进,称为标准粒子群优化算法。速度更新方式如下:

$$v_{id}^{k+1} = \omega v_{id}^{k} + c_1 r_1 (p_{id}^{k} - x_{id}^{k}) + c_2 r_2 (g_{d}^{k} - x_{id}^{k}) \tag{4-3}$$

其中,ω 为惯性权重或惯性因子,是速度更新时的权重系数,其值大小决定了粒子在运动过程中对当前速度的继承程度。若 $\omega=0$,表示速度本身不具有记忆,下一时刻的速度完全取决于"个体认知"和"社会认知"两个部分,最终粒子群将收敛于当前的全局极值,限制了粒子对更大搜索空间的探索;若 $\omega \neq 0$,表示速度本身具有惯性,下一时刻的速度将在一定程度上继承当前速度,从而加强粒子的全局搜索能力,使其探索更广阔的寻优空间。

近年来,修正后的带有惯性权重的粒子群优化算法已逐渐被大多数研究人员采用,并成为粒子群优化算法的标准版本。同时,研究热点集中于如何通过改变惯性权重来提升算法性能。

从 PSO 算法原理可以看出,与遗传(GA)算法相比,它们的相同之处在于:

① 均对种群进行随机初始化;

② 均将适应度函数值与待优化问题的最优解进行映射。

PSO 算法与 GA 算法的不同之处在于:

① 种群中个体表达方式不同。PSO 算法不需要编码,直接用粒子位置来表示自变量,每个粒子的位置都由自变量的个数和取值范围决定,而速度由自变量的个数和速度限制决定;GA 算法中的个体需要编码,比较繁琐。

② 进化的操作过程不同。PSO 算法是有记忆能力的,而 GA 算法需要进行选择、交叉和变异等操作,PSO 算法省去了这些运算。

③ 信息共享机制不同。PSO 算法通过将个体极值和全局极值传递给粒子,进行速度的更新,故信息单向流动,搜索更新跟随最优解过程,收敛速度更快;GA 算法中整个种群均匀地向最优区域移动,收敛速度较慢。

4.2　粒子群优化算法主要的控制参数

目前常用的标准粒子群优化算法主要涉及的参数有惯性权重、学习因子、种群规模等,这些参数值的设定对粒子群优化算法的性能影响很大。

1. 惯性权重

惯性权重决定了粒子继承先前飞行速度的程度,因此通过调整惯性权重的值,粒子可以实现全局搜索和局部搜索之间的平衡。当惯性权重较大时,粒子的勘探能力(全局搜索能力)强,而开发能力(局部搜索能力)弱;反之,当惯性权重值较小时,粒子的开发能力强,而勘探能力弱。因此,学者提出设法在迭代初期设置较大的惯性权重,使算法具有较好的全局搜索性能,能够迅速定位到接近全局最优解的区域。而在迭代后期设法减小惯性权重值,使算法具有良好的局部搜索性能,能够得到精确的全局最优解。经过反复试验,学者提出一种线性递减的惯性权重设置方法,即如式(4-4)所示的线性递减策略。

$$\omega = \omega_{\max} - k \times \frac{\omega_{\max} - \omega_{\min}}{K} \tag{4-4}$$

其中,K 为算法的最大迭代次数,k 为当前迭代次数,$\omega_{\max}$、$\omega_{\min}$ 分别为最大(初始)惯性权重和最小(终止)惯性权重。

2. 学习因子

在 PSO 算法中,学习因子 c_1、c_2 决定了粒子自身经验和群体经验对粒子飞行轨迹的影响,反映了粒子之间的信息交流,学习因子过大或过小均不利于粒子的搜索。近年来,不少学者对学习因子的设置进行了研究,如线性调整等,综合来看一般 c_1、c_2 的取值范围为[1,2.5]。

3. 种群规模

种群规模需要根据问题的特点限制在一定的范围内,通常为 20~200。种群规模太小不能为问题提供足够多的采样点,易陷入局部最优,无法提供最优的算法性能;种群规模太大虽然能够优化算法的求解精度,但无疑会增大计算量,使得收敛速度过于缓慢。大量研究表明,粒子群体的搜索性能并不是随着种群规模的增大而线性增加的,当种群规模增长到一定程度后,搜索性能不会再随粒子数目的增多而产生显著改善。

极端情况下,若种群规模 $P_{\text{size}}=1$,PSO 算法将演变为单个体搜索技术,不再涉及群体的社会学习效果,因此,极易陷入局部最优。对于多峰问题来说,算法将有很大可能求得次优解。

4. 最大速度

通常,粒子速度的每个维度均会根据待优化问题设置一个最大值 $v_{\max}$,其值的设定将会影响粒子搜索的性能。$v_{\max}$ 过小,则粒子飞行速度将会被严格限制,从而极大延长全局最优解的搜索时间,导致求解失败;$v_{\max}$ 过大,虽增强了粒子全局搜索能力,但易导致粒子飞过目标区域,降低了其局部搜索能力,从而错过全局最优解。因此,我们需要根据问题特点,设置合适的 v_{max},当迭代过程中的粒子速度超过这一限值,便将粒子速度设定为 v_{max}。

5. 终止标准

终止标准的设置也对算法性能影响较大,可参考相关文献,也要视具体问题而定。

4.3 粒子群优化算法的程序实现

本节选取一些典型函数案例,对 PSO 算法求解过程和具体实现进行详细介绍。

4.3.1 一元多峰函数求最大值

本小节对函数 $f(x)=x\sin(x)\cos(2x)-2x\sin(3x)$ 进行优化,求解其在区间 $[0,20]$ 上的最大值。从图 4-4 的函数图像中可以看出,该函数为多峰函数。显然,其最大值求解难度高于单调函数。

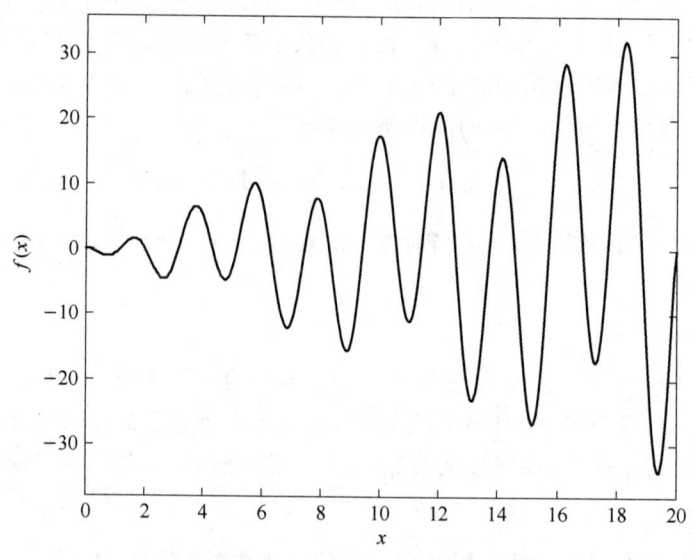

图 4-4 一元多峰函数图像

使用 MATLAB 对函数进行优化求解的代码如下:

```
clc;
clear;
close all;
%% 初始化种群
f = @(x)x.*sin(x).*cos(2*x) - 2*x.*sin(3*x);      % 函数表达式
figure(1);
ezplot(f,[0,0.01,20]);
N = 50;     % 初始种群个数
```

```
d = 1;           % 空间维数
ger = 100;       % 最大迭代次数
limit = [0, 20];       % 设置位置参数限制
vlimit = [-1, 1];      % 设置速度限制
w = 0.8;         % 惯性权重
c1 = 0.5;        % 自我学习因子
c2 = 0.5;        % 群体学习因子
for i = 1:d
    x(:,i) = limit(i, 1) + (limit(i, 2) - limit(i, 1)) * rand(N,1);       % 初始种群的位置
end
v = rand(N, d);        % 初始种群的速度
xm = x;          % 每个个体的历史最佳位置
ym = zeros(1, d);      % 种群的历史最佳位置
fxm = zeros(N, 1);     % 每个个体的历史最佳适应度
fym = -inf;      % 种群历史最佳适应度
hold on
plot(xm, f(xm), 'ro');
title('初始状态图');
figure(2);
%% 群体更新
iter = 1;
record = zeros(ger, 1);        % 记录器
while iter <= ger
    fx = f(x);       % 个体当前适应度
    for i = 1:N
        if fxm(i) < fx(i)
            fxm(i) = fx(i);        % 更新个体历史最佳适应度
            xm(i,:) = x(i,:);      % 更新个体历史最佳位置
        end
    end
if fym < max(fxm)
    [fym, nmax] = max(fxm);        % 更新群体历史最佳适应度
    ym = xm(nmax, :);      % 更新群体历史最佳位置
end
    v = v * w + c1 * rand * (xm - x) + c2 * rand * (repmat(ym, N, 1) - x);
% 速度更新
    % 边界速度处理
```

```matlab
    v(v > vlimit(2)) = vlimit(2);
    v(v < vlimit(1)) = vlimit(1);
    x = x + v;         % 位置更新
    % 边界位置处理
    x(x > limit(2)) = limit(2);
    x(x < limit(1)) = limit(1);
    record(iter) = fym;       % 最大值记录
    x0 = 0 : 0.01 : 20;
plot(x0, f(x0),'b-', x, f(x),'ro');
title('状态位置变化');
    pause(0.01);
    iter = iter + 1;
end
figure(3);
plot(record);
title('收敛过程');
x0 = 0 : 0.01 : 20;
figure(4);
plot(x0, f(x0),'b-', x, f(x),'ro');
title('最终状态位置');
disp(['最大值:',num2str(fym)]);
disp(['变量取值:',num2str(ym)]);
```

算法的运行结果呈现随机性,通常可取多次运行的平均结果来评价算法。图 4-5 展示了连续函数在粒子群优化算法下初始的位置情况。通过设置暂停时间,我们可以观察粒子群优化算法运行过程中函数的动态优化情况,最后达到如图 4-6 所示的最终状态位置图中的最大值。图 4-7 显示了函数最大值随迭代次数的变化情况。

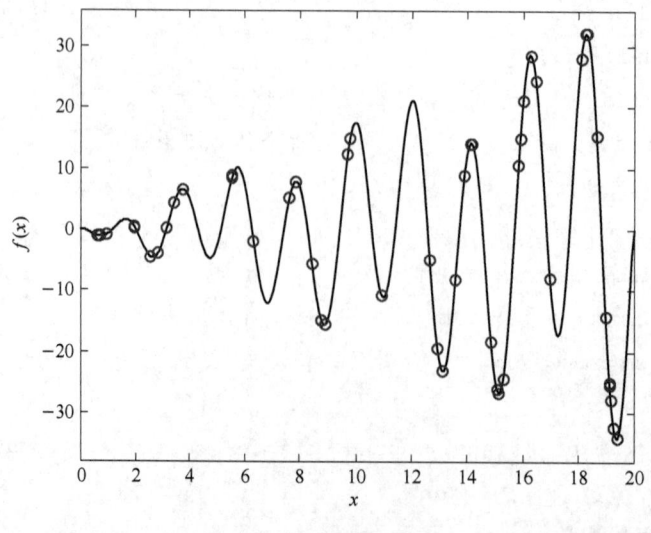

图 4-5　初始状态位置图

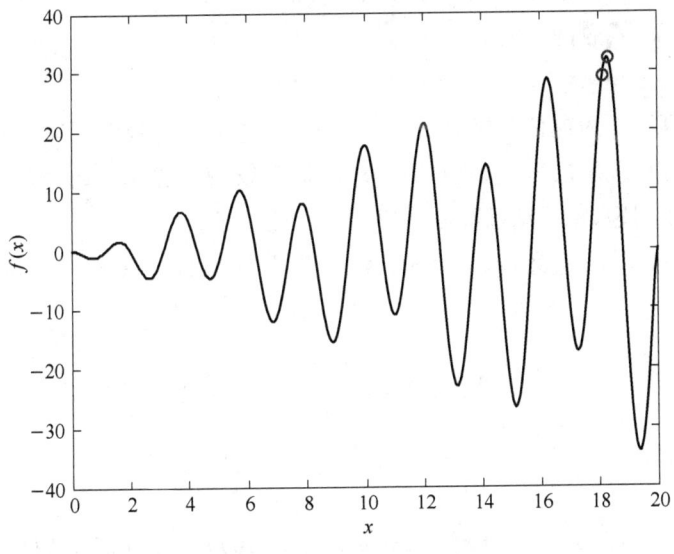

图 4-6　最终状态位置图

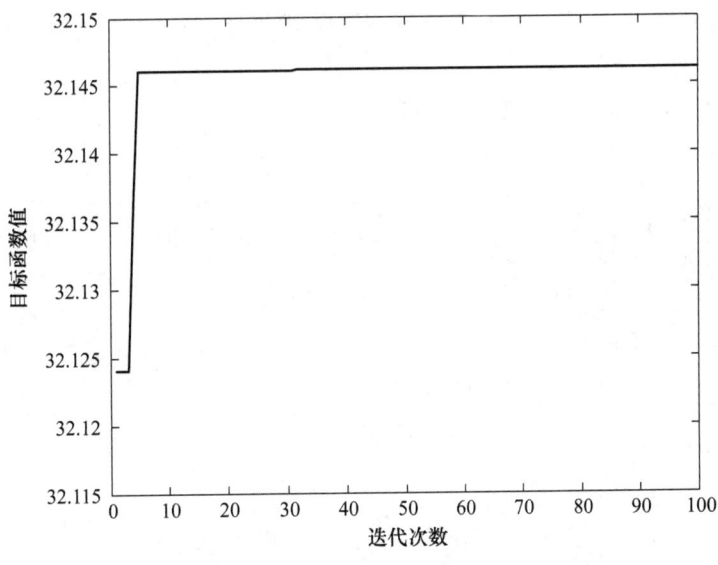

图 4-7　目标函数值随迭代次数的变化情况

通过程序，我们得到当变量 x 的取值为 18.301 4 时，求得的函数值最大，为 32.146 2。值得注意的是，粒子群优化算法寻优过程具有随机性，初始位置状态和进化过程中的随机飞行均会对复杂问题求得的最优解产生重大影响。在此多峰函数寻优过程中，程序不一定能求得最优解，这是因为在粒子飞行过程中，最优粒子作为种群的"领袖"将引导全体粒子向着全局最优解的位置或其临近区域挺进，若此"领袖"位于某个局部最优解位置或临近区域而远离全局最优解区域时，搜索工作很有可能出现早熟收敛现象。此时，给予当前最优粒子某种扰动便可帮助它跳出局部最优区域，使得搜索方向转向某个更好的潜在区域，种群中的其他粒子也将获得新的"领袖"引导，从而进入新的勘探区域。最终，种群将有更大的可能达到全局最优解。

4.3.2 典型测试函数优化

粒子群优化算法作为群体智能算法的重要分支之一,具有概念简单、参数较少、仅依赖适应度函数即可逼近最优解的特点,通常用于外部信息较少的优化问题。多维数值函数求极值问题是常见的优化问题,也是测试算法解决连续优化问题的"试金石"。在此,本小节举几个典型多元测试函数作为优化案例,对 PSO 算法的实现做进一步阐述。函数的定义分别如式(4-5)和式(4-7)所示。

$$f_1(x) = \sum_{i=1}^{n} x_i^2, \quad |x_i| \leqslant 100 \tag{4-5}$$

$$f_2(x) = \sum_{i=1}^{n-1} 100(x_i^2 - x_{i+1})^2 + (1 - x_i)^2, \quad |x_i| \leqslant 2.048 \tag{4-6}$$

$$f_3(x) = \sum_{i=1}^{n} (x_i^2 - 10\cos 2\pi x_i + 10), \quad |x_i| \leqslant 5.12 \tag{4-7}$$

其中,$f_1(x)$ 为 Sphere 函数,PSO 算法相关参数设置为:维度 D 为 30 维,学习因子 c_1、c_2 分别为 1.5 和 2.0,迭代次数为 200 次,种群规模为 100,速度区间定义为 $[-2,2]$,粒子位置区间定义为 $[-100,100]$。实现代码如下:

```
c1 = 1.5;
c2 = 2.0;
maxgen = 200;
sizepop = 100;
Vmax = 2;
Vmin = -2;
popmax = 100;
popmin = -100;
record = zeros(1,maxgen)
for i = 1:sizepop       %初始化种群 pop 和适应度值 fitness
pop(i,:) = (popmax - popmin) * rand(1,30) + popmin;
V(i,:) = rand(1,30) * (Vmax - Vmin) + Vmin;
fitness(i) = fun(pop(i,:));
end
pbest = pop;            %记录第一次的个体最优 pbest 和群体最优 gbest
fitnesspbest = fitness;
[bestfitness,bestindex] = min(fitness);
fitnessgbest = fitness(bestindex);
gbest = pop(bestindex,:);
```

```
 for i = 1:maxgen        % 种群由此进入循环迭代
   for j = 1:sizepop     % 达到最大迭代次数时跳出循环,迭代终止。
   V(j,:) = V(j,:) + c1 * rand * (pbest(j,:) - pop(j,:)) + c2 * rand * (gbest - pop(j,:));
   V(j,find(V(j,:)> Vmax)) = Vmax;      % 检查速度是否越界
   V(j,find(V(j,:)< Vmin)) = Vmin;
   pop(j,:) = pop(j,:) + V(j,:);
   pop(j,find(pop(j,:)> popmax)) = popmax;      % 检查位置是否越界
   pop(j,find(pop(j,:)< popmin)) = popmin;
   fitness(j) = fun(pop(j,:));    % 更新适应度值
   if(fitness(j)< fitnesspbest(j))    % 更新个体最优
   fitnesspbest(j) = fitness(j);
   pbest(j,:) = pop(j,:);
   end
 end
 [bestfitness,bestindex] = min(fitnesspbest);      % 更新群体最优
 fitnessgbest = fitnesspbest(bestindex);
 gbest = pbest(bestindex,:);
 record(1,i) = fitnessgbest;
 fprintf('%d      %f\n',i,fitnessgbest);     % 输出每代的寻优结果
 end
 figure(1)      % 画出迭代中适应度函数变化图像
 plot(record);
 xlabel('gen');
 ylabel('fitness');
    function z = fun(x)
 z = sum(x.^2);
 end
```

$f_2(x)$ 为 De Jong 函数,又名香蕉函数,通常作为评价算法性能的案例。当 $n=2$ 时,函数的全局最优解在一个窄长的山谷形状中,函数在 $(1,1)$ 处取得全局最小值,为 0。$f_3(x)$ 为 Rastrigin 函数,是一个拥有许多均匀分布的局部极小值和局部极大值点的 n 维复杂函数,容易使算法陷入局部最优。当 $n=2$ 时,函数在 $(0,0)$ 处取得全局最小值,为 0。PSO 算法相关参数设置为:种群规模为 50,最大迭代次数为 200,惯性权重采用如式(4-4)所示的由 0.9 到 0.4 线性递减的策略,学习因子 c_1、c_2 为 2。$f_2(x)$ 函数曲面如图 4-8 所示,某次运行最优解随迭代次数的收敛情况如图 4-9 所示。$f_3(x)$ 函数曲面如图 4-10 所示,某次运行最优解随迭代次数的收敛情况如图 4-11。

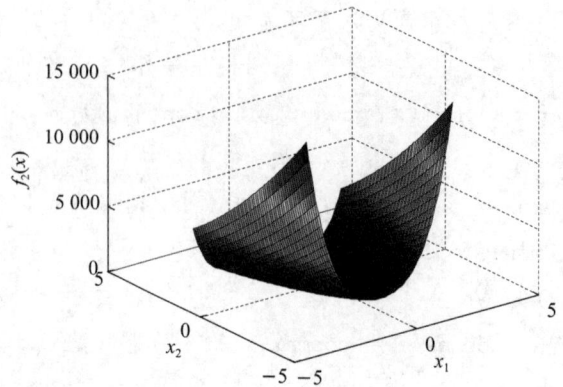

图 4-8 De Jong 函数曲面

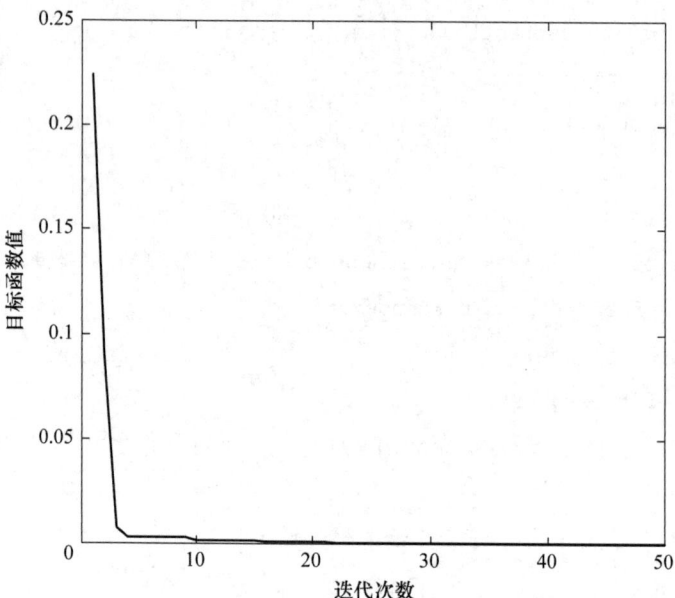

图 4-9 当 $n=2$ 时，De Jong 函数的收敛情况

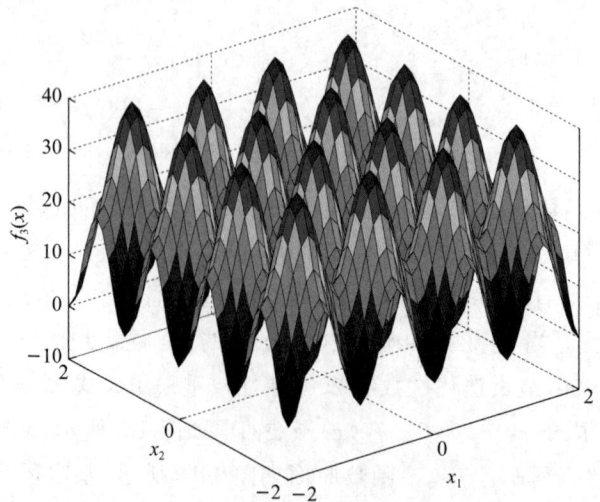

图 4-10 Rastrigin 函数曲面

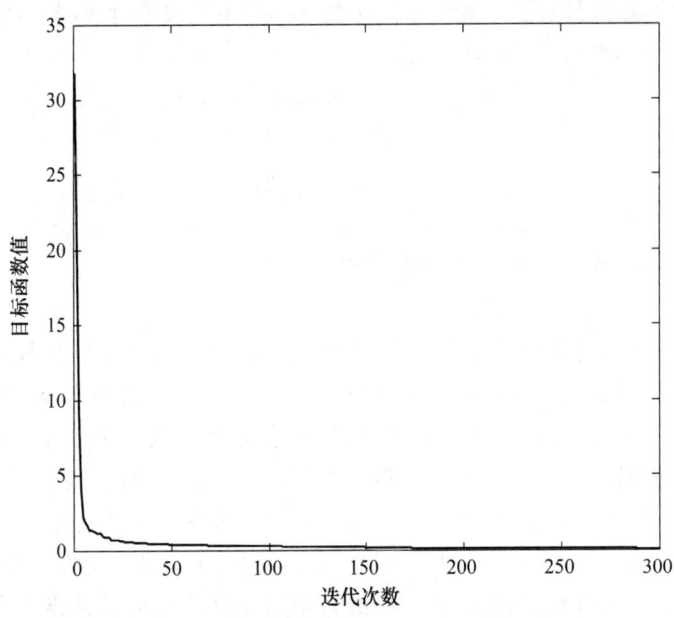

图 4-11 当 $n=2$ 时，Rastrigin 函数的收敛情况

4.4 粒子群优化算法的改进及发展

粒子群优化算法属于进化算法，但其与遗传算法不同的是，PSO 算法没有复杂的进化算子，如交叉、选择和变异等。粒子群优化算法高度依赖随机过程，也存在一些问题和缺陷，如对参数设置的极大依赖性，以及过早收敛等问题。在进化过程中，多样性丢失增加了算法陷入局部最优的概率，是导致算法提前收敛的主要原因。当搜索空间维数过大或处理多模态优化问题时，这一缺陷更加明显。因此，自 1995 年肯尼迪博士和埃伯哈特博士提出粒子群优化算法以来，许多专家、学者在求解特定问题的过程中，提出了一些对算法的性能进行改进的新思想，取得了显著效果。

4.4.1 离散粒子群优化算法

粒子群优化算法基于个体极值和全局极值在问题空间中调整种群中粒子的飞行轨道，主要应用在连续空间中。典型的优化问题如调度或路由问题，其问题空间均为离散的变量。1997 年，为解决离散型组合优化问题，继粒子群优化算法之后，肯尼迪和埃伯哈特提出离散粒子群优化（binary particle swarm optimization，BPSO）算法，该算法将离散问题空间映射到连续粒子运动空间，并做适当修改，BPSO 算法在编码方式上有所改变，把位置表示成了离散型的二进制 0 和 1，更重要的是，BPSO 算法中的速度向量不再是位置变化率，而是作为粒子位置改变概率的重要参照量。所以，使用 PSO 算法求解离散型问题时，我们需要解决以下问题：如何定义与表达粒子位置、粒子速度，以及其更新方式。在 BPSO 算法中，粒子在离散空间中飞行，但粒子位置的每一维 x_{id} 仅限于 0 和 1 两种状态，而 v_{id} 用于表示 x_{id} 取 1 的概率。速度更新仍遵循式(4-1)，但其中 p_{id} 和 g_d 为 0 或 1；而 v_{id}，因为它表示概率的大小，所以其取值范围为

$[0,1]$。可用如式(4-8)所示的 S 形约束转换函数 $S(v_{id})$ 来完成这种改变。速度更新公式如式(4-9)所示,其中 r_3 为 0 到 1 之间的随机数。

$$S(v_{id}) = 1/(1+\exp(-v_{id})) \tag{4-8}$$

$$x_{id} = \begin{cases} 1, & r_3 < S(v_{id}) \\ 0, & \text{其他} \end{cases} \tag{4-9}$$

4.4.2 带有惯性权重的粒子群优化算法

1998 年,为了改善基本粒子群优化算法的收敛性能,学者提出了惯性权重的概念,对基本粒子群优化算法的速度更新公式加以修正,以获得更好的全局优化效果,称为标准 PSO 算法。改进之处在于标准 PSO 算法在基本 PSO 算法的速度更新方程中加上了惯性权重 ω 作为系数,使粒子保持一定的运动惯性,具有了扩展搜索空间的能力。为进一步研究惯性权重取值对问题求解的影响,从而评估算法的性能,学者采用不同的惯性权重取值对一些标准测试函数进行了大量实验。实验数据表明,较大的 ω 可以增强算法的全局搜索能力,收敛速度较快,但算法易陷入局部最优,不易得到精确解;而较小的 ω 能增强算法的局部搜索能力,使算法得到更为精确的解,但收敛速度较慢。通过对比,学者发现前期使用较大的惯性权重值,并在后期逐渐减小的动态调整策略能获得较好的优化结果。

此线性递减的惯性权重应用广泛,但若算法在搜索初期未搜索到较优区域,而后期算法全局搜索能力下降,将导致算法陷入局部最优。因此,对于不同的问题,后来的研究者在如何调整 ω 的取值使算法在搜索速度和搜索精度方面达到一个较好的平衡,以得到问题的最优解方面,做了大量的尝试,也取得了较好的效果。

21 世纪以来,针对惯性权重的调整,学者又先后提出了模糊自适应惯性权重、线性微分调整策略、先增后减策略和自适应动态改变策略等。

王凌等提出了一种非线性动态自适应调节惯性权重的方法,即根据粒子适应值的变化确定惯性权重的取值,如式(4-10)所示。

$$\omega = \begin{cases} \omega_{\min} + \dfrac{(\omega_{\max} - \omega_{\min})(f - f_{\min})}{f_{\text{avg}} - f_{\min}}, & f \leqslant f_{\text{avg}} \\ \omega_{\max}, & f > f_{\text{avg}} \end{cases} \tag{4-10}$$

根据式(4-10)可知,当各粒子的适应值趋于一致或者趋于局部最优时,该方法将使惯性权重增大;而当各粒子的适应值比较分散时,该方法将使惯性权重减小。同时,对于适应值优于平均适应值的粒子,该方法将对应于较小的惯性权重,从而使此类粒子趋向于局部搜索;而对于适应值劣于平均适应值的粒子,该方法将对应于较大的惯性权重,从而使该类粒子能够更快地趋向较好的搜索空间。

4.4.3 全面学习的粒子群优化算法

梁静提出了全面学习的粒子群优化(comprehensive learning particle swarm optimiser, CLPSO)算法。与标准粒子群优化算法相比,CLPSO 算法具有以下特点。

① 不再使用粒子自身的最好经验和群体的最好经验作为向导,而是所有粒子的最好经验均有可能被选为向导,来引导粒子飞行;

② 某粒子位置各维度的更新不再以单一粒子的最好经验为向导,而是各维度分别学习不同粒子的最好经验,也就是说,当前粒子的更新向不同粒子的对应维度学习;

③ 学习目标由两个改为一个,即某粒子的某一维度在一定迭代次数内仅向一个向导学习。

以上特点大幅提高了种群多样性水平,具体的算法步骤如下。

在 D 维搜索空间中随机初始化种群中全部粒子的位置和速度,并评估各粒子的适应值。将各粒子的当前位置设置为该粒子的个体极值 pbest,种群中具有最佳适应值的当前粒子设置为全局极值 gbest。算法的伪代码表述如下:

```
For k = 1 to iteration_max
    ω(k) = (ω₀ - 0.2)(iteration_max - k) / iteration_max + 0.2   and   ω₀ = 0.9
best
If Mod(k,10) = 1      //每 10 次迭代重新分配维度
For i = 1 to ps       //ps 为种群规模
    Rc = randperm(D);    //1-D 整数的随机排列
    b_i = zeros(1,D);
    b_i = ⌈rand(1,D) - 1 + P_c⌉;
    f_i = ⌈rand(1,D)P_s⌉
//⌈ ⌉表示向上取整
End For i
End If
For i = 1 to ps       //更新每个粒子的速度和位置
For d = 1 to D        //每个维度分别计算
If b_i(d) == 1        //选取任何其他粒子的最好经验作为向导
    V_i(d) = ω_k * V_i(d) + rand() * (pbest_{f_i(d)}(d) - X_i(d))
    x̃_i = a_i + b_i - x_i
    b = 1  a = 0  g(f(x)) ≥ g(f(x̃))
    P̃(x_1, x_2, ⋯, x_i ∈ R), i = 1, 2, ⋯, n
    x_i ∈ [a_i, b_i]
Else      //选取自身的最好经验作为向导
    V_i(d) = ω_k * V_i(d) + rand() * (pbest_i(d) - X_i(d))
End If
    V_i(d) = min(V_max(d), max(-V_max(d), V_i(d)))     //限制速度
    X_i(d) = X_i(d) + V_i(d)      //更新位置
End For d
If X_i ∈ [X_min, X_max]
//计算粒子适应度值,并更新个体极值和全局极值
End If
End For i
```

```
//判断是否到达终止标准,若满足则停止算法
End For k
```

4.4.4 反向学习的粒子群优化算法

群体仿生类优化算法基于智能主体能够自主地与环境交互,并在一次次交互中不断进化,直至接近最优状态。进化算法总是以一种随机方式生成初始种群,一般会随机给定学习的出发点(如粒子群优化前的初始状态),初始化种群在可行域内随机产生多个个体。在没有任何先验知识的情况下,算法不可能做出最好的猜测,其解与最优解的距离无法预知。通过对初始种群进行依赖于某些条件的迭代优化,算法不断驱动其解向着所设定的目标接近,直至达到停止条件。王晖等将广义反向学习与 PSO 算法结合,提出反向学习的 PSO 算法(opposition-based particle swarm algorithm with cauchy mutation)。反向学习是计算智能中的一个概念,可用于增强优化方法的性能,提高算法的收敛速度。

反向学习的核心思想是从逻辑上考虑的,即将随机设置的初始种群向周围扩展,如向粒子的相反方向扩展。对于给定问题,若需评估可行解 x,可同时计算它的相反解,以提供另一个候选解,比较二者,选择更加接近最优解的一个。这样可以提供更大机会加速寻优过程。图 4-12、图 4-13、图 4-14 分别为一维、二维和三维坐标点的反向点。

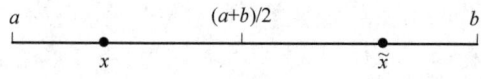

图 4-12 一维空间中点 x 与其反向点 $\tilde{x}$

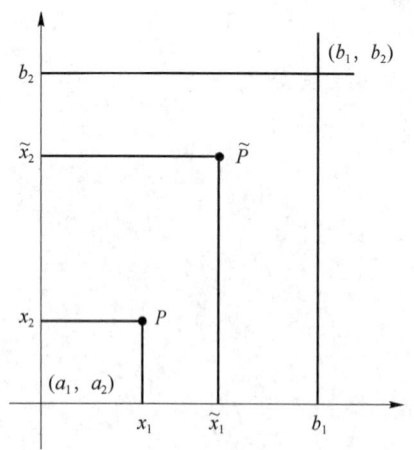

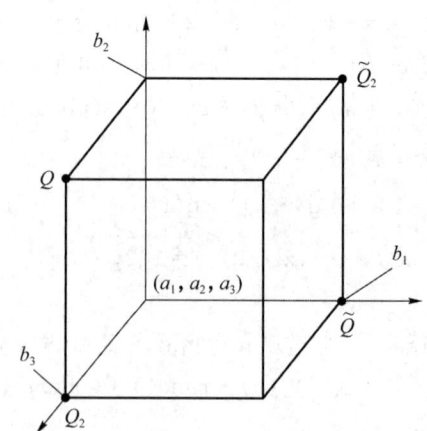

图 4-13 二维空间中点 P 与其反向点 $\tilde{P}$　　图 4-14 三维空间中点 Q 与其反向点 $\tilde{Q}$

定义 4-1 设 $x \in \mathbf{R}$ 为一个特定区间上的实数,若 $x \in [a,b]$,则其反向点 $\tilde{x}$ 定义为
$$\tilde{x} = a + b - x$$
当 $a=0, b=1$ 时,$\tilde{x} = 1-x$。多维空间的反向点依次类推。

定义 4-2 设 $P(x_1, x_2, \cdots x_n)$ 为 n 维空间中的一个点,其中 x_i 为点的各维坐标,$x_i \in \mathbf{R}$,$i=1,2,\cdots,n$。若 $x_i \in [a_i, b_i]$,则其反向点 $\tilde{P}$ 的各维坐标 $\tilde{x}_i$ 可定义为

$$\tilde{x}_i = a_i + b_i - x_i, \quad i = 1, 2, \cdots, n$$

根据上述定义,我们给出反向学习的定义。

定义 4-3 设 $f(x)$ 为决策变量 x 的目标函数,$g(x)$ 为适应值评估函数。若 $x \in [a,b]$ 为一个随机初始点,$\tilde{x}$ 为其反向点,则在随后的迭代中计算 $f(x)$ 和 $f(\tilde{x})$。若 $g(f(x)) \geqslant g(f(\tilde{x}))$,则选取 x 继续学习,否则选取 $\tilde{x}$。

智能优化算法的计算时间和初始种群中的个体与最优解的距离有关。如果初始种群的个体在最优解附近,那么,在这次计算中,种群中的所有个体都会快速收敛。纯随机生成的种群,其个体的收敛速度是无法预知的。如果同时考虑每一个个体的反向个体,那么,个体和反向个体更靠近最优个体的几率都是50%,选中更靠近的个体作为种群的最初个体,其与最优解的距离将更近。

进化算法可以与反向学习的概念结合,从而加快算法的收敛速度。利用反向学习对初始种群进行修正的过程如下。

① 根据问题的数学模型,均匀随机地生成一个初始种群;
② 根据初始种群生成一个反向种群;
③ 从初始种群和反向种群中依次取出对应位置的两个个体,计算其适应度,选择适应度更高的个体放进初始种群的相应位置;
④ 将最终的初始种群用于进化算法。

本章粒子群优化算法的种群可用上述方法修正,再按照常规算法步骤对问题进行求解。

此外,在粒子群优化算法与其他算法的结合方面,学者也开展了很多研究工作,如在电力系统经济调度中加入粒子群的反向学习,以及将粒子群优化算法与差分进化算法的相关机制结合等。

4.5 粒子群优化算法的应用

旅行商问题(traveling salesman problem,TSP),也称货郎担问题,是最基本的路线问题和最典型的NP完全问题,该问题的目标是求得推销员从起点出发,通过所有给定的需求点之后,回到起点的最小路径成本,要求所有需求点仅能通过一次。

本节案例采用混合粒子群优化算法求解旅行商问题,算法引入遗传算法中的交叉和变异操作机制,将城市坐标以文本文件的方式保存,在程序中读取文本文件数据。每个个体均由所有城市的各种排列构成,初始状态下,算法可随机排列生成初始种群。

1. 交叉操作

个体通过与个体极值和全局极值的交叉操作来更新自身,具体步骤如下:
① 随机选择个体极值或全局极值中某段子串作为交叉对象;
② 将当前个体中位值与交叉对象中位值相同的部分置0,并移动到个体的末端位置;
③ 用交叉对象的位值补齐当前个体中位值为0的部分,即可得到新的个体;
④ 计算新个体的适应度,并与旧个体比较。若新个体优于旧个体则替换旧个体,更新粒子。

假定对于当前个体[9 4 2 1 3 7 6 10 8 5],从个体极值或全局极值中随机选取的交叉对象为[4 6 9],操作方法如下:

当前(旧)个体为[9 4 2 1 3 7 6 10 8 5],交叉对象为[4 6 9],依次扫描交叉对象中的各个值。

第一次值为4,查找当前个体中位值为4的分量,将其置0,并将其移动到个体的末端位置,可得当前个体变为[9 2 1 3 7 6 10 8 5 0];

第二次值为6,查找当前个体中位值为6的分量,将其置0,并将其移动到个体的末端位置,可得当前个体变为[9 2 1 3 7 10 8 5 0 0];

第三次值为9,查找当前个体中位值为9的分量,将其置0,并将其移动到个体的末端位置,可得当前个体变为[2 1 3 7 10 8 5 0 0 0]。

扫描完毕,用交叉对象子串[4 6 9]补齐当前个体中位值为0的部分,得到新个体[2 1 3 7 10 8 5 4 6 9]。

至此,新个体已经学习到个体极值或全局极值中的部分优秀子串,计算新个体的适应度,若优于旧个体,则更新粒子。当种群中的全部粒子的完成了一代更新时,检验是否需要更新个体极值和全局极值。

无论采用何种个体更新策略,若产生的新个体存在重复位置则进行调整,调整方法为使用个体中未包括的城市代替重复包括的城市。

如若新个体为[9 4 1 6 3 7 6 10 8 5],则调整为[9 4 1 2 3 7 6 10 8 5](之前个体中没有2,所以用2来代替出现了两次的6的其中一次)。

2. 变异操作

变异方法采用个体内部两位互换,两个变异位置是随机选择的,例如:个体[9 4 2 1 3 7 6 10 8 5]将pos1 = 2和pos1 = 5互换,变异后个体为[9 3 2 1 4 7 6 10 8 5]。

对新得到的个体采用保留优秀个体的策略,只有当新的粒子适应度值优于旧粒子时才更新粒子。

3. 实例求解

表4-1为一个TSP的数据集,城市个数为50。

表 4-1 TSP 的数据集

城市序号	横坐标/km	纵坐标/km
1	37	52
2	49	49
3	52	64
4	20	26
5	40	30
6	21	47
7	17	63
8	31	62
9	52	33
10	51	21
11	42	41
12	31	32
13	5	25

续 表

14	12	42
15	36	16
16	52	41
17	27	23
18	17	33
19	13	13
20	57	58
21	62	42
22	42	57
23	16	57
24	8	52
25	7	38
26	27	68
27	30	48
28	43	67
29	58	48
30	58	27
31	37	69
32	38	46
33	46	10
34	61	33
35	62	63
36	63	69
37	32	22
38	45	35
39	59	15
40	5	6
41	10	17
42	21	10
43	5	64
44	30	15
45	39	10
46	32	39
47	25	32
48	25	55
49	48	28
50	56	37

50个城市位置分布示意图如图 4-15 所示。

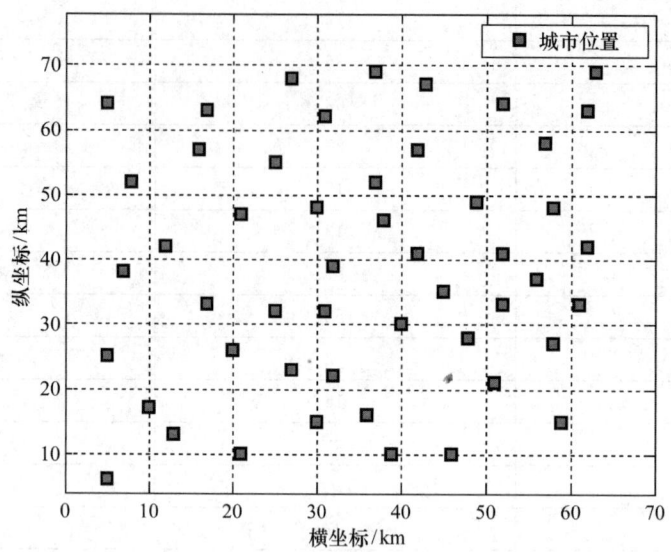

图 4-15 50个城市位置分布示意图

混合 PSO 算法求解旅行商问题的 MATLAB 代码如下。

(1) 主函数 main.m

```
clc;clear;

%% 载入数据
cityCoor = [ 37 52
49 49
52 64
20 26
40 30
21 47
17 63
31 62
52 33
51 21
42 41
31 32
5 25
12 42
36 16
52 41
27 23
17 33
13 13
57 58
```

```
    62 42
    42 57
    16 57
    8 52
    7 38
    27 68
    30 48
    43 67
    58 48
    58 27
    37 69
    38 46
    46 10
    61 33
    62 63
    63 69
    32 22
    45 35
    59 15
    5 6
    10 17
    21 10
    5 64
    30 15
    39 10
    32 39
    25 32
    25 55
    48 28
    56 37];       % 城市坐标矩阵

figure
plot(cityCoor(:,1),cityCoor(:,2),'ms','LineWidth',2,'MarkerEdgeColor','k','MarkerFaceColor','g')
legend('城市位置')
ylim([4 78])
title('城市分布图','fontsize',12)
xlabel('km','fontsize',12)
ylabel('km','fontsize',12)
% ylim([min(cityCoor(:,2))-1 max(cityCoor(:,2))+1])
```

```matlab
grid on

%% 计算城市间距离
n = size(cityCoor,1);        % 城市数目
cityDist = zeros(n,n);       % 城市距离矩阵
for i = 1:n
    for j = 1:n
        if i~=j
            cityDist(i,j) = ((cityCoor(i,1) - cityCoor(j,1))^2 + ...
                (cityCoor(i,2) - cityCoor(j,2))^2)^0.5;
        end
        cityDist(j,i) = cityDist(i,j);
    end
end
nMax = 1000;      % 迭代次数
indiNumber = 100;    % 个体数目
individual = zeros(indiNumber,n);
%^初始化粒子位置
for i = 1:indiNumber
    individual(i,:) = randperm(n);
end

%% 计算种群适应度
indiFit = fitness(individual,cityCoor,cityDist);
[value,index] = min(indiFit);
tourPbest = individual;           % 当前个体最优
tourGbest = individual(index,:);    % 当前全局最优
recordPbest = inf * ones(1,indiNumber);    % 个体最优记录
recordGbest = indiFit(index);     % 群体最优记录
xnew1 = individual;

%% 循环寻找最优路径
L_best = zeros(1,nMax);
for N = 1:nMax
    N
    %计算适应度值
    indiFit = fitness(individual,cityCoor,cityDist);
    
    %更新当前最优和历史最优
    for i = 1:indiNumber
```

```
            if indiFit(i)< recordPbest(i)
                recordPbest(i) = indiFit(i);
                tourPbest(i,:) = individual(i,:);
            end
            if indiFit(i)< recordGbest
                recordGbest = indiFit(i);
                tourGbest = individual(i,:);
            end
    end

    [value,index] = min(recordPbest);
    recordGbest(N) = recordPbest(index);

    %% 交叉操作
    for i = 1:indiNumber
        % 与个体最优进行交叉
        c1 = randi(n - 1);        % 产生交叉位
        c2 = randi(n - 1);        % 产生交叉位
        while c1 = = c2
            c1 = round(rand * (n - 2)) + 1;
            c2 = round(rand * (n - 2)) + 1;
        end
        chb1 = min(c1,c2);
        chb2 = max(c1,c2);
        cros = tourPbest(i,chb1:chb2);
        ncros = size(cros,2);
        % 删除与交叉区域相同元素
        for j = 1:ncros
            for k = 1:n
                if xnew1(i,k) = = cros(j)
                    xnew1(i,k) = 0;
                    for t = 1:n - k
                        temp = xnew1(i,k + t - 1);
                        xnew1(i,k + t - 1) = xnew1(i,k + t);
                        xnew1(i,k + t) = temp;
                    end
                end
            end
        end
        % 插入交叉区域
```

```
        xnew1(i,n - ncros + 1:n) = cros;
        % 新路径长度变短则接受
        dist = 0;
        for j = 1:n - 1
            dist = dist + cityDist(xnew1(i,j),xnew1(i,j + 1));
        end
        dist = dist + cityDist(xnew1(i,1),xnew1(i,n));
        if indiFit(i)> dist
            individual(i,:) = xnew1(i,:);
        end

        % 与全体最优进行交叉
        c1 = round(rand * (n - 2)) + 1;     % 产生交叉位
        c2 = round(rand * (n - 2)) + 1;     % 产生交叉位
        while c1 == c2
            c1 = round(rand * (n - 2)) + 1;
            c2 = round(rand * (n - 2)) + 1;
        end
        chb1 = min(c1,c2);
        chb2 = max(c1,c2);
        cros = tourGbest(chb1:chb2);
        ncros = size(cros,2);
        % 删除与交叉区域相同元素
        for j = 1:ncros
            for k = 1:n
                if xnew1(i,k) == cros(j)
                    xnew1(i,k) = 0;
                    for t = 1:n - k
                        temp = xnew1(i,k + t - 1);
                        xnew1(i,k + t - 1) = xnew1(i,k + t);
                        xnew1(i,k + t) = temp;
                    end
                end
            end
        end
        % 插入交叉区域
        xnew1(i,n - ncros + 1:n) = cros;
        % 新路径长度变短则接受
        dist = 0;
        for j = 1:n - 1
```

```matlab
            dist = dist + cityDist(xnew1(i,j),xnew1(i,j+1));
        end
        dist = dist + cityDist(xnew1(i,1),xnew1(i,n));
        if indiFit(i)> dist
            individual(i,:) = xnew1(i,:);
        end

        %% 变异操作
        c1 = round(rand * (n-1)) + 1;        % 产生变异位
        c2 = round(rand * (n-1)) + 1;        % 产生变异位
        while c1 == c2
            c1 = round(rand * (n-2)) + 1;
            c2 = round(rand * (n-2)) + 1;
        end
        temp = xnew1(i,c1);
        xnew1(i,c1) = xnew1(i,c2);
        xnew1(i,c2) = temp;

        %新路径长度变短则接受
        dist = 0;
        for j = 1:n-1
            dist = dist + cityDist(xnew1(i,j),xnew1(i,j+1));
        end
        dist = dist + cityDist(xnew1(i,1),xnew1(i,n));
        if indiFit(i)> dist
            individual(i,:) = xnew1(i,:);
        end
    end

    [value,index] = min(indiFit);
    L_best(N) = indiFit(index);
    tourGbest = individual(index,:);

end
tourGbest
minbest = min(L_best)
%% 结果作图
figure
plot(L_best)
title('算法训练过程')
```

```
xlabel('迭代次数')
ylabel('适应度值')
grid on
figure
hold on
plot([cityCoor(tourGbest(1),1),cityCoor(tourGbest(n),1)],[cityCoor(tourGbest(1),2), cityCoor(tourGbest(n),2)],'ms -','LineWidth',2,'MarkerEdgeColor','k','MarkerFaceColor','g')
hold on
for i = 2:n
    plot([cityCoor(tourGbest(i - 1),1),cityCoor(tourGbest(i),1)],[cityCoor(tourGbest(i - 1),2), cityCoor(tourGbest(i),2)],'ms -','LineWidth',2,'MarkerEdgeColor','k','MarkerFaceColor','g')
    hold on
end
legend('规划路径')
scatter(cityCoor(:,1),cityCoor(:,2));
title('规划路径','fontsize',10)
xlabel('km','fontsize',10)
ylabel('km','fontsize',10)
grid on
ylim([4 80])
```

(2) 目标函数 fitness.m

```
function indiFit = fitness(x,cityCoor,cityDist)
%% 该函数用于计算个体适应度值
% x          input     个体
% cityCoor   input     城市坐标
% cityDist   input     城市距离
% indiFit    output    个体适应度值
m = size(x,1);
n = size(cityCoor,1);
indiFit = zeros(m,1);
for i = 1:m
    for j = 1:n - 1
        indiFit(i) = indiFit(i) + cityDist(x(i,j),x(i,j + 1));
    end
    indiFit(i) = indiFit(i) + cityDist(x(i,1),x(i,n));
end
```

运行结果如图 4-16 所示，所得最短路径为 439.545 3 km。图 4-17 为算法训练过程，给出了目标函数值随迭代次数变化的情况。通过对比不同实验参数的实验结果，可以发现，在算法参数设置不变的情况下，多次运行所得的最短路径有所不同，这主要是由算法的随机搜索特征决定的。当种群规模增大时，相同迭代次数下算法所得最优解路径更短，但同时运行时间延长。因此，在求解最优化问题时，我们需要在参数设置与问题求解精度和效率之间权衡利弊，以取得最佳性价比。

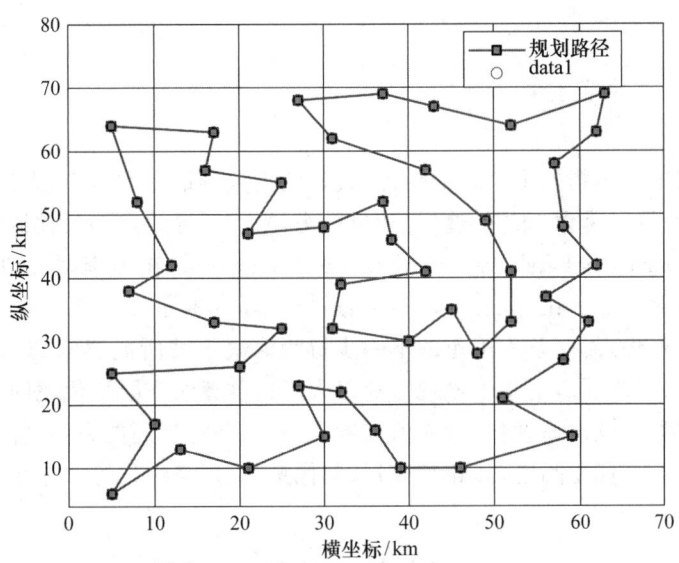

图 4-16 混合 PSO 算法求解旅行商问题结果图

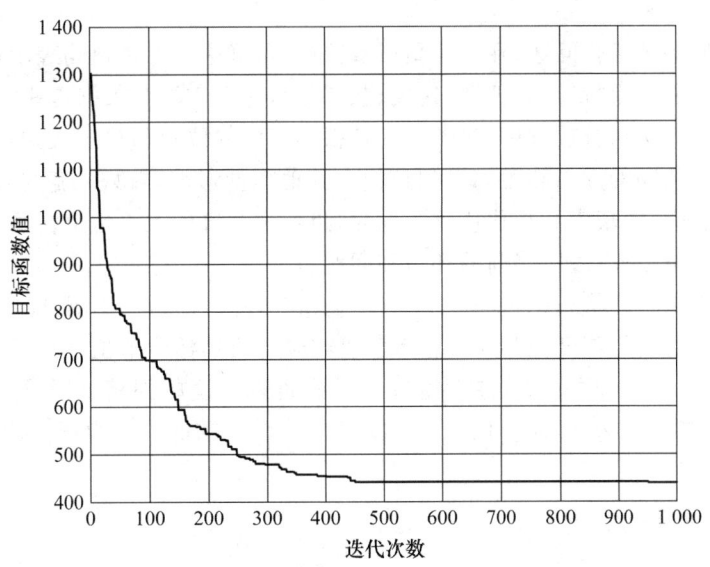

图 4-17 混合 PSO 算法求解旅行商问题的训练过程

第 5 章 人工鱼群算法

通常一片水域中营养物质最丰富的地方,就是鱼类数目最多的地方,人工鱼群算法就是根据这一特点,模拟鱼群的觅食、聚群、追尾、随机行为,来实现寻找全局最优值的目的。

人工鱼群算法(artificial fish swarm algorithm,AFSA)是我国李晓磊博士提出的一种模拟鱼类基本行为的群智能优化算法。人工鱼会通过跟随其他鱼类或者独自进行觅食,通常在食物最丰富的地方聚集,而每条人工鱼的下一步行为取决于其所能感知到的周围环境的状态和自身当前的状态,李晓磊博士基于该现象提出人工鱼群算法来寻找优化问题的全局最优解。

人工鱼群算法具有收敛速度快、对初值设置不敏感、并行处理能力强、鲁棒性好等优点,目前已经广泛应用于各种优化问题,如路径规划、图像量化、网络优化等。

5.1 人工鱼群算法的原理

对于搜索空间中的优化问题,在人工鱼群算法中,鱼群中的每条鱼均表示搜索空间中的一个解。每条鱼都具有一组特征(如位置、速度、状态等),整个鱼群会根据这些特征移动和交互,以找到更好的解。算法执行过程中,每条人工鱼根据当前的位置和状态,选择相邻解空间中的某个点进行移动。移动的方向和距离受到鱼群中其他鱼的影响,较好的解会吸引其他人工鱼向其靠近,从而实现解的聚集和迭代优化。同时,鱼群中的每条人工鱼也会根据自身的觅食经验调整自己的行为策略,以适应当前的环境和问题。

算法将单条人工鱼的状态记为向量 $X=(x_1,x_2,\cdots,x_n)$,称为一个解(即决策变量)。与当前人工鱼状态对应的食物浓度记为 $Y=f(X)$,即对应解的目标函数值。两条人工鱼 i、j 之间的距离表示为 $d_{ij}=\|X_i-X_j\|$,其他参数包括调节鱼群拥挤度的拥挤度因子 δ、人工鱼的视野(人工鱼的感知范围)visual、移动步长 step 和人工鱼在移动前的最大尝试次数 try_number。

5.1.1 总体流程

人工鱼群算法的总体流程如图 5-1 所示,具体描述如下。

步骤 1 初始化算法参数,包括拥挤度因子 δ、尝试次数 try_number、视野范围 visual、步长 step、种群数量 NP、最大迭代次数 Max_Gens。随机初始化种群,生成 NP 条人工鱼,计算每条人工鱼的适应度值,将适应度最小值写入公告牌;

步骤 2 执行人工鱼的追尾行为、聚群行为,缺省行为为觅食行为,如果尝试执行觅食行

为超过 try_number 次,则执行随机行为;

步骤 3 人工鱼完成一系列行为之后,计算其适应度值,对公告牌进行更新;

步骤 4 迭代次数 gen++;

步骤 5 如果迭代次数达到 Max_Gens,则算法终止,输出最优适应度及最优解,否则,算法返回步骤 2 继续执行。

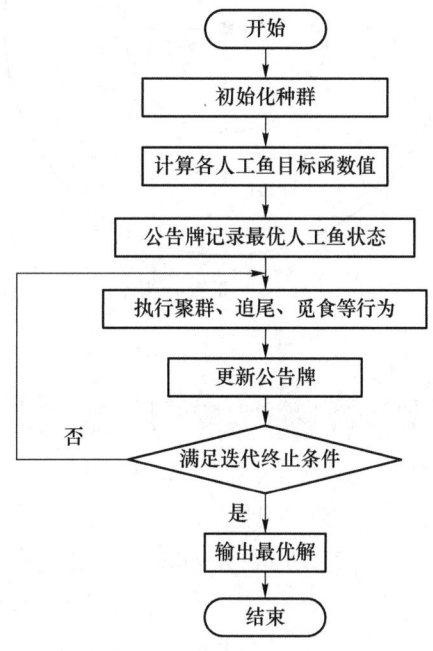

图 5-1 人工鱼群算法流程图

5.1.2 行为描述

本小节以最大化问题为例描述人工鱼的几种行为方式。

1. 觅食行为

鱼类可以通过嗅觉和视觉感知周围环境的状态。鱼群通常在水中自由游动,当发现食物时,则快速向食物移动。假设人工鱼当前状态为 X_i,在人工鱼的视野(visual)范围内(即 $d_{ij}<$ visual)随机找到一个状态 X_j,若 $Y_j>Y_i$,说明状态 j 优于状态 i,则当前人工鱼按式(5-1)向该位置移动一步;反之,重新选择 X_j。若连续尝试 try_number 次后仍未找到满足条件的 X_j,则执行随机行为。图 5-2 为觅食行为示意图。

$$X_{i|\text{next}} = X_i + \text{Rand}() \times \text{step} \times \frac{X_j - X_i}{\|X_j - X_i\|} \tag{5-1}$$

觅食行为伪代码表述如图 5-3 所示。

2. 聚群行为

鱼类在水中游动时为了保证自身的生存安全和躲避其他生物的危害,通常选择聚集成群。鱼类聚集成群会遵守如下 3 条规则。

① 分割规则,防止鱼群过于拥挤;

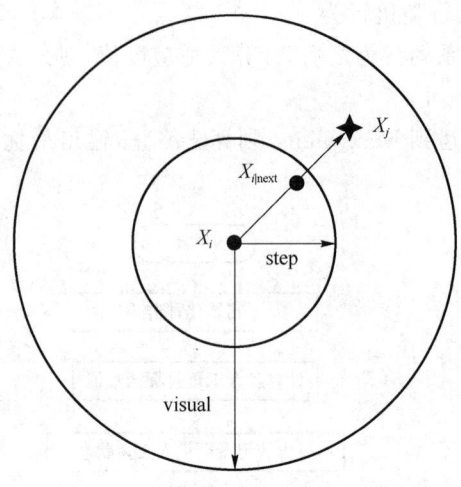

图 5-2 觅食行为

```
float Artificial_fish;;AF_prey()
{
    for (i=0;i<try_number;i++)
    {
        X_j = X_i + Rand() × visual;
        if (Y_i < Y_j)
            X_i|next = X_i + Rand() × step × (X_j - X_i)/‖X_j - X_i‖;
        else
            X_i|next = X_i + Rand() × step;
    }
    return AF_foodconsistence(X_i|next)
}
```

图 5-3 觅食行为伪代码表述

② 对准规则,移动方向尽量保持与临近同伴的平均方向一致;

③ 内聚规则,尽量向临近鱼类中心位置移动。

假设当前人工鱼视野范围内的鱼群数目为 n_f,若该 n_f 条人工鱼的中心位置 X_c 满足式(5-2),说明中心位置 X_c 处食物浓度较高且伙伴之间不拥挤,则按式(5-3)向该位置移动一步;否则,执行觅食行为。图 5-4 为聚群行为示意图。

$$Y_c/n_f > \delta Y_i \tag{5-2}$$

$$X_{i|next} = X_i + \text{Rand}() \times \text{step} \times \frac{X_c - X_i}{\|X_c - X_i\|} \tag{5-3}$$

聚群行为伪代码表述如图 5-5 所示。

3. 追尾行为

鱼类在自由游动时,若有一条或者几条鱼找到食物,则其他鱼类会尾随他们快速到达食物点。假设鱼类尾随对象为找到最丰富食物的伙伴,若当前人工鱼视野范围内的鱼群数目为 n_f,且该 n_f 条人工鱼的食物浓度最高的位置 X_{max} 满足式(5-4),说明该位置食物浓度较高且伙伴之间不拥挤,则按式(5-5)向该位置移动;否则,执行觅食行为。图 5-6 为追尾行为示意图。

$$Y_{max}/n_f > \delta Y_i \tag{5-4}$$

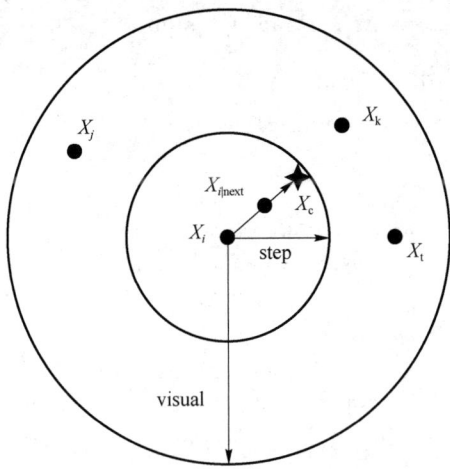

图 5-4　聚群行为

```
float Artificial_fish::AF_swarm()
{
```
　　$n_f=0; X_c=0;$
　　for $(j=0; j<\text{friend\_number}; j++)$
　　　　if$(d_{i,j}<\text{visual})$　$\{n_f++; X_c+=X_j;\}$
　　$X_c=\dfrac{X_c}{n_f};$
　　if $(\dfrac{Y_c}{n_f}>\delta Y_i)$
　　　　　　$X_{i\mid next}=X_i+\text{Rand}()\times \text{step}\times \dfrac{X_c-X_i}{\|X_c-X_i\|};$
　　else
　　　　AF_prey();
　　return AF_foodconsistence$(X_{i\mid next})$
```
}
```

图 5-5　聚群行为伪代码表述

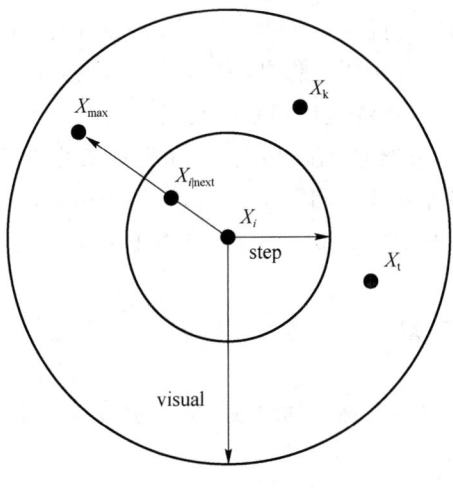

图 5-6　追尾行为

$$X_i|_{\text{next}} = X_i + \text{Rand}() \times \text{step} \times \frac{X_{\max} - X_i}{\|X_{\max} - X_i\|} \tag{5-5}$$

追尾行为伪代码表述如图 5-7 所示。

```
float Artificial_fish::AF_follow()
{
    Y_max = -∞;
    for (j=0;j<friend_number;j++)
        if(d_{i,j}<visual && Y_j>Y_max)
            {Y_max=Y_j;X_max=X_j;}
    n_f=0;
    for (j=0;j<friend_number;j++)
        if(d_{max,j}<visual) {n_f++;}
    if (Y_max/n_f > δY_i)
        X_i|_{next}=X_i+Rand()×step×(X_max-X_i)/‖X_max-X_i‖;
    else
        AF_prey();
    return AF_foodconsistence(X_i|_{next})
}
```

图 5-7 追尾行为伪代码表述

4. 随机行为

人工鱼在水域中自由游动,可以通过自主探索来寻找食物。随机行为是人工鱼在当前视野范围内(即 d_{ij}<visual)随机选择一个位置并移动。如式(5-6)所示。该行为有利于算法进行全局搜索,避免陷入局部最优。

$$X_i|_{\text{next}} = X_i + \text{Rand}() \times \text{step} \tag{5-6}$$

随机行为具有盲目随机性,故其可能会降低算法的收敛性能。若人工鱼在觅食行为中连续尝试 try_number 次仍未找到合适的位置移动,则执行随机行为,如果执行随机行为后,人工鱼位置偏离全局最优方向,则会影响算法收敛速度,甚至影响最终结果。所以,很多学者对人工鱼群算法进行改进时会选择对随机行为进行改进,比如引入反向学习机制来避免原始随机行为的盲目性。反向学习机制的主要思想是:假如一个随机生成的个体离系统的最优解距离较远,那么该个体的反向个体离系统最优解距离较近的概率会大幅提高。反向点的具体计算方式在第 4 章中有详细介绍,将反向点应用到人工鱼群算法的随机行为中,假设当前人工鱼状态为 $\boldsymbol{X}=(x_1,x_2,\cdots,x_D)$,解空间上、下限为 $lb=(lb_1,lb_2,\cdots,lb_D)$,$ub=(ub_1,ub_2,\cdots,ub_D)$,$D$ 为搜索空间的维数,则 $x_i \in [lb_i,ub_i]$,该人工鱼的反向状态表示为 $\boldsymbol{X}'=(ub+lb)-\boldsymbol{X}$。

5.1.3 主要的控制参数

人工鱼群算法的控制参数主要有:种群规模 N,视野 visual,步长 step,拥挤度因子 δ,最大尝试次数 try_number。

种群规模 N 代表参与优化过程的人工鱼数量。与差分进化算法、粒子群优化算法等群智能算法类似,种群数量的选择对于算法性能具有重要影响。较大的种群规模能够提供更丰富的进化信息,增强算法在搜索空间中的探索能力,从而更有可能避免算法陷入局部最优解并实现更快的收敛速度。然而,这也意味着每次迭代的计算量会增加。因此,在满足稳定收敛的前提下,选择合适的种群规模至关重要。种群规模不宜过大,需要综合考虑算法的计算资源和时间限制,确保在可接受的计算负担下取得良好的优化结果。通过实验和经验,我们可以根据具体问题的复杂性和资源限制来调整种群规模,以获得最佳的平衡性能和计算效率。

视野 visual 对人工鱼的行为有较大的影响,它的变化对收敛性能的影响比较复杂。当视野设置为较大的值时,算法的全局搜索能力强;当视野设置为较小的值时,算法的局部搜索能力强。因此,在确定视野大小时,我们需要平衡全局搜索和局部搜索之间的关系,并根据具体问题的特性和需求来选择适当的视野大小。

步长 step 对算法的收敛速度和收敛精度有较大的影响。固定步长情况下,随着步长增加,收敛速度会有所提升。然而,超过一定范围后,过大的步长会导致个体错过最优解,从而减缓收敛速度。此外,过大的步长还容易引发震荡现象,严重影响收敛速度。为了防止震荡现象的发生,并降低算法对步长的敏感性,采用随机步长的方法是一种有效的选择。这种方法在一定程度上平衡了收敛速度和震荡现象的问题。然而,最快的收敛速度仍然是在采用最优的固定步长时实现的。

拥挤度因子 δ 是用来防止鱼群过于拥挤,限制鱼类聚群规模的。在求解极大值问题时,$\delta=1/(\alpha_{n\max})$;而在求解极小值问题时,$\delta=\alpha_{n\max}$,$\alpha\in(0,1]$。其中,$\alpha$ 为极值接近水平,$n\max$ 表示允许在该邻域内聚集的最大人工鱼数量。拥挤度因子与 n_f 相结合,通过人工鱼是否执行追尾和聚群行为对优化结果产生影响。以极大值问题为例(极小值问题正好与极大值问题相反),当拥挤度因子 δ 的取值在 0 和 1 之间时,随着 δ 的增大,允许的拥挤程度逐渐减小,这有利于人工鱼摆脱局部最优解,增强其全局搜索能力。然而,这也会导致收敛速度的减缓。这是因为人工鱼在逼近最优解的过程中,为了避免过度拥挤,可能会随机移动或受到其他人工鱼的排斥作用,从而不能精确收敛到极值点。所以,对于某些局部极值不是很严重的具体问题,可以忽略拥挤的因素,从而在简化算法的同时也加快算法的收敛速度和提高结果的精确程度。

连续最大尝试次数 try_number 越大,人工鱼的觅食行为能力越强,收敛的效率也越高。

所以,在求解局部极值突出的问题中,可以适当地减小 try_number 的值以增加人工鱼随机游动的概率,避免算法陷入局部最优解。

5.2　人工鱼群算法的程序实现

5.2.1　人工鱼群算法求解函数优化问题

本小节使用人工鱼群算法求解如下几个典型测试函数的最小值。

① 单峰函数:$F_1(x)=\sum\limits_{i=1}^{D}x_i^2$,$-100\leqslant x_i\leqslant 100$。

② Griewank 函数:$F_2(x)=\dfrac{1}{4\,000}\sum\limits_{i=1}^{D}x_i^2-\prod\limits_{i=1}^{D}\cos\left(\dfrac{x_i}{\sqrt{i}}\right)+1$,$-32\leqslant x_i\leqslant 32$。

③ Ackley 函数：$F_3(x) = -20\exp\left(-0.2\sqrt{\dfrac{1}{D}\sum\limits_{i=1}^{D}x_i^2}\right) - \exp\left(\dfrac{1}{D}\sum\limits_{i=1}^{D}\cos(2\pi x_i)\right) + 20 + e$，$-32 \leqslant x_i \leqslant 32$。

MATLAB 主函数程序如下：

```matlab
clear all;
close all;
clc;
visual = 5;        % 人工鱼的感知距离
step = 3;          % 人工鱼的移动步长
N = 30;            % 人工鱼的数量
dim = 10;          % 人工鱼的维度
try_number = 50;   % 尝试的最大次数
delta = 27;        % 拥挤度因子
% 测试函数
f = @(x) sum(x.^2);
% f = @(x) sum(x.^2)/4000 - prod(cos(x./sqrt([1:dim]))) + 1;
% f = @(x) -20 * exp( - .2 * sqrt(sum(x.^2)/dim)) - exp(sum(cos(2 * pi. * x))/dim) + 20 + exp(1);
ub = 100;          % 边界上限
lb = -100;         % 边界下限,根据函数自变量的取值范围自行调节边界上、下限
Iteration = 1;
Max_iteration = 500;   % 最大迭代次数
% 初始化人工鱼种群
x = lb + rand(N,dim). * (ub - lb);
% 计算初始状态下的适应度值;
for i = 1:N
    fitness_fish(i) = f(x(i,:));
end
[best_fitness,I] = min(fitness_fish);   % 求出初始状态下的最优适应度;
best_x = x(I,:);    % 最优人工鱼;
while Iteration <= Max_iteration
    for i = 1:N
        %% 聚群行为
        nf_swarm = 0;
        Xc = 0;
        label_swarm = 0;    % 聚群行为发生标志
        % 确定视野范围内的伙伴数目与中心位置
        for j = 1:N
```

```
            if norm(x(j,:) - x(i,:)) < visual
                nf_swarm = nf_swarm + 1;    % 统计在感知范围内的鱼数量
                Xc = Xc + x(j,:);           % 将感知范围内的鱼进行累加
            end
        end
        Xc = Xc - x(i,:);
        nf_swarm = nf_swarm - 1;
        Xc = Xc/nf_swarm;       % 此时 Xc 表示视野范围其他伙伴的中心位置;
        % 判断中心位置是否拥挤
        if (f(Xc) * nf_swarm < delta * f(x(i,:)))
            x_swarm = x(i,:) + rand * step. * (Xc - x(i,:))./norm(Xc - x(i,:));
            % 边界处理
            ub_flag = x_swarm > ub;
            lb_flag = x_swarm < lb;
            x_swarm = (x_swarm. * (~(ub_flag + lb_flag)))...
                + ub. * ub_flag + lb. * lb_flag;
            x_swarm_fitness = f(x_swarm);
        else
            % 觅食行为
            label_prey = 0;    % 判断觅食行为是否找到优于当前的状态
            for j = 1:try_number
                % 随机搜索一个状态,对随机行为进行一定改进
                % 将原来的 rand() 为 0 到 1 之间的随机数改为 -1 到 1 之间的随机数
                % 扩展了搜索空间
                x_prey_rand = x(i,:) + visual. * (-1 + 2. * rand(1,dim));
                ub_flag2 = x_prey_rand > ub;
                lb_flag2 = x_prey_rand < lb;
                x_prey_rand = (x_prey_rand. * (~(ub_flag2 + lb_flag2)))...
                    + ub. * ub_flag2 + lb. * lb_flag2;
                % 判断搜索到的状态是否比原来的好
                if f(x(i,:)) > f(x_prey_rand)
                    x_swarm = x(i,:) + rand * step. * (x_prey_rand - x(i,:))...
                        ./norm(x_prey_rand - x(i,:));
                    ub_flag2 = x_swarm > ub;
                    lb_flag2 = x_swarm < lb;
                    x_swarm = (x_swarm. * (~(ub_flag2 + lb_flag2)))...
                        + ub. * ub_flag2 + lb. * lb_flag2;
                    x_swarm_fitness = f(x_swarm);
```

```matlab
                label_prey = 1;
                break;
            end
        end
        % 随机行为
        if label_prey == 0
            x_swarm = x(i,:) + visual.*(-1 + 2*rand(1,dim));
            ub_flag2 = x_swarm > ub;
            lb_flag2 = x_swarm < lb;
            x_swarm = (x_swarm.*(~(ub_flag2 + lb_flag2)))...
                + ub.*ub_flag2 + lb.*lb_flag2;
            x_swarm_fitness = f(x_swarm);
        end
    end
%% 追尾行为
fitness_follow = inf;
label_follow = 0;          % 追尾行为发生标记
    % 搜索人工鱼 Xi 视野范围内的最高适应度个体 Xj
    for j = 1:N
        if (norm(x(j,:) - x(i,:)) < visual) && (f(x(j,:)) < fitness_follow)
            best_pos = x(j,:);
            fitness_follow = f(x(j,:));
        end
    end
    % 搜索人工鱼 Xj 视野范围内的伙伴数量
    nf_follow = 0;
    for j = 1:N
        if norm(x(j,:) - best_pos) < visual
            nf_follow = nf_follow + 1;
        end
    end
    nf_follow = nf_follow - 1;      % 去掉他本身
    % 判断人工鱼 Xj 位置是否拥挤
    if (fitness_follow * nf_follow) < delta * f(x(i,:))
        x_follow = x(i,:) + rand*step.*(best_pos - x(i,:))...
            ./norm(best_pos - x(i,:));
        % 边界判定
        ub_flag2 = x_follow > ub;
```

```matlab
            lb_flag2 = x_follow < lb;
            x_follow = (x_follow. * (~(ub_flag2 + lb_flag2)))...
            + ub. * ub_flag2 + lb. * lb_flag2;
            label_follow = 1;
            x_follow_fitness = f(x_follow);
        else
            % 觅食行为
            label_prey = 0;         % 判断觅食行为是否找到优于当前的状态
            for j = 1:try_number
                % 随机搜索一个状态
                x_prey_rand = x(i,:) + visual. * ( - 1 + 2. * rand(1,dim));
                ub_flag2 = x_prey_rand > ub;
                lb_flag2 = x_prey_rand < lb;
                x_prey_rand = (x_prey_rand. * (~(ub_flag2 + lb_flag2)))...
                + ub. * ub_flag2 + lb. * lb_flag2;
                % 判断搜索到的状态是否比原来的好
                if f(x(i,:))> f(x_prey_rand)
                    x_follow = x(i,:) + rand * step. * (x_prey_rand - x(i,:))...
                    ./norm(x_prey_rand - x(i,:));
                    ub_flag2 = x_follow > ub;
                    lb_flag2 = x_follow < lb;
                    x_follow = (x_follow. * (~(ub_flag2 + lb_flag2)))...
                    + ub. * ub_flag2 + lb. * lb_flag2;
                    x_follow_fitness = f(x_follow);
                    label_prey = 1;
                    break;
                end
            end
            % 随机行为
            if label_prey == 0
                x_follow = x(i,:) + visual. * ( - 1 + 2 * rand(1,dim));
                ub_flag2 = x_follow > ub;
                lb_flag2 = x_follow < lb;
                x_follow = (x_follow. * (~(ub_flag2 + lb_flag2)))...
                + ub. * ub_flag2 + lb. * lb_flag2;
                x_follow_fitness = f(x_follow);
            end
        end
```

```matlab
        % 两种行为找最优
        if x_follow_fitness < x_swarm_fitness
            x(i,:) = x_follow;
        else
            x(i,:) = x_swarm;
        end
    end
    %% 更新信息
    for i = 1:N
        if (f(x(i,:))< best_fitness)
            best_fitness = f(x(i,:));
            best_x = x(i,:);
        end
    end
    Convergence_curve(Iteration) = best_fitness;
    Iteration = Iteration + 1;
    if mod(Iteration,50) == 0
        display(['迭代次数:',num2str(Iteration),'最优适应度:',num2str(best_fitness)]);
        display(['最优人工鱼:',num2str(best_x)]);
    end
end
% 自行修改优化函数,作出相应图像
figure('Position',[284   214   660   290])
subplot(1,2,1);
x = -100:1:100; y = x;
L = length(x);
for i = 1:L
    for j = 1:L
        F(i,j) = x(i).^2 + y(j).^2;
    end
end
surfc(x,y,F,'LineStyle','none');
title('Sphere函数图像')
xlabel('x_1');
ylabel('x_2');
zlabel('F1( x1 , x2 )')
grid off
```

```
subplot(1,2,2);
semilogy(Convergence_curve,'Color','b')
title('函数收敛曲线')
xlabel('迭代次数');
ylabel('目标函数值');
axis tight
grid off
box on
```

算法运行结果如图 5-8,图 5-9 和图 5-10 所示。

Sphere 函数的最优向量为(−0.027 953,−0.060 917,0.058 21,0.156 12,0.050 584,−0.010 512,−0.008 923 6,−0.312 39,0.159 91,−0.045 563),最优值为 0.160 24。

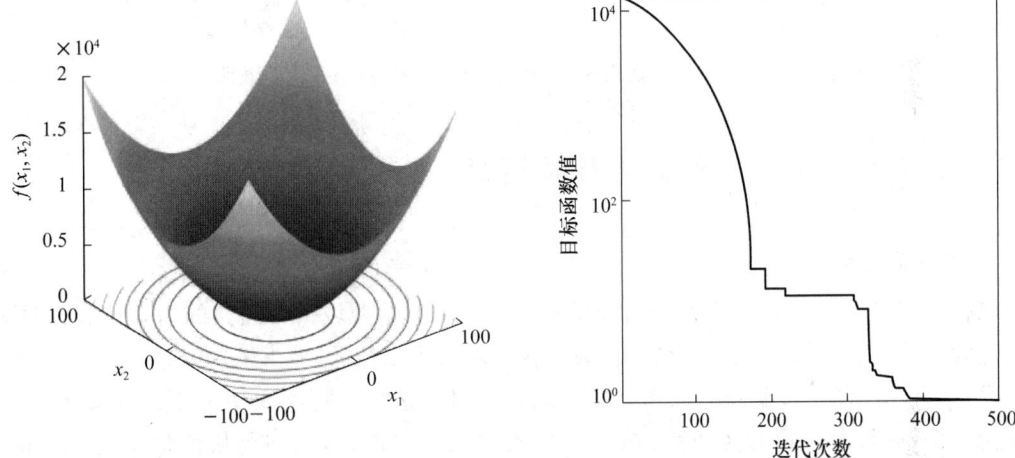

图 5-8 Sphere 函数图像和 AFSA 求解 Sphere 函数的收敛曲线

Griewank 函数的最优向量为(73.881 2,−125.85,−93.029 32,35.700 13,188.575 6,101.676 9,11.910 16,−293.812 3,179.474 5,136.124 9),最优值为 54.582 1。

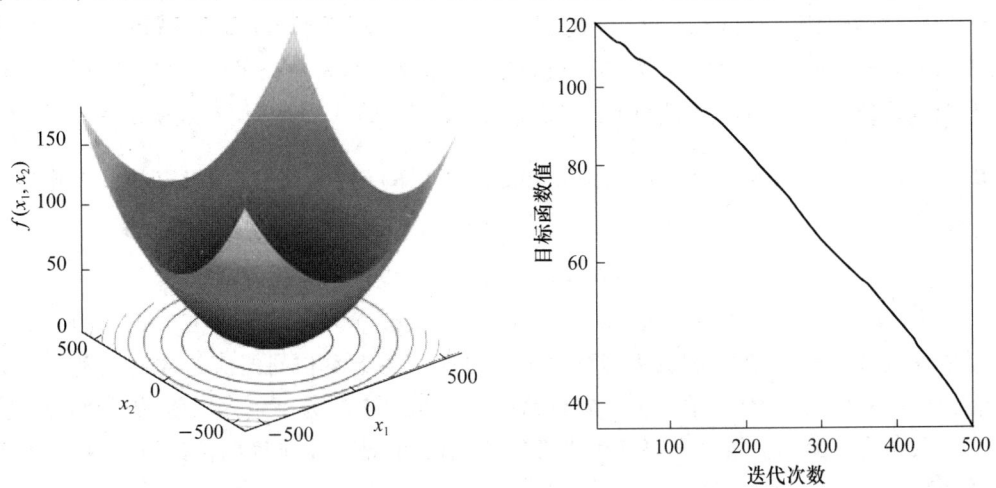

图 5-9 Griewank 函数图像和 AFSA 求解 Griewank 函数的收敛曲线

Ackley 函数的最优向量为(−0.021 361, −0.036 435, 0.002 034 3, 0.021 944, −0.024 855, 0.022 818, −0.040 196, −0.004 039 9, 0.000 591 59, −0.008 395 3),最优值为 0.117 41。

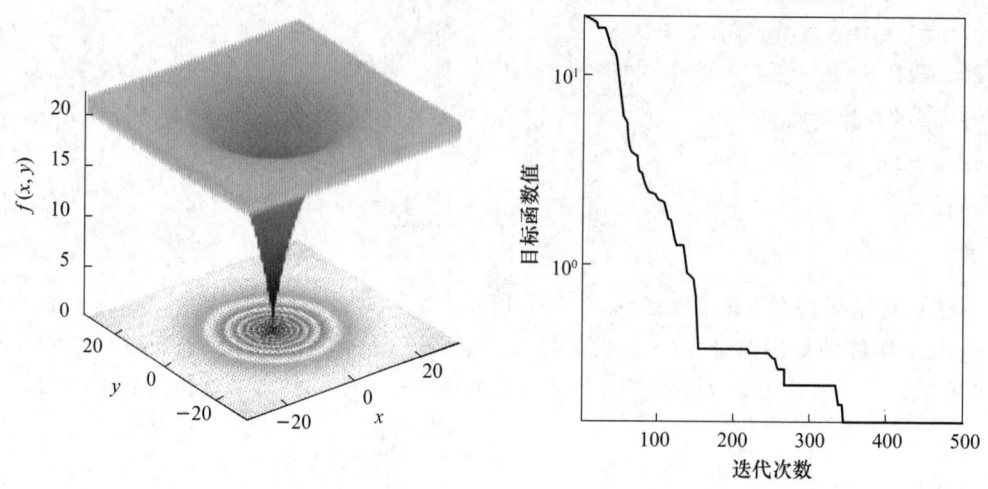

图 5-10　Ackley 函数图像和 AFSA 求解 Ackley 函数的收敛曲线

5.2.2　人工鱼群算法解决旅行商问题

1. 旅行商问题描述

旅行商问题(traveling salesman problem,TSP)是数学领域一个经典的组合优化问题,可以描述为:一个推销员从一个城市出发,去往各个城市推销产品,要求依次经过所有城市后,回到出发点,且每个城市仅经过一次。其优化问题简述为选择旅行路线使得总行程最短。抽象成图论知识,旅行商问题的实质为:在一个带权完全无向图中,找一个权值最小的 Hamilton 回路。其本质是一个典型的 NP-hard 问题,随着旅行城市的增加,该无向图的顶点数增加,计算量会呈指数级增长。

2. 算法实现流程

每条旅行路径作为一条人工鱼,表示为向量 $\boldsymbol{X}=(x_1,x_2,\cdots,x_n)$,旅行城市的个数作为向量的维数 D,每个向量的元素的序列作为可行解(每条路径),每条路径的长度作为适应度值。

两条人工鱼之间距离的计算方式为:设两条人工鱼的代表向量分别为 $\boldsymbol{A}=\{a_1,a_2,\cdots,a_n\}$,$\boldsymbol{B}=\{b_1,b_2,\cdots,b_n\}$,两者的距离表示为 $\mathrm{distance}(\boldsymbol{A},\boldsymbol{B})=\sum_{i=1}^{n}\mathrm{sign}(|a_i-b_i|)$,其中,

$$\mathrm{sign}(x)=\begin{cases}0, & x=0\\ 1, & x>0\\ -1, & x<0\end{cases}$$

通俗来说,两条人工鱼之间的距离可表示为对应维度上不相同的值的数目之和。假如有 6 个城市 1、2、3、4、5、6。有一条人工鱼旅行路径为 1 2 3 4 5 6,另一条人工鱼(旅行路径)为 3 2 4 5 1 6。两条人工鱼只有第 2 和第 6 个维度的值相同,其他 4 个维度的值都不一样,故两条人工鱼的距离为 4。

根据上述可知,它们的 k-邻域(人工鱼之间距离为 k 以内)可以表示为 $N(\boldsymbol{X},k)=\{\boldsymbol{X}'|$

distance(X,X')<$k,X'\in D$},D 表示鱼群集合。通俗来说,假如人工鱼的视野范围 visual 为 4,有 4 条人工鱼,分别为{1,2,3,4,5,6}、{1,2,4,5,3,6}、{2,1,5,3,4,6}、{1,3,4,2,5,6},第 1 条人工鱼与其他 3 条人工鱼之间的距离分别为 3、5、3,所以第 1 条人工鱼的邻域集合为第 2 条和第 4 条人工鱼。

人工鱼群算法解决 TSP 具体步骤如下。

步骤 1 初始化算法参数,包括拥挤度因子 δ,尝试次数 try_number,视野范围 visual,步长 step,种群数量 NP,最大迭代次数 Max_Gens;

步骤 2 初始化种群,随机生成 NP 条人工鱼,计算每条人工鱼的适应度值(每条路径的长度),将适应度最小值写入公告牌;

步骤 3 如果迭代次数达到 Max_Gens,则算法终止,输出适应度最优值(最短路径长度)及最优解(即最短路径依次序号),否则,算法继续执行;

步骤 4 执行人工鱼的追尾行为、聚群行为,缺省行为为觅食行为,如果尝试执行觅食行为超过 try_number 次,则执行随机行为;

步骤 5 人工鱼完成一系列行为之后,计算其适应度值,对公告牌进行更新;

步骤 6 迭代次数 gen++,返回步骤 3。

3. MATLAB 程序

(1) PathLength.m 计算两两城市之间的距离

```
%% 计算一条回路的路径长度
% 输入:
% D 两两城市之间的距离
% route 一条回路
% 输出:
% len 该条回路长度
function len = PathLength(D,route)
[row,col] = size(D);
p = [route route(1)];
i1 = p(1:end - 1);
i2 = p(2:end);
len = sum(D((i1 - 1) * col + i2));
```

(2) distance.m 计算两条人工鱼之间的距离,即两条旅行路径之间的距离

```
%% 计算两条路径之间的距离
% 输入:route1 route2
% 输出:这两条路径之间的距离
function Dis = distance(route1,route2)
n = length(route1);      % 城市数目
Dis = 0;
for i = 1:n
    % 只有对应位置上元素不同,距离才会加 1
    if route1(i)~ = route2(i)
```

```
            Dis = Dis + 1;
        end
    end
end
```

(3) k_neighborhood.m 寻找一条人工鱼的 k-邻域集合

```
%% 找出一条路径的 k-邻域
function neighbork = k_neighborhood(X,i,visual)
neighbork = [];          % 初始邻域为空
FishNum = size(X,1);     % 鱼群数目
route = X(i,:);
for j = 1:FishNum
    R = X(j,:);
    Dis = distance(route,R);   % 计算两条旅行路径之间的距离
    if (Dis < visual)&&(i~ = j)
        neighbork(end + 1,:) = R;   % 只有距离小于 k,才能成为邻域中的鱼
    end
end
end
```

(4) AF_init.m 人工鱼种群初始化

```
%% 初始化鱼群
function initFish = AF_init(FishNum,num_Citys)
initFish = zeros(FishNum,num_Citys);
for i = 1:FishNum
    initFish(i,:) = randperm(num_Citys);
end
end
```

(5) AF_foodconsistence.m 计算人工鱼当前位置的食物浓度

```
%% 计算人工鱼群当前位置的食物浓度
% 输入 neighbork    鱼群集合
% 输入 D:距离矩阵
% 输出 Y:人工鱼群各条路径的总距离
function Y = AF_foodconsistence(neighbork,D)
neigh_Num = size(neighbork,1);     % 鱼群数目
Y = zeros(neigh_Num,1);
for i = 1:neigh_Num
    Y(i) = PathLength(D,neighbork(i,:));
end
```

(6) AF_prey.m 人工鱼执行觅食行为

```matlab
% 输入 X:鱼群集合
% 输入 i:第 i 条人工鱼
% 输入 D:距离矩阵
% 输入 try_number:最多试探次数
% 输入 visual:感知距离
% 输出 Xinext:新找到的路径
% 输出 flag:标记是否找到更好的路径
% flag = 0 表示觅食失败,flag = 1 表示觅食成功
function [Xinext,flag] = AF_prey(X,i,D,try_number,visual)
Xinext = [];
Yi = PathLength(D,X(i,:));      % 路径 Xi 的总距离
CityNum = length(X(i,:));
flag = 0;       % 标记是否觅食到更好的路径
% flag = 0 表示没觅食到,flag = 1 表示觅食成功
for j = 1:try_number
    while(1)
        DJ = floor(rand * visual) + 1;     % 不相同的字段数
        if(DJ > 0 && DJ <= visual)         % 在视野范围内
            break;
        end
    end
    while(1)
        S(1) = floor(rand * CityNum) + 1;
        if(S(1) > 1 && S(1) <= CityNum)
            break;
        end
    end
    p = 1;
    while(p < DJ)
        t = floor(rand * CityNum) + 1;
        if(t > 1 && t <= CityNum && sum(S == t) == 0)
            p = p + 1;
            S(p) = t;
        end
    end
    Xi = X(i,:);
    t = Xi(S(1));
    for k = 1:DJ - 1
        Xi(S(k)) = Xi(S(k + 1));
```

```
            end
        Xi(S(DJ)) = t;
        YY = PathLength(D,Xi);    % 路径 Xi 的总距离
        if YY < Yi
            Xinext = Xi;
            flag = 1;
            return;
        end
    end
    Xinext = Xi;
end
end
```

(7) Center.m 寻找 k-邻域的中心人工鱼

```
%% 计算出多条路径的中心路径
% 输入 neighbork:邻域
% 输出 center_route:中心路径
function center_route = Center(neighbork)
num_Citys = size(neighbork,2);    % 城市数目
XC = [];
for j = 1:num_Citys
    tJ = neighbork(:,j);    % 本段程序找出出现次数最多的城市,从而确定邻域中心
    while(~isempty(tJ))
        fre = [];
        for k = 1:length(tJ)
            fre(k) = sum(tJ == tJ(k));
        end
        [p q] = max(fre);
        if(j == 1)
            break;    % 跳出 while 循环
        elseif(sum(XC == tJ(q)) == 0)
            break;
        end
        tJ(tJ == tJ(q)) = [];    % 本段程序的目的是防止重复走同一个城市
    end
    if(isempty(tJ))
        while(1)
            b = floor(rand * (num_Citys + 1));
            if(b > 0 && b <= num_Citys && sum(XC == b) == 0)
                XC(j) = b;
```

```
                break;
            end
        end
    else
        XC(j) = tJ(q);
    end
end
center_route = XC;
end
```

(8) AF_swarm.m 人工鱼执行聚群行为

```
%% 聚群行为
% 输入 X:鱼群集合
% 输入 i:第 i 条人工鱼
% 输入 D:距离矩阵
% 输入 visual:感知距离
% 输入 deta:拥挤度因子
% 输入 try_number:最多试探次数
% 输出 Xinext:新找到的路径
% 输出 flag:标记是否找到更好的路径
% flag = 0 表示聚群失败,flag = 1 表示聚群成功
function [Xinext,flag] = AF_swarm(X,i,D,visual,deta,try_number)
Xi = X(i,:);          % 第 i 条人工鱼
N = size(X,1);        % 鱼群数目
Yi = PathLength(D,Xi);      % 路径 Xi 的总距离
neighbork = k_neighborhood(X,i,visual);    % Xi 的邻域集合
nf = size(neighbork,1);      % 邻域集合中鱼的数量
flag = 0; % 标记是否聚群成功
Xc = Center(neighbork);      % neighbork 的中心"路径"
if ~isempty(Xc)
    Yc = PathLength(D,Xc);      % 路径 Xc 的总距离
    if (Yc < Yi)&&(nf/N < deta)
        Xinext = Xc;
        flag = 1;
    else
        [Xinext,flag] = AF_prey(X,i,D,try_number,visual);
    end
else
    [Xinext,flag] = AF_prey(X,i,D,try_number,visual);
end
end
```

(9) AF_follow.m 人工鱼的追尾行为

```matlab
%% 追尾行为
% 输入 X:鱼群集合
% 输入 i:第 i 条人工鱼
% 输入 D:距离矩阵
% 输入 visual:感知距离
% 输入 deta:拥挤度因子
% 输入 try_number:最多试探次数
% 输出 Xinext:新找到的路径
% 输出 flag:标记是否找到更好的路径,flag = 0 表示追尾失败,flag = 1 表示追尾成功
function [Xinext,flag] = AF_follow(X,i,D,visual,deta,try_number)
Xi = X(i,:);         % 第 i 条人工鱼
N = size(X,1);       % 鱼群数目
Yi = PathLength(D,Xi);   % 路径 Xi 的总距离
neighbork = k_neighborhood(X,i,visual);   % Xi 的邻域集合
nf = size(neighbork,1);   % 邻域集合中鱼的数量
flag = 0;    % 标记是否追尾成功,即新路径是否比原来路径总距离更短
Y = AF_foodconsistence(neighbork,D);   % 邻域中各条路径的总距离
[Ymin,minIndex] = min(Y);   % 找出邻域集合中总距离最小的那条路径
Xmin = neighbork(minIndex,:);   % 邻域集合中总距离最小的那条路径
if ~isempty(Ymin)
    if (Ymin < Yi) && (nf/N < deta)
        Xinext = Xmin;
        flag = 1;
    else
        [Xinext,flag] = AF_prey(X,i,D,try_number,visual);
    end
else
    [Xinext,flag] = AF_prey(X,i,D,try_number,visual);
end
end
```

(10) AF_randmove.m 人工鱼执行随机行为

```matlab
%% 随机移动策略
% 输入 Xi:当前路径
% 输出 Xinext:新找到的路径
function Xinext = AF_randmove(Xi)
num_Citys = length(Xi);   % 城市数目
Xinext = randperm(num_Citys);
end
```

(11) AF_movestrategy.m 人工鱼的移动策略

```
% 输入 X:鱼群集合
% 输入 i:第 i 条人工鱼
% 输入 D:距离矩阵
% 输入 visual:感知距离
% 输入 deta:拥挤度因子
% 输入 try_number:最多试探次数
% 输出 Xinext:新找到的路径
% 输出 flag:标记是否找到更好的路径
% flag = 0 表示新解没有改进,flag = 1 表示新解有改进
function [Xinext,flag] = AF_movestrategy(X,i,D,visual,deta,try_number)
Xi = X(i,:);          % 第 i 条人工鱼
Yi = PathLength(D,Xi);      % 路径 Xi 的总距离
flag = 0;
flag_prey = 1;
flag_swarm = 1;
%% 追尾行为
[Xinext,flag_follow] = AF_follow(X,i,D,visual,deta,try_number);
%% 如果没有改进再进行觅食行为
if flag_follow == 0
    [Xinext,flag_prey] = AF_prey(X,i,D,try_number,visual);
end
%% 如果还没有改进则进行聚群行为
if flag_prey == 0
    [Xinext,flag_swarm] = AF_swarm(X,i,D,visual,deta,try_number);
end
%% 如果依然没有改进就进行随机移动行为
if flag_swarm == 0
    Xinext = AF_randmove(Xi);
end
%% 最后判断新解 Xinext 是否有改进
Yinext = PathLength(D,Xinext);     % 路径 Xinext 的总距离
if Yinext < Yi
    flag = 1;
end
end
```

(12) reverse.m

```
%% reverse 算子将给定的 sequence 序列在 i 和 k 位置之间进行逆序排列
% 输入 Xi:初始排序序列
```

```matlab
% 输入 D:距离矩阵
% 输出 R:逆序排序后的排序序列
function [R,flagi] = reverse(Xi,D)
num_Citys = length(Xi);      % 城市数目
Yi = PathLength(D,Xi);       % 路径 Xi 的总距离
flagi = 0;
flagk = 0;
for i = 1:num_Citys - 1
    for k = i + 1:num_Citys
        XRev = Xi;
        XRev(i:k) = Xi(k:-1:i);
        YRev = PathLength(D,XRev);      % 路径 XRev 的总距离
        if YRev < Yi
            R = XRev;
            flagk = 1;
            break
        end
    end
    if flagk == 1
        flagi = 1;
        break
    end
end
if flagi == 0
    R = randperm(num_Citys);
end
end
```

(13) ReadTSPFile.m 读取 TSP 文件信息

```matlab
function [ n_citys,city_position ] = ReadTSPFile( filename )
% READTSPFILE 读取 TSP 文件信息
% filename:TSP 文件名
% n_city:城市个数
% city_position 城市坐标
fid = fopen(filename,'rt');      % 以文本只读方式打开文件
if(fid <= 0)
    disp('文件打开失败!')
    return;
end
location = [];A = [1 2];
```

```
    tline = fgetl(fid);       % 读取文件第一行
while ischar(tline)
    if(strcmp(tline,'NODE_COORD_SECTION'))
        while ~isempty(A)
            A = fscanf(fid,'%f',[3,1]);
            % 读取节点坐标数据,每次读取一行之后,文件指针会自动指到下一行
            if isempty(A)
                break;
            end
            location = [location;A(2:3)'];     % 将节点坐标存到 location 中
        end
    end
    tline = fgetl(fid);
    if strcmp(tline,'EOF')    % 判断文件是否结束
        break;
    end
end
[m,n] = size(location);
n_citys = m;
city_position = location;
fclose(fid);
end
```

(14) att48.tsp 城市信息

```
NAME : att48
COMMENT : 48 capitals of the US (Padberg/Rinaldi)
TYPE : TSP
DIMENSION : 48
EDGE_WEIGHT_TYPE : ATT
NODE_COORD_SECTION
1 6734 1453
2 2233 10
3 5530 1424
4 401 841
5 3082 1644
6 7608 4458
7 7573 3716
8 7265 1268
9 6898 1885
10 1112 2049
```

11 5468 2606
12 5989 2873
13 4706 2674
14 4612 2035
15 6347 2683
16 6107 669
17 7611 5184
18 7462 3590
19 7732 4723
20 5900 3561
21 4483 3369
22 6101 1110
23 5199 2182
24 1633 2809
25 4307 2322
26 675 1006
27 7555 4819
28 7541 3981
29 3177 756
30 7352 4506
31 7545 2801
32 3245 3305
33 6426 3173
34 4608 1198
35 23 2216
36 7248 3779
37 7762 4595
38 7392 2244
39 3484 2829
40 6271 2135
41 4985 140
42 1916 1569
43 7280 4899
44 7509 3239
45 10 2676
46 6807 2993
47 5185 3258
48 3023 1942
EOF

(15) 算法主程序

```
clear
clc
tic        % 开始计时
[num_Citys,CityPosition] = ReadTSPFile('att48.tsp');     % 读取.tsp 文件
%% 计算两两城市之间的距离
h = pdist(CityPosition);
D = squareform(h);
%% 初始化参数
FishNum = 9;
Max_gen = 1000;        % 最多迭代次数
try_number = 300;      % 最多试探次数
visual = 16;           % 感知距离
deta = 0.16;           % 拥挤度因子
%% 鱼群初始化,每一行表示一条鱼
initFish = AF_init(FishNum,num_Citys);
BestX = zeros(Max_gen,num_Citys);      % 记录每次迭代过程中最优路径
BestY = zeros(Max_gen,1);              % 记录每次迭代过程中最优路径的距离
besty = inf;           % 最优总距离,初始化为无穷大
gen = 1;
currX = initFish;
currY = AF_foodconsistence(currX,D);
while gen <= Max_gen
    for i = 1:FishNum
        [Xinext,flag] = AF_movestrategy(currX,i,D,visual,deta,try_number);
        currX(i,:) = Xinext;
    end
    currY = AF_foodconsistence(currX,D);
    [Ymin,index] = min(currY);
    if Ymin < besty
        besty = Ymin;
        bestx = currX(index,:);
        BestY(gen) = besty;
        BestX(gen,:) = bestx;
    else
        BestY(gen) = BestY(gen-1);
        BestX(gen,:) = BestX(gen-1,:);
    end
    disp(['第',num2str(gen),'次迭代,得出的最优值:',num2str(BestY(gen))]);
```

```
        gen = gen + 1;
end
figure
plot(1:Max_gen,BestY)
xlabel('迭代次数')
ylabel('优化值')
title('鱼群算法迭代过程')
s = num2str(bestx(1));
for i = 2:num_Citys
    s = strcat(s,'->');
    s = strcat(s,num2str(bestx(i)));
end
s = strcat(s,'->');
s = strcat(s,num2str(bestx(1)));
disp(['得出的最优路径:',s,',最优值:',num2str(besty)]);
toc     % 结束计时
```

AFSA 求得的最优路径为 38—>31—>46—>12—>44—>28—>18—>7—>43—>17—>27—>6—>36—>11—>13—>15—>33—>37—>19—>30—>20—>47—>21—>25—>24—>10—>45—>35—>42—>26—>4—>2—>29—>41—>34—>16—>8—>1—>9—>40—>14—>5—>48—>39—>32—>23—>3—>22—>38，最优值为 50 453.288 30，历时 11.852 162 s。

AFSA 求解 TSP 的收敛曲线如图 5-11 所示。

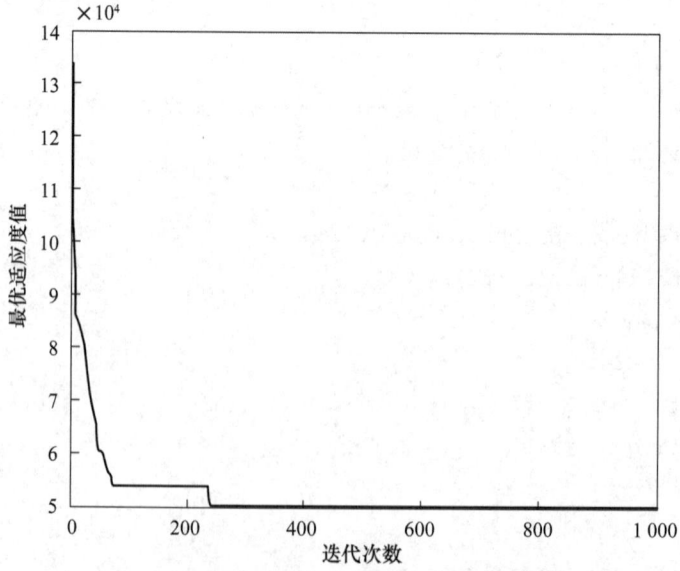

图 5-11 AFSA 求解 TSP 路径长度的收敛曲线

5.3 人工鱼群算法的改进

尽管 AFSA 具有实现相对简单、对参数不敏感、并行化能力强等优点,但由于 AFSA 的全局搜索策略,其收敛速度可能较慢,在搜索过程中,可能需要较长的时间才能找到最优解,尤其是对于复杂的优化问题。针对这些问题,很多文献提出改进的人工鱼群算法。例如,存在一种自适应动态邻域结构的人工鱼群算法,该算法使人工鱼在迭代过程中根据其他人工鱼与自身的距离自适应动态调整邻域结构,有效避免了算法陷入局部最优,改善了鱼群算法的搜索性能。改进的人工鱼群算法(modified artificial fish swarm algorithm, MAFSA)引入了可变视野,对人工鱼移动策略做出改进,并且模仿遗传算法中的变异操作对种群进行更新,在一定程度上避免了算法陷入局部极值,提高算法的寻优效率。针对 AFSA 存在的不足之处,反向自适应高斯变异的人工鱼群算法在多方面进行改进:第一,引入反向学习机制,对人工鱼的行为进行调整,允许反向解引导人工鱼的进化,提高了算法发掘较优解的机率,避免了算法陷入局部最优;第二,对可行解进行质量评价,根据评价结果来影响人工鱼位置的移动,从而更加逼近全局最优解;第三,对视野和步长进行自适应变化,保证搜索前期有足够的搜索区域,搜索后期在最优解周围进行精细寻优;第四,引入高斯变异机制,促进优良基因的共享。MAFSA 显著提高了收敛精度和收敛速度,下面进行详细介绍。

5.3.1 MAFSA 的改进策略

1. 引入可变视野

AFSA 的视野和步长是影响算法收敛精度和收敛速度的重要参数,所以很多文献对参数进行自适应变化,大多数的改进思想为使视野和步长随着迭代次数的增加逐渐缩小。在迭代初期,设置较大的视野和步长,保证算法有充足的搜索空间,保持算法的全局搜索能力,提高收敛速度;而在迭代的后期,较小的视野和步长则有利于算法精细寻优,提高算法的收敛精度。

MAFSA 对视野进行如下自适应变化:

$$\begin{cases} \text{visual} = a \times \text{visual}_0 + (1-a) \times \text{visual}_{\min} \\ a = \exp\left(-\dfrac{d^{s+1}}{d_{\max}^s}\right) \end{cases} \quad (5\text{-}7)$$

其中,visual 为迭代过程中使用的人工鱼视野,$d_{\max}$ 为算法最大迭代次数,d 为当前迭代为第几次迭代,visual_0 为初始状态设置的视野值,$\text{visual}_{\min}$ 为设置的视野最小值。s 为参数,用来控制 visual 的衰减速率,s 越小,visual 衰减得越快。

2. 改进移动策略

原始算法中鱼群向目标位置移动采用随机步长,移动过程中能够发掘更多可行解。而 MAFSA 引入可变视野,在算法的迭代后期,视野变小使得搜索区域变小,算法有足够的潜力进行精细寻优。如果再采用随机步长进行移动,可能会阻碍个体向极值点处靠近,最终降低收敛性能。因此,MAFSA 调整移动策略为:当发现比自身当前状态更好的解时,直接移动到该位置,不再进行随机移动。该策略配合可变视野机制,有利于提高算法的收敛精度。

3. 结合变异操作

MAFSA 结合遗传算法变异机制，对算法中公告牌的更新进行了改进。AFSA 的公告牌记录每次迭代得到的最优值，MAFSA 统计迭代过程中公告牌连续未更新次数，当达到一个预设最大值时，则考虑算法可能有陷入局部最优值的风险，此时以一个较小的概率对种群进行初始化。继续迭代，如果公告牌仍然未更新，则逐渐提高变异概率。具体步骤如下。

步骤 1 设置允许公告牌连续未更新的迭代次数 $c_{\max}$，最小变异概率 $m_{\min}$，初始化公告牌未更新次数 $c=0$，当前变异概率 $m=m_{\min}$；

步骤 2 算法每结束一次迭代，判断公告牌是否更新，未更新则 $c++$，更新了则重置 $c=0$，$m=m_{\min}$；

步骤 3 判断是否达到变异条件，如果 $c>c_{\max}$ 则执行步骤 4，否则执行步骤 5；

步骤 4 针对每条人工鱼，生成一个 0 到 1 范围内的随机数 r，如果 $r<m$，则初始化这条人工鱼，更新其适应度值，并按式(5-8)调整 m；

$$\begin{cases} m = a \times m_{\min} \\ a = \dfrac{c}{c_{\max}} \end{cases} \tag{5-8}$$

步骤 5 判断算法是否达到终止条件，若达到则输出最优解，否则返回步骤 2。

算法流程如图 5-12 所示。

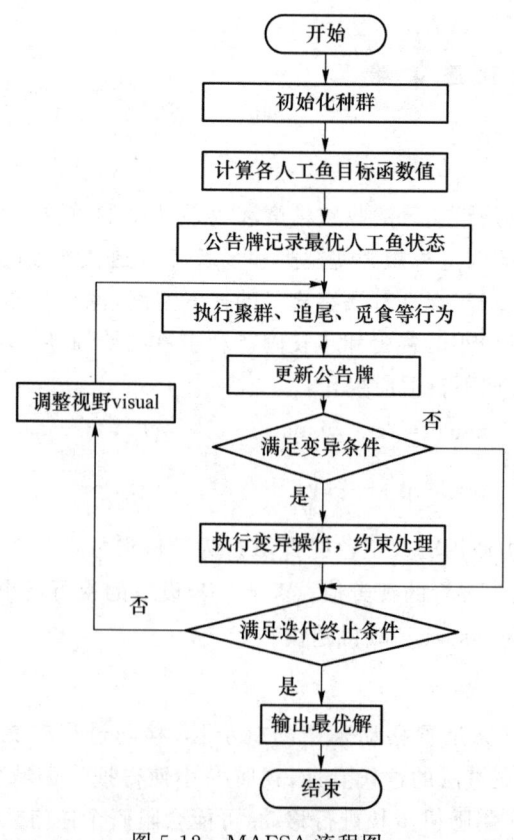

图 5-12 MAFSA 流程图

5.3.2 MAFSA 的程序实现

MAFSA 的 MATLAB 代码如下：

```
clear all;
close all;
clc;
visual0 = 100;      % 人工鱼的感知距离
step = 1;           % 人工鱼的移动最大步长
N = 30;             % 人工鱼的数量
dim = 10;           % 人工鱼维度
try_number = 50;    % 尝试的最大次数
delta = 27;         % 拥挤度因子
s = 8;
mrate0 = 0.1;       % 变异概率最小值
mrate0 = 0.1;       % 变异概率初始值
time = 20;          % 公告牌最大未更新次数
% 测试函数
f = @(x) sum(x.^2);
ub = 100;           % 边界上限
lb = -100;          % 边界下限
% f = @(x) sum(x.^2)/4000 - prod(cos(x./sqrt([1:dim]))) + 1;
% f = @(x) -20 * exp(-.2 * sqrt(sum(x.^2)/dim)) - exp(sum(cos(2 * pi.*x))/dim)
+ 20 + exp(1);
Iteration = 1;
Max_iteration = 500;    % 最大迭代次数
% 初始化人工鱼种群
x = lb + rand(N,dim).*(ub-lb);
past_time = 0;      % 公告牌未更新次数初始化
VISUAL_MIN = 1;     % 视野最小值
% 计算个体初始状态下的适应度值
for i = 1:N
    fitness_fish(i) = f(x(i,:));
end
[best_fitness,I] = min(fitness_fish);   % 求出初始状态下的最优适应度;
best_x = x(I,:);    % 最优人工鱼;
while Iteration <= Max_iteration
```

```matlab
a = exp(-(power(Iteration,(s+1))/(power(Max_iteration,s))));
% 对视野进行自适应更新
visual = visual0 * a + (1-a) * VISUAL_MIN;
for i = 1:N
    %% 聚群行为
    nf_swarm = 0;
    Xc = 0;
    label_swarm = 0;     % 聚群行为发生标志
    % 确定视野范围内的伙伴数目与中心位置
    for j = 1:N
        if norm(x(j,:) - x(i,:))< visual
            nf_swarm = nf_swarm + 1;     % 统计在感知范围内的鱼数量
            Xc = Xc + x(j,:);            % 将感知范围内的鱼进行累加
        end
    end
    Xc = Xc - x(i,:);
    nf_swarm = nf_swarm - 1;
    Xc = Xc/nf_swarm;    % 此时 Xc 表示视野范围其他伙伴的中心位置;
    % 判断中心位置是否拥挤
    if  (f(Xc) * nf_swarm < delta * f(x(i,:)))
        x_swarm = Xc;     % 发现优于本身的状态,直接移动到该状态
        % 边界处理
        ub_flag = x_swarm > ub;
        lb_flag = x_swarm < lb;
        x_swarm = (x_swarm. * (~(ub_flag + lb_flag)))...
            + ub. * ub_flag + lb. * lb_flag;
        x_swarm_fitness = f(x_swarm);
    else
        % 觅食行为
        label_prey = 0;     % 判断觅食行为是否找到优于当前的状态
        for j = 1:try_number
            % 随机搜索一个状态
            x_prey_rand = x(i,:) + visual. * (rand(1,dim));
            ub_flag2 = x_prey_rand > ub;
            lb_flag2 = x_prey_rand < lb;
            x_prey_rand = (x_prey_rand. * (~(ub_flag2 + lb_flag2)))...
                + ub. * ub_flag2 + lb. * lb_flag2;
            % 判断搜索到的状态是否比原来的好
```

```
            if f(x(i,:))> f(x_prey_rand)
                x_swarm = x_prey_rand;
                %发现优于自身的状态直接移动到该状态
                ub_flag2 = x_swarm > ub;
                lb_flag2 = x_swarm < lb;
                x_swarm = (x_swarm.*(~(ub_flag2 + lb_flag2)))...
                    + ub.* ub_flag2 + lb.* lb_flag2;
                x_swarm_fitness = f(x_swarm);
                label_prey = 1;
                break;
            end
        end
        %随机行为
        if label_prey == 0
            x_swarm = x(i,:) + visual.*(rand(1,dim));
            ub_flag2 = x_swarm > ub;
            lb_flag2 = x_swarm < lb;
            x_swarm = (x_swarm.*(~(ub_flag2 + lb_flag2)))...
                + ub.* ub_flag2 + lb.* lb_flag2;
            x_swarm_fitness = f(x_swarm);
        end
    end


    %% 追尾行为
    fitness_follow = inf;
    label_follow = 0;     %追尾行为发生标记
    %搜索人工鱼 Xi 视野范围内的最高适应度个体 Xj
    for j = 1:N
        if (norm(x(j,:)-x(i,:))< visual) && (f(x(j,:))<fitness_follow)
            best_pos = x(j,:);
            fitness_follow = f(x(j,:));
        end
    end
    %搜索人工鱼 Xj 视野范围内的伙伴数量
    nf_follow = 0;
    for j = 1:N
        if norm(x(j,:)- best_pos)< visual
            nf_follow = nf_follow + 1;
```

```
        end
    end
    nf_follow = nf_follow − 1;     % 去掉他本身
    % 判断人工鱼 Xj 位置是否拥挤
    if (fitness_follow * nf_follow) < delta * f(x(i,:))
        x_follow = best_pos;       % 发现优于自身的状态直接移动到该状态
        % 边界判定
        ub_flag2 = x_follow > ub;
        lb_flag2 = x_follow < lb;
        x_follow = (x_follow. * (~(ub_flag2 + lb_flag2)))...
            + ub. * ub_flag2 + lb. * lb_flag2;

        label_follow = 1;
        x_follow_fitness = f(x_follow);
    else
        % 觅食行为
        label_prey = 0;    % 判断觅食行为是否找到优于当前的状态
        for j = 1:try_number
            % 随机搜索一个状态
            x_prey_rand = x(i,:) + visual. * (rand(1,dim));
            ub_flag2 = x_prey_rand > ub;
            lb_flag2 = x_prey_rand < lb;
            x_prey_rand = (x_prey_rand. * (~(ub_flag2 + lb_flag2)))...
                + ub. * ub_flag2 + lb. * lb_flag2;
            % 判断搜索到的状态是否比原来的好
            if f(x(i,:)) > f(x_prey_rand)
                x_follow = x_prey_rand;
                % 发现优于自身的状态直接移动到该状态
                ub_flag2 = x_follow > ub;
                lb_flag2 = x_follow < lb;
                x_follow = (x_follow. * (~(ub_flag2 + lb_flag2)))...
                    + ub. * ub_flag2 + lb. * lb_flag2;
                x_follow_fitness = f(x_follow);
                label_prey = 1;
                break;
            end
        end
```

```
            % 随机行为
            if label_prey == 0
                x_follow = x(i,:) + visual. * (rand(1,dim));
                ub_flag2 = x_follow > ub;
                lb_flag2 = x_follow < lb;
                x_follow = (x_follow. * (~(ub_flag2 + lb_flag2)))...
                    + ub. * ub_flag2 + lb. * lb_flag2;
                x_follow_fitness = f(x_follow);
            end
        end

        % 两种行为找最优
        if x_follow_fitness < x_swarm_fitness
            x(i,:) = x_follow;
        else
            x(i,:) = x_swarm;
        end
    end

    %% 更新信息
    for i = 1:N
        if (f(x(i,:)) < best_fitness)
            best_fitness = f(x(i,:));        %公告牌更新
            past_time = 0;      %未更新次数重置为 0
            mrate = 0.1;    %变异概率重置为最小概率 0.1
            best_x = x(i,:);
        else
            past_time = past_time + 1;    %否则,未更新次数加 1
            if past_time > time    %如果公告牌未更新次数达到最大允许次数
                for i = 1:N
                    rate = rand();
                    if rate < mrate
                        x(i,:) = lb + rand(). * (ub - lb);
                        %对个体进行随机初始化
                        if (f(x(i,:)) < best_fitness)
                            best_fitness = f(x(i,:));
                            best_x = x(i,:);
                        end
                        mrate = mrate0 * (past_time/time);    %更新变异概率
```

```
                    end
                end
            end
        end
    end
    Convergence_curve(Iteration) = best_fitness;
    Iteration = Iteration + 1;
    if mod(Iteration,50) == 0
        display(['迭代次数:',num2str(Iteration),'最优适应度:',num2str(best_fitness)]);
        display(['最优人工鱼:',num2str(best_x)]);
    end
end
plot(Iteration,best_fitness,'r');
semilogy(Convergence_curve,'Color','b')
title('Sphere 函数收敛图像')
xlabel('迭代次数');
ylabel('目标函数值');
set(0,'defaultfigurecolor','w');
```

MAFSA 求解函数最优值的收敛曲线如图 5-13、图 5-14、图 5-15 所示。

Sphere 函数的最优向量为 $(-0.000\,123\,11, -0.000\,123\,11, -0.000\,123\,11, -0.000\,123\,11, -0.000\,123\,11, -0.000\,123\,11, -0.000\,123\,11, -0.000\,123\,11, -0.000\,123\,11, -0.000\,123\,11)$，最优值为 $1.515\,5 \times 10^{-7}$。

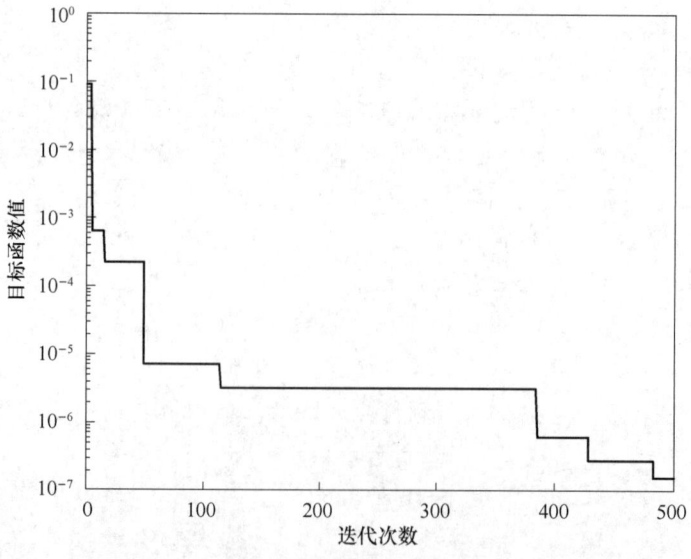

图 5-13　MAFSA 求解 Sphere 函数最优值收敛曲线

Griewank 函数的最优向量为$(-0.0021206, -0.0021206, -0.0021206, -0.0021206, -0.0021206, -0.0021206, -0.0021206, -0.0021206, -0.0021206, -0.0021206)$，最优值为$6.5967\times10^{-6}$。

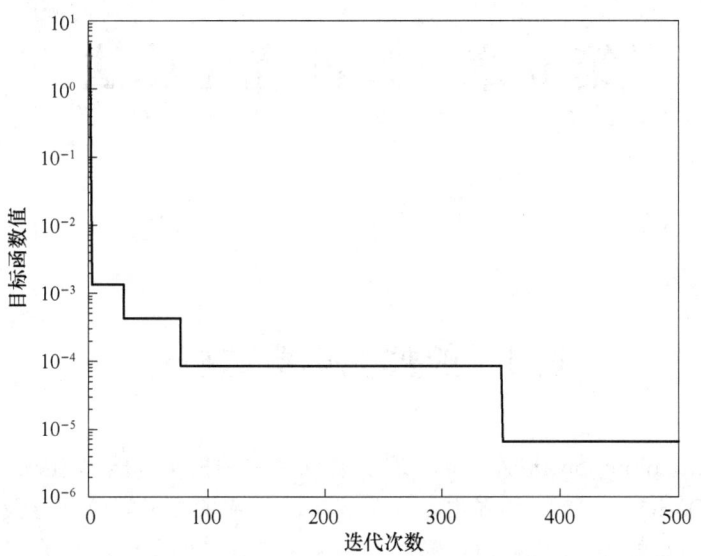

图 5-14　MAFSA 求解 Griewank 函数最优值收敛曲线

Ackley 函数的最优向量为$(-1.2667\times10^{-5}, -1.2667\times10^{-5}, -1.2667\times10^{-5}, -1.2667\times10^{-5}, -1.2667\times10^{-5}, -1.2667\times10^{-5}, -1.2667e\times10^{-5}, -1.2667\times10^{-5}, -1.2667\times10^{-5}, -1.2667\times10^{-5})$，最优值为$5.0677\times10^{-5}$。

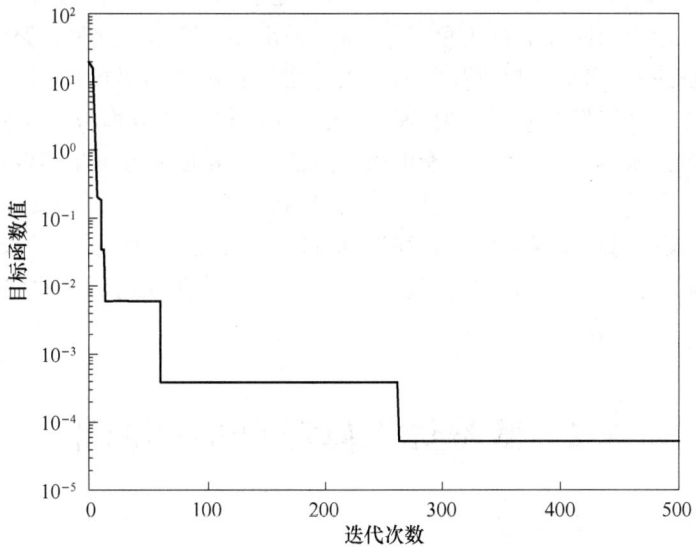

图 5-15　MAFSA 求解 Ackley 函数最优值收敛曲线

对比 AFSA 可以看出，MAFSA 在求解测试 Sphere、Griewank、Ackley 函数时求解精度显著提升，并且收敛速度更快。

第6章 蚁群优化算法

6.1 蚁群优化算法概述

蚁群优化(ant colony optimization,ACO)算法是一种模仿自然界中蚂蚁觅食行为的优化算法,由 Marco Dorigo 于 1991 年提出。这一算法的灵感来源于蚂蚁在寻找食物路径时表现出的集体智能。在自然界中,蚂蚁通过释放一种称为信息素的化学物质来标记它们走过的路径。其他蚂蚁通过感知这些信息素的存在和浓度选择到达食物源最短的路径。这种基于简单规则的集体行为,展示了一种非常有效的解决复杂问题的方法,推动了蚁群优化算法的发展。

蚁群优化算法以其卓越的灵活性和鲁棒性,已经成为解决多样化优化问题的首选方法,其应用范围涵盖众多领域。在经典的应用场景中,如旅行商问题(traveling salesman problem,TSP),该算法成功解决了寻找访问每个城市一次并返回出发点的最短路径问题。此外,蚁群优化算法在路径规划方面同样表现出色,不论是为城市交通网络寻求最佳路线,还是优化物流配送中的货物运输路径,它都能提供高效的解决方案。在更为前沿的应用中,如生物信息学,蚁群优化算法助力科学家们在基因序列分析和蛋白质结构预测方面取得突破,解开生物复杂性的谜题。在能源领域,它通过优化智能电网的负荷分配和加强可再生能源的整合,显著提升了能源的利用效率和系统的可靠性。蚁群优化算法在图像处理技术中也有应用,如图像分割和特征提取,通过模拟蚂蚁寻找食物的路径选择机制,有效地识别出图像的模式与边界。这些创新应用不仅验证了蚁群优化算法的有效性,而且促进了它在理论研究和实践应用中的持续发展,彰显了其在解决当今世界复杂问题上的巨大潜能。

6.2 蚁群优化算法的理论基础

6.2.1 蚂蚁觅食机制

蚂蚁在寻找食物源的过程中,会在其路径上释放信息素,而其他蚂蚁会根据信息素的浓度来选择自己的路径。随着时间的推移,最短路径上的信息素浓度会因为更频繁地被蚂蚁经过而增加,导致更多的蚂蚁选择该路径,形成一种正反馈机制。这最终使得大多数蚂蚁都能够沿着最短路径行进。此机制展示了一种有效的分布式优化过程,即通过局部简单行为实现全局最优。

蚂蚁在初次遇到障碍物时,会随机选择一个方向前进,并在道路上留下信息素。信息素的浓度会随着时间流逝逐渐衰减,选择短距离路径的蚂蚁能更快地到达食物处,会消耗更短的时间,所以在障碍物处留下的信息素浓度更高。后面的蚂蚁在受到信息素的指引后,都会选择信息素浓度更高的路径,即沿更短路径前进。蚁群优化算法的基本原理就是自然界蚂蚁觅食的过程。自然界蚂蚁觅食和蚁群优化算法的对比如表 6-1 所示。

表 6-1 自然界蚂蚁觅食和蚁群优化算法比较

自然界蚂蚁觅食	蚁群优化算法
觅食空间	待优化问题的搜索空间
蚁群可走的所有路径	搜索空间
蚁巢到食物的一条路径	待优化问题的一个可行解
找到的最短路径	待优化问题的最优解
信息素	信息素浓度变量

以上是自然界中蚁群的觅食过程,那如何将其运用到算法中并解决实际问题呢?蚁群优化算法以蚂蚁为基本单位,每个蚂蚁行走的路径都是待优化问题的一个可行解,整个蚁群走过的所有路径代表算法中待优化问题的搜索空间。初始蚂蚁的路径不同,选择较短路径的蚂蚁会在道路上留下更浓的信息素。蚁群受信息素指引,会正反馈地逐渐向较短路径靠拢,选择较短路径的蚂蚁越来越多,最终大部分蚂蚁会集合到一条或几条路径上,得到待优化问题的最优解或次优解。

6.2.2 蚁群优化算法的模型

蚁群优化算法模拟了上述自然界蚂蚁觅食的过程,其基本组件包括如下 6 个。

(1) 蚂蚁个体

算法中的每个蚂蚁都代表着解空间中的一个潜在解决方案。它们模拟自然界蚂蚁的探索行为,依据环境中的信息素浓度和其他启发式信息,决定自己的移动方向,所经位置最终形成一条路径。

(2) 信息素

信息素是蚁群通信的纽带,信息素的存在允许蚂蚁个体间分享已探索路径的质量信息。路径上的信息素浓度直接影响其他蚂蚁的路径选择,其中浓度较高的路径更可能被选中并且其信息素浓度将被进一步提高。

(3) 信息素更新规则

信息素更新规则用于调整路径上信息素的浓度,以反映蚂蚁群体对路径的评价。信息素更新规则通常基于蚂蚁走过路径的距离或解的质量。一种常见的信息素更新规则是通过公式进行更新,其中信息素的浓度会根据蚂蚁经过路径的距离和路径上信息素的挥发速率进行调整。

(4) 启发式信息

启发式信息为蚂蚁提供了一个关于如何选择下一步行动的额外视角,可能基于问题本身的特定启发式知识或与问题相关的统计数据。该信息辅助蚂蚁在搜索过程中做出更加明智的决策,从而加快算法收敛至优质解的速度。

(5) 搜索过程

搜索过程涵盖了从信息素的初始化到蚂蚁的移动,再到信息素的更新等一系列步骤。在算法的每一轮迭代中,蚂蚁根据当前的信息素浓度和启发式知识选择移动路径,并随后更新这些路径上的信息素,过程不断重复,直至达到预设的停止条件。

(6) 最优解的挑选

通过识别信息素浓度最高的路径选出算法的最优解,这通常意味着蚁群已经找到了一个高质量的解决方案,无论是接近全局最优还是一个强大的局部最优解。

在实现蚁群优化算法时,我们还需要遵守以下几条重要规则。

(1) 避障规则

如果蚂蚁要移动的方向被障碍物挡住,那么它会随机选择另外一个方向。如果有信息素指引,那么它会按照信息素的指引前进。

(2) 散播信息素规则

蚂蚁在刚找到食物的时候散发出来的信息素最多,并随着行走的距离越远,散播的信息素越少。

(3) 感知范围

蚂蚁的感知范围有限,只能在局部的范围内进行选择。例如,蚂蚁的感知范围为 3×3,那么它能够移动的范围就是这个 3×3 区域。

(4) 移动规则

上文提到,蚂蚁前进方向的选择依赖于信息素的浓度,它会朝向信息素高的方向移动。当周围没有信息素或者信息素浓度相同的时候,蚂蚁会按照原来的方向继续前进,并且在前进方向上受到一个随机的扰动。为了避免在原地转圈,它会记住之前经过的点,下一次遇到的时候就会避开这个已经走过的点。

(5) 觅食规则

如果蚂蚁在感知范围内找到食物则会直接过去,加速模型的收敛,否则对朝着信息素浓度高的方向前进。每只蚂蚁都会有小概率会犯错,那么它将不向着信息素浓度最高的方向移动,从而打破局部最优解的情况。

(6) 环境

蚂蚁之间相互独立,它们依赖环境中的信息素进行交流。每只蚂蚁都仅仅能感知到环境内的信息,并且信息素浓度会随着时间逐渐降低。如果这条路上经过的蚂蚁越来越少,那么其信息素也会越来越低。

6.3 蚁群优化算法的流程

蚁群优化算法在执行时的流程描述如下。

(1) 初始化阶段

初始化阶段的核心任务是在问题的解空间内随机部署一定数量的蚂蚁,其中每只蚂蚁代表一个可能的解决方案。同时,对信息素浓度进行初步设定,这一设定既可以是一个固定的常数值,也可以依据问题的具体特点进行灵活调整。

(2) 蚂蚁行动阶段

在蚂蚁行动阶段,每只蚂蚁根据预定的策略决定其下一步的移动。这些策略综合考虑了信息素的浓度和启发式信息,例如,蚂蚁更倾向于沿着信息素浓度高的路径前进、距离等其他因素的影响。蚂蚁持续在解空间中探索,直至触发终止的条件。

(3) 更新信息素阶段

蚂蚁在完成其路径探索后,系统会根据路径的质量,例如,以路径的长度或满足目标函数的程度作为评判标准来调整信息素浓度。优质路径上的信息素浓度得以增加,促使后续的蚁群倾向于选择这些路径。信息素的更新不仅考虑增减率,还涵盖了更新机制的选择,比如是采取全局更新还是局部更新策略。

(4) 信息素挥发阶段

信息素挥发阶段模拟自然界中的信息素挥发机制,算法在每次迭代结束后,让信息素以一定的速率挥发。这个过程有助于避免信息素在特定路径上过度积累,激励蚁群探索新的解空间,增加了算法的探索性和多样性。

(5) 终止条件判断

算法根据预设的终止条件来决定是否结束运行,这些条件可能是达到了最大迭代次数,获得了足够满意的解,或其他自定义的标准。算法在满足终止条件后终止,输出当前找到的最优解或者是一系列的解集合。

具体的算法流程如图 6-1 所示。

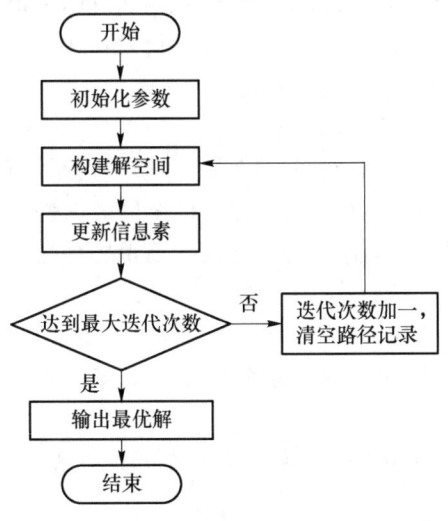

图 6-1 蚁群优化算法流程图

6.4 蚁群优化算法变体

蚁群优化算法自提出以来,已被广泛应用于路径规划和网络优化等组合优化问题。为了提高原始蚁群优化算法的效率、稳定性和解的质量,研究者们针对原始设计提出了多项改进措施,包括信息素更新策略的优化、启发式信息的融入、蚂蚁种群多样化,以及蚁群优化算法与其他算法的结合等。除此之外,蚁群优化算法的发展方向也在不断拓展,涵盖了应用领域的扩大、并行与分布式计算,以及智能化和自适应机制的探索。这些改进策略和发展不仅深化了人们对蚁群优化算法机制的理解,也极大地拓宽了其解决复杂问题的应用范围。本节将介绍几种常见的蚁群优化算法变体。

6.4.1 最大最小蚂蚁系统算法

最大最小蚂蚁系统(max-min ant system,MMAS)算法于1999年提出,是蚁群优化算法的一种变体,旨在通过设定信息素浓度的最大值和最小值、更新最优路径的信息素等机制来改善搜索效率和提高解的质量,防止算法过早收敛于局部最优解,并通过动态的信息素管理策略增加了算法的灵活性和适应性。该算法具有出色的全局搜索能力和高效的信息素管理机制,适用于解决 TSP、车辆路径规划(vehicle routing problem,VRP)、调度问题和网络设计与优化等问题。

最大最小蚂蚁系统算法通常包括以下步骤。

(1) 初始化

初始化算法参数,包括蒸发率 ρ、蚂蚁数量等。初始化所有路径上的信息素浓度(为了鼓励探索,通常设置一个相对较高的初始值)。在算法的执行过程中,设定信息素的上限和下限可以限制信息素的浓度,防止算法过早收敛。

(2) 构建解

每只蚂蚁独立地构建完整的解决方案。蚂蚁在构建解的过程中依据当前的信息素浓度和启发式信息(如与目标的距离或成本)来选择路径。蚂蚁在选择下一步路径时遵循一定的概率规则,这个规则考虑了信息素浓度和启发式信息的影响。

(3) 更新信息素

在每轮迭代结束后,首先对所有路径应用信息素蒸发机制,即将所有路径上的信息素浓度乘以 $(1-\rho)$。只有本轮找到的最优解或者历史上的全局最优解所对应的路径才会提高信息素浓度,这意味着信息素更新是选择性的,专注于强化质量较高的解。

(4) 检查终止条件

检查算法是否满足终止条件,即达到最大迭代次数或解的质量在连续多次迭代中未见显著改进。如果未满足终止条件,则回到构建解步骤,开始新一轮的迭代。

(5) 输出最优解

算法结束时,输出找到的最优解。该解通常是全局最优解,即在所有迭代中找到的质量最高的解。

下面是一个基于 MATLAB 的 MMAS 算法的代码框架示例:

```
% 初始化参数
antCount = 50;        % 蚂蚁数量
maxIterations = 100;    % 最大迭代次数
τ_max = 1.0;         % 信息素最大值
τ_min = 0.1;         % 信息素最小值
ρ = 0.1;        % 信息素蒸发率
% 初始化所有路径的信息素浓度
```

```
    pheromoneLevels = initializePheromoneLevels(τ_max);
    % 主循环
    for iteration = 1:maxIterations
         % 构建解
        solutions = constructSolutions(antCount, pheromoneLevels);
         % 计算解的适应度值
        fitnessValues = evaluateSolutions(solutions);
         % 更新全局最优解
        [globalBestSolution, globalBestFitness] = updateGlobalBest(solutions, fitnessValues);
         % 应用信息素蒸发
        pheromoneLevels = evaporatePheromone(pheromoneLevels, ρ, τ_min, τ_max);
         % 更新信息素
            pheromoneLevels = updatePheromoneLevels(pheromoneLevels, globalBestSolution, τ_max, τ_min);
    end
    % 输出最优解
    outputSolution(globalBestSolution, globalBestFitness);
    % 显示信息素浓度图
    displayPheromoneLevels(pheromoneLevels);
    % ------------------------
    % 下面是需要自己实现的函数
    % initializePheromoneLevels：初始化信息素浓度
    % constructSolutions：蚂蚁构建解
    % evaluateSolutions：计算解的适应度值
    % updateGlobalBest：更新全局最优解
    % evaporatePheromone：应用信息素蒸发
    % updatePheromoneLevels：根据最优解更新信息素浓度
    % outputSolution：输出最优解
    % displayPheromoneLevels：显示信息素浓度图
```

6.4.2 蚁群系统算法

蚁群系统(ant colony system，ACS)算法于 1997 年由 Dorigo 和 Gambardella 提出,是蚁群优化算法的一种特定实现,旨在进一步提高算法解决优化问题的性能,特别是针对 TSP 和类似的路由问题。ACS 算法引入了几个关键的改进和特性,以增强原始蚁群优化算法的效率和解决能力。

除了全局信息素更新以强化搜索过程中找到的最佳路径,ACS 算法还引入了局部信息素更新规则。当一只蚂蚁走过某条路径时,该路径上的信息素量会即时减少,这有助于增加搜索空间的多样性,避免过早收敛于局部最优解。

在选择下一步路径时,ACS算法采用了一种更加精细的概率转移规则,称为伪随机比例规则。这个规则结合了信息素强度和启发式信息(如距离),并通过引入一个参数来决定是依据这个混合标准选择最优路径还是以一定概率探索新路径。

只有当一只蚂蚁找到了自上次信息素更新以来的最佳路径,或者是整个搜索过程中的最佳路径时,ACS算法才会对信息素进行全局更新。这个机制进一步强化了对优秀路径的搜索。

ACS算法的这些特点使其在处理复杂优化问题时更有效,尤其是在寻找最短路径问题中表现出了较高的效率和准确性。通过模拟蚂蚁的自然行为,ACS算法能够在庞大的搜索空间中有效地发现优化解,同时避免了传统优化方法可能遇到的困难,如易陷入局部最优解、处理大规模问题时计算负担过重等问题。

ACS算法作为一种启发式算法,特别适合于解决一些特定类型的优化问题,尤其是那些传统算法难以处理的复杂、动态和多目标问题。其适用于解决 TSP、VRP、调度问题、网络设计和路由问题和图着色问题等。

ACS算法的适用性主要源于其强大的全局搜索能力、灵活的适应性和较好的鲁棒性。它特别适合于那些搜索空间大、局部最优解多的问题,能够在可接受的计算时间内提供质量良好的解决方案。然而,值得注意的是,与所有启发式算法一样,ACS算法可能不总是保证找到全局最优解,特别是在问题规模非常大时。因此,算法的参数调整和特定问题的定制对实现最佳性能至关重要。

以下是 ACS算法的主要步骤。

(1)初始化

算法开始时,首先初始化参数,包括信息素的初始量、蚂蚁的数量等。同时,将每只蚂蚁随机地放置在不同的起点位置。

(2)构建解决方案

每一次迭代,每只蚂蚁都会根据一定的规则(如信息素浓度和启发式信息,比如距离的倒数)独立地构建一条完整的解决方案路径。这涉及从当前位置选择下一个位置的决策过程,通常是通过一种称为"伪随机比例规则"的方法实现,该方法在选择下一步时考虑了信息素浓度和启发式信息的结合。

(3)局部信息素更新

当一只蚂蚁走过一条边时,会立即进行局部信息素更新,以减少该路径上的信息素量。这种局部更新机制旨在减少该路径后续对蚂蚁的吸引力,从而鼓励蚂蚁探索新路径,增加算法的多样性。

(4)全局信息素更新

在所有蚂蚁完成它们的路径构建后,算法进行全局信息素更新。这一步只针对从当前迭代中找到的最优解或所有迭代中的全局最优解进行,旨在增加这些优秀路径的信息素浓度,从而在后续迭代中吸引更多的蚂蚁选择这些路径。

(5)信息素蒸发

为了避免算法过早收敛到局部最优解并保持搜索空间的探索能力,信息素会随时间逐渐蒸发。信息素蒸发通常在全局信息素更新过程中实现,通过减少所有路径上的信息素量来完成。

(6)终止条件

重复上述步骤直到满足终止条件,终止条件可以是达到预定的迭代次数,寻找到的解达到一定的质量标准,或者计算预算耗尽等。

下面是一个基于 MATLAB 的 ACS 算法的代码框架示例:

```matlab
% 初始化参数
antCount = 50;        % 蚂蚁的数量
maxIterations = 100;  % 最大迭代次数
evaporationRate = 0.5;  % 信息素蒸发率
alpha = 1;    % 信息素重要性因子
beta = 2;     % 启发式信息重要性因子
% 初始化所有路径的信息素浓度
pheromoneLevels = initializePheromoneLevels();
% 初始化启发式信息(例如,倒数距离)
heuristicInfo = initializeHeuristicInfo();
% 主循环
for iteration = 1:maxIterations
    % 构建解
    paths = constructPaths(antCount, pheromoneLevels, heuristicInfo, alpha, beta);
    % 计算解的长度或成本
    pathLengths = evaluatePaths(paths);
    % 更新信息素
    pheromoneLevels = updatePheromones(pheromoneLevels, paths, pathLengths, evaporationRate);
end
% 输出最短路径或最佳解
[bestPath, bestLength] = findBestPath(paths, pathLengths);
disp(['Best Path Length: ', num2str(bestLength)]);
% 可视化结果(可选)
visualizeBestPath(bestPath);
% ------------------------
% 下面是需要自己实现的函数
function pheromoneLevels = initializePheromoneLevels()
    % 初始化信息素浓度
end
function heuristicInfo = initializeHeuristicInfo()
    % 初始化启发式信息
end
function paths = constructPaths(antCount, pheromoneLevels, heuristicInfo, alpha, beta)
    % 根据当前信息素浓度和启发式信息,蚂蚁构建解
```

```
        end
        function pathLengths = evaluatePaths(paths)
            % 计算每条路径的长度或成本
        end
        function pheromoneLevels = updatePheromones ( pheromoneLevels, paths, pathLengths, evaporationRate)
            % 根据路径长度更新信息素
        end
        function [bestPath, bestLength] = findBestPath(paths, pathLengths)
            % 寻找最短路径或最佳解
        end
        function visualizeBestPath(bestPath)
            % 可视化最佳路径
        end
```

6.4.3 多目标蚁群优化算法

多目标蚁群优化(multi-objective ant colony optimization，MOACO)算法是蚁群优化的一个扩展，专门用来解决具有多个目标函数的优化问题。在多目标优化问题中，目标之间往往存在冲突，例如，在设计一个交通系统时可能需要同时考虑最小化成本和最小化环境影响。因此，不存在一个单一的解能够同时使所有目标达到最优，而是存在一组解，称为Pareto最优解集，其中任何一个解都不能在所有目标上同时被其他解支配。

MOACO算法的基本思想仍然是模拟自然界中蚂蚁寻找食物的行为，但它引入了多个信息素矩阵或不同策略来同时考虑多个目标，并尝试找到一个好的Pareto前沿，即一组在多个目标上相互权衡的解。

MOACO算法的一些关键特点和常用策略如下。

① 多信息素矩阵：对于每个目标，算法可能会维护一个单独的信息素矩阵，这样蚂蚁就能在构建解时同时考虑多个目标的信息。

② 聚合目标函数：通过将多个目标组合成一个单一的评价函数，通常是目标的加权或其他形式的组合，从而简化问题。这种方法便于实现，但选择合适的权重可能很困难，且可能无法完全探索Pareto前沿。

③ Pareto前沿选择：在这种方法中，解的选择基于它们在Pareto前沿上的位置，即选择那些在一个或多个目标上不被其他解支配的解。这要求算法在运行过程中维护一个候选Pareto最优解集合。

④ 分解方法：将多目标问题分解成一系列子问题，并使用蚁群优化算法独立解决每个子问题。每个子问题关注Pareto前沿的一个特定区域，最终合并这些子问题的解来逼近整个Pareto前沿。

MOACO算法的设计和实现需要仔细考虑如何平衡和整合多个目标，以及如何有效地搜索解空间以找到Pareto最优解集。成功的MOACO算法能够在多个冲突目标之间找到良好的权衡解，为决策者提供一个解的范围，使其可以从该范围中选择最适合其需求的解。

MOACO算法为解决具有多个冲突目标的优化问题提供了一个框架。这些算法的目标是找到一组解，这组解在多个目标之间提供了最佳的权衡，形成了所谓的Pareto前沿。实现MOACO算法的步骤可以根据具体的算法变体而有所不同，但一般包括以下几个基本步骤。

（1）初始化

定义多个目标函数。初始化算法参数，包括蚂蚁的数量、信息素的蒸发率、信息素的初始量等。

根据问题初始化信息素矩阵。在多目标情况下，可能需要为每个目标维护一个单独的信息素矩阵，或者设计一种机制来综合多个目标的影响。

初始化解的种群。这些解将被用来评估和更新Pareto前沿。

（2）构建解

每一代中，每只蚂蚁根据当前信息素矩阵和启发式信息（如目标函数的局部信息）独立地构建一个解。在构建解的过程中，蚂蚁可能需要同时考虑多个信息素矩阵，或者遵循某种策略来平衡多个目标之间的权衡。

（3）更新Pareto前沿

对于每只蚂蚁构建的解，评估其在所有目标上的性能。根据这些解更新当前的Pareto前沿。这涉及比较新解与当前Pareto前沿中的解，以确定新解是否应该被包括在Pareto前沿中，或者是否有任何当前的Pareto解应该被移除。

（4）信息素更新

信息素更新可以基于不同的策略进行，例如：仅更新那些对当前Pareto前沿做出贡献的解的信息素；或者所有解都参与信息素的局部或全局更新，但以不同的方式反映它们的Pareto优势。信息素蒸发也在这一步骤中进行，以避免搜索过程过早收敛。

（5）终止条件

检查算法是否满足终止条件，终止条件可以是达到预定的迭代次数、Pareto前沿的稳定性、计算时间限制，或其他自定义条件。如果未达到终止条件，返回构建解[步骤（2）]继续迭代。

（6）输出结果

输出Pareto最优解集和相应的目标函数值，这些解提供了多个目标之间最佳权衡的不同选项。

MOACO算法的关键在于如何设计和实现上述步骤，以有效地平衡和优化多个冲突目标。不同的MOACO算法变体可能会采用不同的策略来维护和更新Pareto前沿，以及不同的信息素更新机制，来提高算法的效率和解的质量。

MOACO算法扩展了蚁群优化算法，使其能够处理具有多个目标函数的优化问题。

下面是一个基于MATLAB的MOACO算法的代码框架示例：

```
% 初始化参数
antCount = 50;     % 蚂蚁的数量
maxIterations = 100;    % 最大迭代次数
evaporationRate = 0.5;    % 信息素蒸发率
alpha = 1;     % 信息素重要性因子
beta = 2;     % 启发式信息重要性因子
% 初始化所有路径的信息素浓度
```

```
    pheromoneLevels = initializePheromoneLevels();
    % 初始化启发式信息
    heuristicInfo = initializeHeuristicInfo();
    % 主循环
    for iteration = 1:maxIterations
        % 蚂蚁构建解
        solutions = constructSolutions(antCount, pheromoneLevels, heuristicInfo, alpha, beta);
        % 计算解的多目标适应度值
        [objectives1, objectives2] = evaluateSolutions(solutions);
        % 通过非支配排序和拥挤度计算来选择解
        [nonDominatedSorted, crowdingDistances] = nonDominatedSortAndCrowding(objectives1, objectives2);
        % 更新信息素
        pheromoneLevels = updatePheromones(pheromoneLevels, solutions, nonDominatedSorted, crowdingDistances, evaporationRate);
    end
    % 输出 Pareto 前沿解
    paretoFront = extractParetoFront(nonDominatedSorted, crowdingDistances);
    displayParetoFront(paretoFront);
    % ------------------------
    % 下面是需要自己实现的函数
    function pheromoneLevels = initializePheromoneLevels()
        % 初始化信息素浓度
    end
    function heuristicInfo = initializeHeuristicInfo()
        % 初始化启发式信息
    end
    function solutions = constructSolutions(antCount, pheromoneLevels, heuristicInfo, alpha, beta)
        % 根据当前信息素浓度和启发式信息构建解
    end
    function [objectives1, objectives2] = evaluateSolutions(solutions)
        % 计算解的多目标适应度值
    end
    function [nonDominatedSorted, crowdingDistances] = nonDominatedSortAndCrowding(objectives1, objectives2)
        % 进行非支配排序和拥挤度计算
    end
```

```
    function pheromoneLevels = updatePheromones ( pheromoneLevels, solutions,
nonDominatedSorted, crowdingDistances, evaporationRate)
        % 根据非支配解和拥挤度更新信息素
    end
    function paretoFront = extractParetoFront(nonDominatedSorted, crowdingDistances)
        % 提取 Pareto 前沿解
    end
    function displayParetoFront(paretoFront)
        % 显示 Pareto 前沿
    end
```

6.4.4 量子蚁群优化算法

量子蚁群优化（quantum ant colony optimization，QACO）算法是蚁群优化算法的一个变体，它融合了量子计算的概念，特别是量子比特（qubit）和量子叠加态的特性，以提高搜索效率和解决传统蚁群优化算法在处理某些类型的优化问题时可能面临的局限性。QACO 算法旨在通过引入量子概念，提高算法的全局搜索能力，加快收敛速度，并在一定程度上提高解的质量。QACO 算法特别适合于解决具有大规模搜索空间、多峰值（存在多个局部最优解）和复杂约束条件的优化问题，如组合优化问题（如 TSP）、动态优化问题、多目标优化问题等。

下面是 QACO 算法的基本概念。

(1) 量子比特

在量子计算中，量子比特是信息的基本单位，不同于经典计算的比特只能是 0 或 1，量子比特可以同时处于 0 和 1 的叠加态，这一特性为编码搜索空间提供了更高的灵活性和表示能力。

(2) 量子叠加态

量子叠加原理使得量子比特可以同时表示多种状态，这一特点被 QACO 算法用来同时探索解空间中的多个可能解，从而增强算法的全局搜索能力。

(3) 量子观测和塌陷

量子比特的状态在被观测时会"塌陷"到 0 或 1 的确定状态，这一过程在 QACO 算法中被用于选择特定的解并进行局部搜索或信息素更新。

下面是 QACO 算法的基本步骤。

(1) 初始化

在算法开始时，每只蚂蚁的解都由一组量子比特表示，这些量子比特处于叠加态，以表示解空间的广泛探索潜能。

(2) 构建解

蚂蚁通过观测其量子比特来构建解，每次观测量子比特会根据其概率幅塌陷到状态 0 或 1，从而确定解的一个特定特征。

(3) 适应度评估

每个解的适应度（即优化问题的目标函数值）被计算出来，以评估其质量。

(4) 信息素更新

根据解的适应度,算法更新量子比特的概率幅,这类似于传统蚁群优化算法中的信息素更新,但在量子态上操作,以引导后续的搜索过程。

(5) 迭代更新

上述步骤在算法的迭代过程中重复进行,直到满足终止条件(如达到最大迭代次数或解的质量不再有显著提高)。

下面是 QACO 算法的示例伪代码:

```
% 初始化参数
antCount = 50;        % 蚂蚁的数量
maxIterations = 100;  % 最大迭代次数
alpha = 1;            % 信息素重要性因子
beta = 2;             % 启发式信息重要性因子
qubitCount = 10;      % 每个解的量子比特数
% 初始化量子比特(表示解的量子状态)
qubits = initializeQubits(antCount, qubitCount);
% 初始化信息素
pheromoneLevels = initializePheromoneLevels(qubitCount);
% 初始化启发式信息
heuristicInfo = initializeHeuristicInfo(qubitCount);
% 主循环
for iteration = 1:maxIterations
    % 构建解
    solutions = constructSolutionsFromQubits(qubits, pheromoneLevels, heuristicInfo, alpha, beta);
    % 评估解
    fitnessValues = evaluateSolutions(solutions);
    % 更新量子状态(类似于信息素更新)
    qubits = updateQubits(qubits, solutions, fitnessValues);
    % 可选:更新信息素浓度(如果适用)
    pheromoneLevels = updatePheromoneLevels(pheromoneLevels, solutions, fitnessValues);
end
% 输出最佳解
bestSolution = findBestSolution(solutions, fitnessValues);
disp(['Best Solution Fitness: ', num2str(bestSolution.fitness)]);
% ------------------------
% 下面是需要自己实现的函数
function qubits = initializeQubits(antCount, qubitCount)
    % 初始化量子比特的叠加状态
```

```
    end
    function pheromoneLevels = initializePheromoneLevels(qubitCount)
        % 初始化信息素浓度
    end
    function heuristicInfo = initializeHeuristicInfo(qubitCount)
        % 初始化启发式信息
    end
    function solutions = constructSolutionsFromQubits(qubits, pheromoneLevels, heuristicInfo, alpha, beta)
        % 从量子比特状态构建解,需要进行量子态的测量(塌陷)
    end
    function fitnessValues = evaluateSolutions(solutions)
        % 评估每个解的适应度
    end
    function qubits = updateQubits(qubits, solutions, fitnessValues)
        % 根据解的适应度更新量子比特状态
    end
    function pheromoneLevels = updatePheromoneLevels(pheromoneLevels, solutions, fitnessValues)
        % 更新信息素浓度,可根据需要调整或省略
    end
    function bestSolution = findBestSolution(solutions, fitnessValues)
        % 找到适应度最高的解
    end
```

6.5 蚁群优化算法求解旅行商问题

6.5.1 旅行商问题

旅行商问题(TSP)是一个经典的组合优化问题。TSP可以描述为:一个商品推销员要去若干个城市推销商品,该推销员从一个城市出发,经过所有城市一次后,回到出发地,问如何选择行进路线,以使总行程最短。

TSP的传统解决方法是遗传算法,但是遗传算法的收敛速度慢,具有一定的缺陷。本节使用蚁群优化算法解决旅行商问题。

6.5.2 算法设计

在利用蚁群优化算法求解TSP时,每只蚂蚁相互独立,用于构造不同的路线,蚂蚁之间通

过信息素进行交流,合作求解。基本过程如下:

(1) 初始化参数

启动算法前,我们需要初始化各项参数,包括蚁群的大小(即蚂蚁的数量)、信息素重要程度因子(α)、启发函数重要程度因子(β)、信息素的挥发率(ρ)、信息素的释放量,以及最大的迭代次数(iter_max)。同时,我们还需要设定城市的总数和城市之间的距离,这些距离通常以实数对称矩阵的形式存储,以便于计算。

(2) 放置蚂蚁

随机将蚂蚁分布在不同的城市,每只蚂蚁代表着一个潜在的解,准备开始它们的城市周游。

(3) 蚂蚁周游

每只蚂蚁根据概率函数 P 选择下一个访问的城市,并完成对所有城市的周游。概率函数的公式如下:

$$P = [\tau_{ij}(t)]^\alpha [\eta_{ij}]^\beta$$

其中:$\tau_{ij}(t)$ 表示在 t 时刻,从城市 i 到城市 j 路径的信息素浓度;η_{ij} 代表从城市 i 到城市 j 的启发式信息,通常是路径长度的倒数,即 $\frac{1}{d_{ij}}$;d_{ij} 是城市 i 与城市 j 之间的距离;α 是信息素重要程度因子,用来控制信息素影响的强度;β 是启发函数重要程度因子,用来控制启发式信息的影响力。

蚂蚁在选择下一个城市时,会考虑当前路径的信息素浓度(表示路径被选中的历史成功率)和启发式信息(即路径的吸引度,通常是路径长度的倒数)。通过调节 α 和 β 的值,我们可以控制算法是偏向于利用历史信息还是启发式信息来探索未知的新路径。高 α 值使得蚂蚁更可能沿着信息素浓度高的路径移动,而高 β 值则促使蚂蚁选择启发式信息更高的路径,也就是更短的路径。每次迭代过程中,蚂蚁需要遍历除起始城市外的所有其他城市,并确保每个城市只被访问一次。

(4) 记录最优路径

在每轮迭代结束后,记录下所有蚂蚁的行进路径和相应的路径长度,从中找出本轮迭代中的最短路径及其长度,并计算平均距离。

(5) 更新信息素

在每次迭代后,根据获得的最优路径来更新信息素。全局信息素更新的策略旨在增强最短路径上的信息素浓度,使得后续的蚂蚁更倾向于选择这条最优路径。同时,信息素的挥发机制确保了搜索过程的多样性,防止算法过早陷入局部最优解。

(6) 终止条件

当达到预设的最大迭代次数,或满足其他自定义的终止条件(如运行时间限制或最短路径长度下限)时,算法停止执行。

(7) 输出结果

算法结束后,输出找到的最短路径及其长度,这代表了算法求解 TSP 问题的结果。

6.5.3 代码实现

下面是蚁群优化算法解决 TSP 的算法流程:

1. 初始化变量参数
2. 初始化矩阵参数
while 迭代次数
3. 安排蚂蚁初始位置
4. 蚂蚁周游
5. 记录最优路线以及最短距离
6. 更新信息素
End
7. 结果输出

下面是蚁群算法解决 TSP 详细的 MATLAB 代码实现：

```matlab
% 随机产生40个城市的坐标
position = 50 * randn(40, 2);
epochs = 50;      % 迭代次数
% 蚂蚁个数最好大于等于城市个数,保证每个城市都有一个蚂蚁
ants = 40;
alpha = 1.4;      % 表征信息素重要程度参数
beta = 2.2;       % 表征启发因子重要程度参数
rho = 0.15;       % 信息素挥发参数
Q = 10^6;         % 信息素增强系数
cities = size(position, 1);     % 城市个数
% 城市之间的距离矩阵
Distance = ones(cities, cities);
for i = 1: cities
    for j = 1: cities
        if i ~= j
            % 坐标点欧氏距离
            Distance(i, j) = ((position(i, 1) - position(j, 1))^2 + (position(i, 2) - position(j, 2))^2)^0.5;
        else
            % 因为后面要取倒数,所以取一个浮点数精度大小
            Distance(i, j) = eps;
        end
        Distance(j, i) = Distance(i, j);
    end
end
% 启发因子矩阵
Eta = 1./Distance;
% 信息素初始值每个路线均相同,为1
Tau = ones(cities, cities);
```

```matlab
% 每只蚂蚁的路线图
Route = zeros(ants, cities);
epoch = 1;
% 记录每回合最优城市
R_best = zeros(epochs, cities);
% 记录每回合最短距离
L_best = inf .* ones(epochs, 1);
% 记录每回合平均距离
L_ave = zeros(epochs, 1);

% 初始随机位置
RandPos = [];
for i = 1: ceil(ants / cities)
    RandPos = [RandPos, randperm(cities)];
end
% 初始位置转置对应了 Route 矩阵中每只蚂蚁的初始位置
Route(:, 1) = (RandPos(1, 1:ants))';
for j = 2: cities
    for i = 1: ants
        Visited = Route(i, 1:j-1);
        NoVisited = zeros(1, (cities - j + 1));
        P = NoVisited;
        num = 1;
        for k = 1: cities
            if length(find(Visited == k)) == 0
                NoVisited(num) = k;
                num = num + 1;
            end
        end
        for k = 1: length(NoVisited)
            P(k) = (Tau(Visited(end), NoVisited(k))^alpha) * (Eta(Visited(end), NoVisited(k))^beta);
        end
        P = P / sum(P);
        Pcum = cumsum(P);
        select = find(Pcum >= rand);
        to_visit = NoVisited(select(1));
        Route(i, j) = to_visit;
    end
end
```

```matlab
Distance_epoch = zeros(ants, 1);
for i = 1: ants
    R = Route(i, :);
    for j = 1: cities - 1
        Distance_epoch(i) = Distance_epoch(i) + Distance(R(j), R(j + 1));
    end
    Distance_epoch(i) = Distance_epoch(i) + Distance(R(1), R(cities));
end
L_best(epoch) = min(Distance_epoch);
pos = find(Distance_epoch == L_best(epoch));
R_best(epoch, :) = Route(pos(1), :);
L_ave(epoch) = mean(Distance_epoch);
epoch = epoch + 1;

Delta_Tau = zeros(cities, cities);
for i = 1: ants
    for j = 1: (cities - 1)
        Delta_Tau(Route(i, j), Route(i, j + 1)) = Delta_Tau(Route(i, j), Route(i, j + 1)) + Q / Distance_epoch(i);
    end
    Delta_Tau(Route(i, 1), Route(i, cities)) = Delta_Tau(Route(i, 1), Route(i, cities)) + Q / Distance_epoch(i);
end
Tau = (1 - rho) .* Tau + Delta_Tau;
Route = zeros(ants, cities);

Pos = find(L_best == min(L_best));
Short_Route = R_best(Pos(1), :);
Short_Length = L_best(Pos(1), :);
figure
subplot(121);
DrawRoute(position, Short_Route);
subplot(122);
plot(L_best);
hold on
plot(L_ave,'r');
title('平均距离和最短距离');
function DrawRoute(C, R)
N = length(R);
scatter(C(:, 1), C(:, 2));
```

```
hold on
plot([C(R(1),1),C(R(N),1)],[C(R(1),2),C(R(N),2)],'g');
hold on
for ii = 2:N
    plot([C(R(ii - 1),1),C(R(ii),1)],[C(R(ii - 1),2),C(R(ii),2)],'g');
    hold on
end
title('旅行商规划');
end
```

6.5.4 运行结果

蚁群优化算法解决 TSP 的运行结果如图 6-2 所示。可以看到,蚁群优化算法能够顺利找到合适的路径,并遍历全部城市。

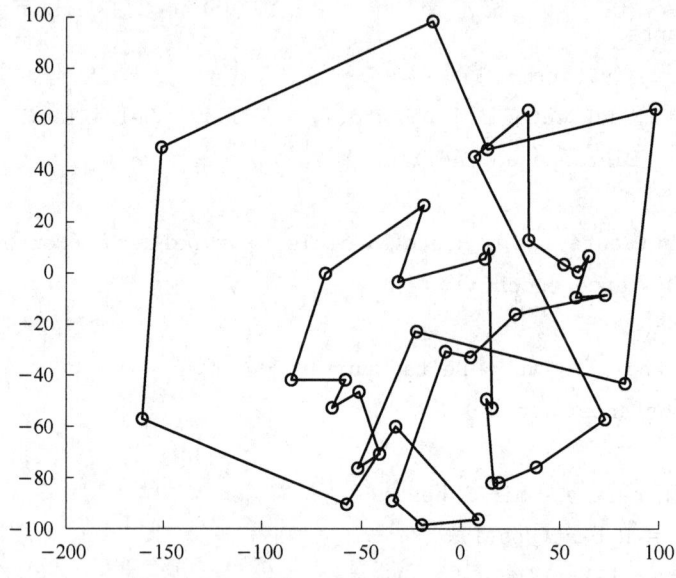

图 6-2 蚁群优化算法解决旅行商问题的运行结果

第7章 多目标优化问题及其求解方法

7.1 多目标优化问题概述

多目标优化思想萌芽于经济学中的效用理论,美国数理经济学家库普曼斯(Koopmans)于1951年在生产和分配的活动分析中考虑了多目标优化问题,并首次提出"Pareto最优解"的概念。在当今科学研究和工业生产中,大部分优化和决策问题都是多目标优化的问题,如在电力系统调度、作业调度和神经网络训练等领域。这类问题经常要求两项甚至多项相互约束甚至矛盾的指标同时达到最优,并需要满足某些约束条件。在实际求解过程中,问题决策者需要对多个目标进行相互平衡,在符合一系列约束条件的情况下得到相对合理的解决方案。

与单目标优化问题不同的是,多目标优化问题通常不存在某个使得各目标均同时达到令人满意的结果的绝对最优解。多目标优化问题的各个目标之间往往是相互冲突的,对某个目标的进一步优化要以劣化其他的一个或多个目标为代价,因此,多目标优化问题的解通常为一个解集,理论上叫作Pareto最优解集。如在机组组合问题中,为了保证较高的利润和较低的环境污染,不仅需要考虑发电成本,还需要考虑燃煤排放问题,也就是做到"节能减排"。当然,实际问题还涉及各种等式和不等式约束条件的制约。

7.2 多目标优化问题

一般情况下,多目标优化问题中的各项指标作为待优化的目标,往往存在内部的相互冲突,即当调整某个目标使其更优时,势必引起其他目标的劣化。对于单目标优化问题,任意两个可行解的优劣都可以直观地通过其目标函数值加以比较,因此,其最优解是确定的、无争议的;而对于多目标优化问题,各目标之间通过决策变量相互制约,任意一个目标的优化都可能以其他目标的劣化作为代价,因此,同时使所有目标达到最优几乎是不可能的。因为各目标的物理意义不同,很难用相同的尺度来衡量,因此,多目标优化问题的解的优劣性不像单目标问题那么直观,通常不存在唯一的最优解。常用的解决办法是根据问题的具体情况,平衡各目标,进行折中处理,使各目标都尽可能地达到最优。即便这些折中解通常不能使每个目标均达到单目标优化最优值,却是平衡各个目标的最佳选择。值得注意的是,因为折中的方法和程度的差异,所以很难客观评价多目标问题解的优劣性。

因此,与单目标优化问题的本质区别在于,多目标优化问题不存在唯一的最优解,而是存在一个最优解集合,供问题决策者视具体情况平衡并选择。

7.2.1 多目标优化问题的数学模型

为不失一般性,假设多目标优化问题中各子目标均需要极小化,则其数学模型可表示为

$$\min(\boldsymbol{f}(\boldsymbol{x})) = (f_1(\boldsymbol{x}), f_2(\boldsymbol{x}), \cdots, f_E(\boldsymbol{x}))$$
$$\text{s. t. } g_i(\boldsymbol{x}) \leqslant 0, i = 1, 2, \cdots, h, \boldsymbol{x} \in \mathbf{R}^D \tag{7-1}$$

其中,$f_i(\boldsymbol{x})$ 为多目标优化问题中任一目标函数,显然,共有 E 个相互冲突的目标函数需要同时极小化,且均依赖于决策变量 $\boldsymbol{x} = (x_1, x_2, \cdots, x_D)$。每个 $x_i(i=1,2,\cdots,D)$ 代表向量空间的一个维度,且有特定的取值范围。$g_i(\boldsymbol{x}) \leqslant 0$ 为多目标优化问题中任一约束条件,共 h 个,与目标函数一样,依赖于决策变量 $\boldsymbol{x}$。

前面已经提到,多目标优化问题的最优解是 Pareto 最优解,下面给出相关的定义。

假设 $\boldsymbol{X} \subseteq \mathbf{R}^D$ 为多目标优化问题的可行解集合,$\boldsymbol{x}, \boldsymbol{y} \in \boldsymbol{X}$ 均为可行解集中的决策变量,$\boldsymbol{f}(\boldsymbol{x}) \in \mathbf{R}^E$ 为目标空间。解空间和可行解的关系如图 7-1 所示。

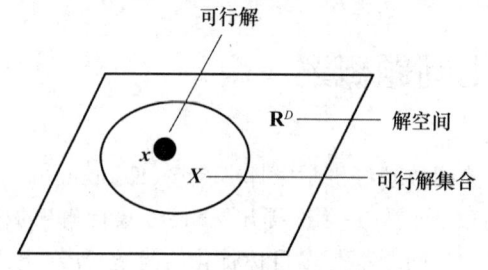

图 7-1 解空间和可行解的关系示意图

定义 7-1 若 $f_i(\boldsymbol{x}) \leqslant f_i(\boldsymbol{y}), \forall i \in \{1,2,\cdots E\}$,且 $f_i(\boldsymbol{x}) < f_i(\boldsymbol{y}), \exists i \in \{1,2,\cdots,E\}$,则称 $\boldsymbol{x}$ 支配 $\boldsymbol{y}$,记作 $\boldsymbol{x} \prec \boldsymbol{y}$。

定义 7-2 若对于某可行解 $\boldsymbol{x} \in \mathbf{R}^D$,不存在任何可行解 $\boldsymbol{y} \in \mathbf{R}^D$,满足 $\boldsymbol{y} \prec \boldsymbol{x}$,则称 $\boldsymbol{x}$ 为 Pareto 最优解,所有 Pareto 最优解的集合称为 Pareto 最优解集,其对应的目标函数值称为 Pareto 前沿。

两目标优化问题的 Pareto 最优解如图 7-2 所示,其中,$x_1, x_2 \in \mathbf{R}^D$ 为两目标优化问题的两个可行解。从图中可以看出,对于两个目标函数 f_1 和 f_2 来说,其曲线的极小值点对应的决策变量值分别为 x_1 和 x_2。在 x_1 左侧和 x_2 右侧,两个函数的取值均会越来越大;而在 x_1 和 x_2 之间,两个函数值的变化完全相反,即区间 $[x_1, x_2]$ 内的值不存在支配关系,构成 Pareto 最优解集。

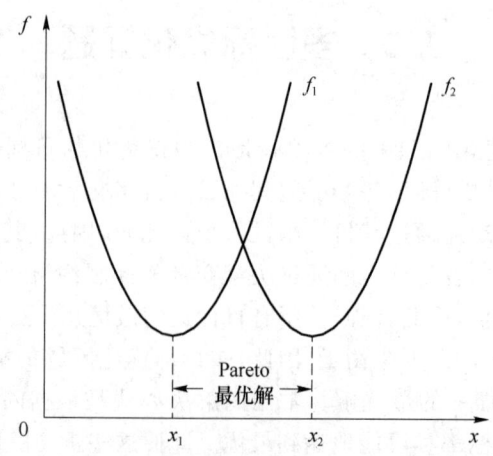

图 7-2 两目标优化问题的 Pareto 最优解示意图

多目标优化问题的最优前沿使用曲线(对于两目标)或曲面(对于两个以上目标)来描述。图 7-3 给出了两目标优化问题的 Pareto 前沿的示意图,其中方块表示可行解。显然,Pareto 前沿由靠近坐标轴的曲线连起来的那些目标函数值构成。以 x_1 和 x_2 为例,因 $f_1(x_1) < f_1(x_2)$ 且 $f_2(x_1) > f_2(x_2)$,故二者均为 Pareto 最优解。可见,坐落在 Pareto 前沿上的可行解若要优化任何一个目标,则势必要劣化至少一个其他的目标。在考虑模型约束条件的前提下,在 Pareto 前沿之外(对于两目标的极小化问题而言,指图 7-3 左下方)不会再有可行解。因此,多目标优化问题的任务就是确定这些 Pareto 最优解集及 Pareto 前沿,并由问题决策者根据问题具体情况从中选取一个或多个作为最终解。

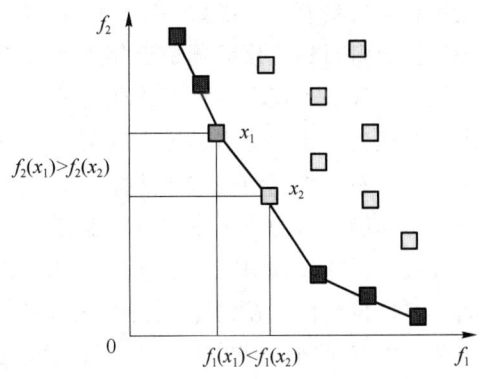

图 7-3 两目标优化问题的 Pareto 前沿示意图

7.2.2 多目标优化问题的求解方法

多目标优化问题的求解方法多种多样,可分为间接解法和直接解法两大类。

1. 间接解法

间接解法也称古典的多目标优化方法,它的基本思想是将多目标优化问题按照一定的人为的方式转换为单目标优化问题,然后对单目标优化问题进行求解。常用的转换方法有分层序列法、线性加权和法、约束法等。

(1) 分层序列法

分层序列法的基本原理是把多目标优化问题的各个目标按照其重要程度排序,首先求出第一个目标的解,然后在第一个目标的基础上求第二个目标的解,依次类推,从而求出多目标优化问题的解。分层序列法不是将多目标并行地进行求解,而是顺序地求解。

(2) 线性加权和法

线性加权和法的基本思想是首先将多目标优化问题的各个目标函数按其重要程度赋予一定的权重,再相加,构成一个单目标优化问题,然后再通过改变各目标的权重值,从而生成多目标优化问题的非劣解集。由于实际问题中不同目标的物理意义和度量单位往往不同,目标之间的无量纲化处理会增加算法的复杂性,还会引起目标空间的改变,因此,权重系数的确定是一个难题。

(3) 约束法

约束法是将多目标中任意一个目标选为基本目标,而将其余的目标转化为不等式约束,再不断变换约束水平,从而生成多目标问题的非劣解集。

2. 直接解法

与间接解法相比,直接解法不再将多目标优化问题转化为单目标优化问题,而是直接求取问题的 Pareto 解集。从 20 世纪 90 年代迅速发展起来的多目标进化算法是一类模拟生物进化机制而形成的全局性概率优化搜索方法。多目标进化算法的优点之一是运行一次可以同时得到多个非劣解,而且通常不需要先验知识,求解的效率较高。一方面,它不要求多目标问题的目标函数和约束条件具有可微性和连续性;另一方面,多目标进化算法通常对Pareto最优前沿的形状和连续性不敏感,能很好地逼近非凸或不连续的最优前沿[7]。近年来典型的多目标进化算法主要有NSGA、NSGA-Ⅱ和SPEA2等。在众多多目标进化算法中,将扩展的PSO算法应用于多目标优化问题是近年来学者们广泛关注的热点之一。

粒子群算法不仅在单目标优化问题中应用广泛且取得了良好的效果,在工程实践各领域的多目标优化问题中也引起了高度关注。研究者提出使用一个无约束档案来存放精英粒子,并提出一种新的数据结构-支配树,以帮助每个粒子选择全局极值。具体而言,当某档案成员的所有目标函数值均小于或等于当前粒子的对应函数值时,该档案成员才能被选作此粒子的全局极值。一些文献引入了模糊机制,用于在粒子群中选取全局最优位置粒子,另一些文献针对固定容量精英档案在估计Pareto最优前沿时的局限性,提出基于支配树和非支配树的动态容量精英档案机制,并将其融入粒子群算法进化过程。

与遗传算法相比,PSO算法的信息共享机制有所不同。GA中染色体之间共享信息,整个种群向最优解区域收敛。在PSO算法中,只有全局极值分发信息给其他粒子,是一个单行道式信息共享机制,进化过程仅寻找最优解。PSO算法简单、容易实现,但使用PSO算法处理优化问题时容易陷入局部最优,且由于多目标优化问题的特殊性,PSO算法还不能直接应用于多目标优化问题,需要对其进行改进。有学者给出了具有外部档案策略的多目标粒子群(MOPSO)算法的基本流程。

一些文献在优化算法中引入了模糊机制用于在粒子群中选取全局最优位置粒子,或使用动态邻居策略进行两目标的优化。某粒子的全局极值采用如下方法选取:首先,根据第一个函数计算此粒子与其他粒子的距离,找到几个距离最近的局部邻居;其次,根据第二个函数值,从局部邻居中选取一个局部最优作为全局极值。综上所述,第一个函数的确定非常关键,相当于使用单目标的优化方法解决多目标的优化问题,因此,这种选取粒子全局极值的方法只取决于一个函数。另一些文献将目标空间分成超立方体,根据这些格子里面的精英粒子数确定每个格子的适应度。粒子数越多,适应值越小。运用轮盘赌选择,即采用一种随机的方法。

华东交通大学的刘刚等对多目标粒子群求解过程中个体极值和全局极值的确定方法做了调整:当新个体与当前个体极值互不支配时,调整后的方法没有简单地保留现有极值,而是计算了新个体和现有极值对其他粒子的支配程度,选取支配其他粒子较多的作为新的个体极值;通过计算Perato最优解的拥挤距离确定全局极值的候选集合,并保留拥挤距离较大的粒子,以限制外部集的容量。有的文献使用限定最大容量的精英档案估计进化计算中的Pareto最优前沿,并利用支配树和非支配树等概念提出了非限定精英档案,用于粒子群进化过程。限定精英档案的最大容量,虽能在某种程度上能够提高计算效率,但对Pareto前沿的优化具有明显不利的影响;一方面,当精英档案中的个体数量超出最大容量时,不可避免地会移除部分极值点,若随后的种群进化中未重新搜索到这些极值点,势必造成最终的Pareto前沿集合仅为真实Pareto前沿的子集;另一方面,重新搜索这些极值点将花费额外的搜索时间。本质上,精英档案是记录算法在之前进化过程中到达的最好状态,其当前元素不应被任何之前进化过程中的种群个体所支配。另外,对于档案中的每个粒子,算法都可以找到与此粒子最相近的那个档案成员,将它作为当前粒子的全局极值,使粒子向它飞行,以便保证解的均匀分布。

7.3 多目标粒子群算法的原理及流程

7.3.1 多目标粒子群算法的原理

采用粒子群算法求单目标优化问题的原理在前文中已有介绍,即通过粒子群的速度和位置不断地更新粒子群的最优适应度(也就是目标函数的值),达到寻优的目的。

单目标 PSO 算法流程如下。

① 初始化粒子位置(一般都是随机生成均匀分布);
② 计算适应度值(一般是目标函数值—优化的对象);
③ 初始化个体极值 pbest(粒子自身)并从中找出全局极值 gbest;
④ 根据位置和速度公式进行位置和速度的更新;
⑤ 重新计算适应度;
⑥ 根据适应度更新历史最优 pbest 和全局最优 gbest;
⑦ 收敛或者达到最大迭代次数则退出算法。

速度的更新公式如下:

$$v_{id}^{k+1} = v_{id}^k + c_1 r_1 (p_{id}^k - x_{id}^k) + c_2 r_2 (g_d^k - x_{id}^k)$$

等式右边由三部分组成。第一部分是惯性量,是延续粒子上一次运动的矢量;第二部分是个体认知量,是向粒子历史最优位置运动的量;第三部分是社会认知量,是粒子向全局最优位置运动的量。

完成速度更新后,位置更新按照如下公式进行:

$$x_{id}^{k+1} = x_{id}^k + v_{id}^{k+1}$$

与单目标优化问题不同,多目标优化问题有多个目标函数,如果同样使用粒子群算法,应该如何求解呢?

(1) 如何选择个体极值 pbest

我们知道,对于单目标优化问题来说,选择 pbest 时只需要对比一下目标函数值,就可以选择出哪个粒子较优。但是对于多目标优化问题来说,我们可能无法通过对比目标函数值得出哪个粒子更优。如果当前粒子的每个目标均优于其他粒子,则当前粒子更优;若当前粒子仅部分目标优于其他粒子,而其他目标存在劣势,那么我们无法判断粒子的绝对优劣。

(2) 如何确定全局极值 gbest

我们知道,对于单目标优化问题来说,在种群中只有一个最优的个体。而对于多目标优化问题来说,Pareto 最优的解可能有很多个。对于 PSO 算法而言,每个粒子只能选择一个个体作为最优的个体(领带者)。此时该如何选择呢?

MOPSO 算法在选择 pbest 时,若无法判断粒子优劣,则随机选择其中一个作为历史最优。对于全局极值,MOPSO 算法可在最优解中根据拥挤程度选择一个领导者,即尽量选择不那么密集位置的粒子。

MOPSO 算法在选择领导者和对存档(pareto 临时最优前沿)进行更新时可应用自适应网格法,该方法的具体介绍请参考相关文献。

自适应网格法,顾名思义需要在坐标系中画网格,所有粒子被分割在不同的网格中,再计算网格的密度。密度越小的网格,其中粒子被选择的概率越大。密度小的网格,其中的粒子较稀疏,这样能够更好地保证最后获得的种群的多样性。具体步骤如下。

步骤 1 遍历集合中的所有粒子,分别在每一个目标函数上找出所有粒子中的最小值和最大值。如图 7-4 所示,获得目标函数 f_1 上的最小值 $\min_1$、最大值 $\max_1$,以及目标函数 f_2 上的最小值 $\min_2$、最大值 $\max_2$。为了保证边界粒子 x_1、x_5 也能在网格内,对边界进行一次膨胀,把最大最小值根据一定比例稍微延长一点,最后获得网格的边界 LB_1、UB_1、LB_2、UB_2。如图 7-5 所示。

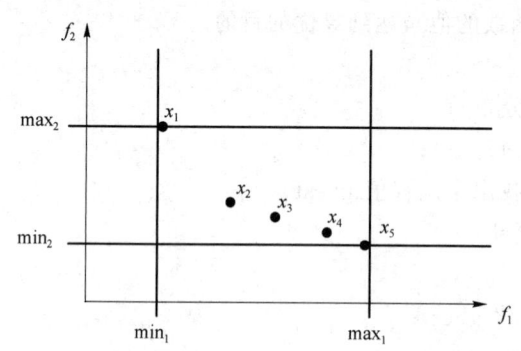

图 7-4 步骤 1 示意图(1)

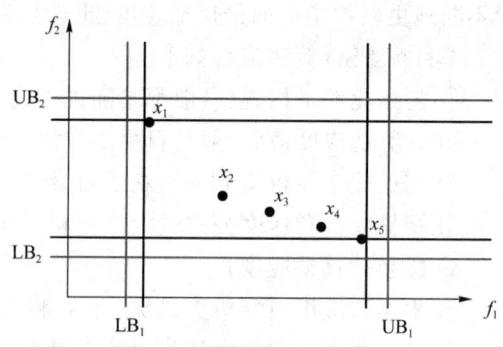

图 7-5 步骤 1 示意图(2)

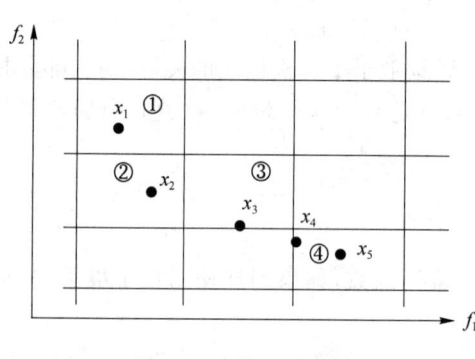

图 7-6 步骤 3 示意图

步骤 2 将区域平均切割成 3×3=9 个网格。

步骤 3 摘选出其中有粒子的网格,并计算这些网格中存储的粒子总数,如图 7-6 所示,网格①中粒子数为 1,网格②中粒子数为 1,网格③中粒子数为 1,网格④中粒子数为 2。

步骤 4 由步骤 3 获得的粒子数,根据公式计算这些网格的被选概率,粒子越少的网格,其中粒子被选择的概率越大,所有网格被选概率的和为 1。

步骤 5 根据步骤 4 计算的概率,采取轮盘赌选择策略选择一个网格,该网格中的粒子作为 gbest 备选集,在备选集中采用随机选择的方法选择其中一个粒子作为全局极值。

(3) 如何选择向导

MOPSO 算法需要在档案中选择一个粒子作为向导。根据网格划分,假设每个网格中有若干个粒子,该网格中的粒子越拥挤,则被选择的概率越低。这是为了保证粒子的均匀分布,从而能够对未知的区域进行探索。

(4) 如何存档

种群更新完成之后,MOPSO 算法进行了三轮筛选。

首先,根据支配关系进行第一轮筛选,将劣解去除,剩下的加入存档中。

其次,在档案中根据支配关系进行第二轮筛选,将劣解去除,并计算存档粒子在网格中的位置。

最后,若存档数量超过了存档阈值,则根据自适应网格进行筛选,直到阈值限额为止,重新进行网格划分。

梁静教授提出的 CLMOPSO 算法使用了 MOPSO 算法的大部分机制,不同之处在于:①未使用自适应网格存放 Pareto 支配解集进行 gbest 选取,而是采用随机的方式选取 gbest;②引入了全面学习的机制,不仅仅从特定的 gbest 和自身 pbest 学习,而是从不同的维度各选取不同的 3 种学习榜样,包括自身 pbest、全局 gbest 和其他粒子的 pbest,避免了随机选取 gbest 造成的种群多样性水平降低。

7.3.2 多目标粒子群算法的流程

多目标粒子群算法的总体流程如图 7-7 所示,具体描述如下。

步骤 1 初始化种群,计算非劣解,并将其保存在外部档案中;

步骤 2 计算外部档案中粒子的密度信息,将目标空间用网格等分成小区域,以每个区域中包含的粒子数作为粒子的密度信息,粒子所在网格中包含的粒子数越多,其密度值越大,反之越小;

步骤 3 更新群体中粒子的位置和速度,群体中的粒子在 gbest 和 pbest 的引导下搜索最优解;

步骤 4 更新外部档案,更新自适应网格信息;

步骤 5 当外部档案集中的粒子数超过了规定大小时需要删除多余的粒子,以维持稳定的外部档案集规模;

步骤 6 判断算法是否迭代结束,若是则输出外部档案集的粒子信息,否则转入步骤 3。

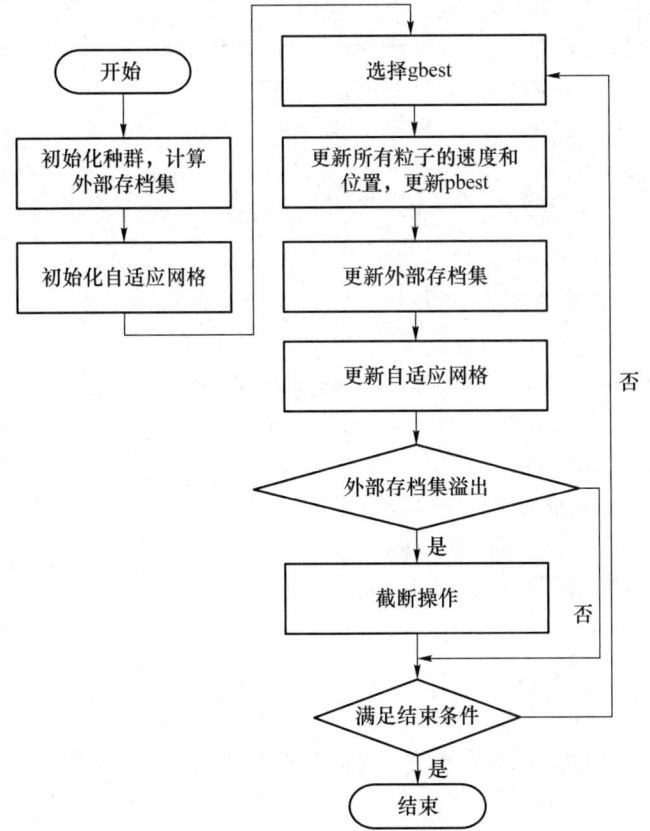

图 7-7　MOPSO 算法流程图

7.4 多目标粒子群算法的应用

ZDT 函数是多目标优化问题的常用的测试函数，本节采用 MOPSO 算法求解多目标函数 ZDT1。ZDT1 函数模型如下：

$$ZDT1\begin{cases}\min(f_1(x_1)) = x_1 \\ \min(f_2(x)) = g(1-\sqrt{(f_1/g)}) \\ g(x) = 1+9\sum_{i=2}^{m} x_i/(m-1)\end{cases}$$

MATLAB 主要代码如下。

1. Mopso. m

```
clc;
clear;
close all;
%% Problem Definition
CostFunction = @(x) ZDT(x);     % Cost Function
nVar = 5;          % Number of Decision Variables
VarSize = [1 nVar];     % Size of Decision Variables Matrix
VarMin = 0;        % Lower Bound of Variables
VarMax = 1;        % Upper Bound of Variables
%% MOPSO Parameters
MaxIt = 200;       % Maximum Number of Iterations
nPop = 200;        % Population Size
nRep = 100;        % Repository Size
w = 0.5;           % Inertia Weight
wdamp = 0.99;      % Intertia Weight Damping Rate
c1 = 1;            % Personal Learning Coefficient
c2 = 2;            % Global Learning Coefficient
nGrid = 7;         % Number of Grids per Dimension
alpha = 0.1;       % Inflation Rate
beta = 2;          % Leader Selection Pressure
gamma = 2;         % Deletion Selection Pressure
mu = 0.1;          % Mutation Rate
%% Initialization
empty_particle.Position = [];
empty_particle.Velocity = [];
empty_particle.Cost = [];
empty_particle.Best.Position = [];
```

```
empty_particle.Best.Cost = [];
empty_particle.IsDominated = [];
empty_particle.GridIndex = [];
empty_particle.GridSubIndex = [];
pop = repmat(empty_particle, nPop, 1);
for i = 1:nPop
      pop(i).Position = unifrnd(VarMin, VarMax, VarSize);
      pop(i).Velocity = zeros(VarSize);
      pop(i).Cost = CostFunction(pop(i).Position);
      % Update Personal Best
      pop(i).Best.Position = pop(i).Position;
      pop(i).Best.Cost = pop(i).Cost;
end
% Determine Domination
pop = DetermineDomination(pop);
rep = pop(~[pop.IsDominated]);
Grid = CreateGrid(rep, nGrid, alpha);
for i = 1:numel(rep)
      rep(i) = FindGridIndex(rep(i), Grid);
end
%% MOPSO Main Loop
for it = 1:MaxIt
    for i = 1:nPop
          leader = SelectLeader(rep, beta);
          pop(i).Velocity = w * pop(i).Velocity ...
              + c1 * rand(VarSize).*(pop(i).Best.Position-pop(i).Position) ...
              + c2 * rand(VarSize).*(leader.Position-pop(i).Position);
          pop(i).Position = pop(i).Position + pop(i).Velocity;
          pop(i).Position = max(pop(i).Position, VarMin);
          pop(i).Position = min(pop(i).Position, VarMax);
          pop(i).Cost = CostFunction(pop(i).Position);
          % Apply Mutation
          pm = (1 - (it - 1)/(MaxIt - 1))^(1/mu);
          if rand < pm
              NewSol.Position = Mutate(pop(i).Position, pm, VarMin, VarMax);
              NewSol.Cost = CostFunction(NewSol.Position);
              if Dominates(NewSol, pop(i))
                  pop(i).Position = NewSol.Position;
                  pop(i).Cost = NewSol.Cost;
              elseif Dominates(pop(i), NewSol)
```

```
                        % Do Nothing
                else
                        if rand<0.5
                                pop(i).Position = NewSol.Position;
                                pop(i).Cost = NewSol.Cost;
                        end
                end
        end
        if Dominates(pop(i), pop(i).Best)
                pop(i).Best.Position = pop(i).Position;
                pop(i).Best.Cost = pop(i).Cost;
        elseif Dominates(pop(i).Best, pop(i))
                % Do Nothing
        else
                if rand<0.5
                        pop(i).Best.Position = pop(i).Position;
                        pop(i).Best.Cost = pop(i).Cost;
                end
        end
end
% Add Non-Dominated Particles to REPOSITORY
rep = [rep
        pop(~[pop.IsDominated])]; % #ok
% Determine Domination of New Resository Members
rep = DetermineDomination(rep);
% Keep only Non-Dminated Memebrs in the Repository
rep = rep(~[rep.IsDominated]);
% Update Grid
Grid = CreateGrid(rep, nGrid, alpha);
% Update Grid Indices
for i = 1:numel(rep)
        rep(i) = FindGridIndex(rep(i), Grid);
end
% Check if Repository is Full
if numel(rep)>nRep
        Extra = numel(rep)-nRep;
        for e = 1:Extra
                rep = DeleteOneRepMemebr(rep, gamma);
```

```
            end
        end
        % Plot Costs
        figure(1);
        PlotCosts(pop, rep);
        pause(0.01);
        % Show Iteration Information
        disp(['Iteration ' num2str(it) ': Number of Rep Members = ' num2str(numel(rep))]);
        % Damping Inertia Weight
        w = w * wdamp;
    end
    %% Resluts
```

2. DetermineDomination. m

```
function pop = DetermineDomination(pop)
    nPop = numel(pop);
    for i = 1:nPop
        pop(i).IsDominated = false;
    end
    for i = 1:nPop-1
        for j = i+1:nPop
            if Dominates(pop(i), pop(j))
                pop(j).IsDominated = true;
            end
            if Dominates(pop(j), pop(i))
                pop(i).IsDominated = true;
            end
        end
    end
end
```

3. DeleteOneRepMemebr. m

```
function rep = DeleteOneRepMemebr(rep, gamma)
    % Grid Index of All Repository Members
    GI = [rep.GridIndex];
    % Occupied Cells
    OC = unique(GI);
    % Number of Particles in Occupied Cells
    N = zeros(size(OC));
```

```matlab
        for k = 1:numel(OC)
            N(k) = numel(find(GI == OC(k)));
        end
        % Selection Probabilities
        P = exp(gamma*N);
        P = P/sum(P);
        % Selected Cell Index
        sci = RouletteWheelSelection(P);
        % Selected Cell
        sc = OC(sci);
        % Selected Cell Members
        SCM = find(GI == sc);

        % Selected Member Index
        smi = randi([1 numel(SCM)]);
        % Selected Member
        sm = SCM(smi);
        % Delete Selected Member
        rep(sm) = [];
end
```

4. Dominates. m

```matlab
function b = Dominates(x, y)
    if isstruct(x)
        x = x.Cost;
    end
    if isstruct(y)
        y = y.Cost;
    end
    b = all(x <= y) && any(x < y);
end
```

5. Mutate. m

```matlab
function xnew = Mutate(x, pm, VarMin, VarMax)
    nVar = numel(x);
    j = randi([1 nVar]);
    dx = pm*(VarMax-VarMin);
    lb = x(j) - dx;
    if lb < VarMin
        lb = VarMin;
```

```
        end
        ub = x(j) + dx;
        if ub > VarMax
            ub = VarMax;
        end
        xnew = x;
        xnew(j) = unifrnd(lb, ub);
end
```

6. RouletteWheelSelection.m

```
function i = RouletteWheelSelection(P)
    r = rand;
    C = cumsum(P);
    i = find(r <= C, 1, 'first');
end
```

7. SelectLeader.m

```
function leader = SelectLeader(rep, beta)
    % Grid Index of All Repository Members
    GI = [rep.GridIndex];
    % Occupied Cells
    OC = unique(GI);
    % Number of Particles in Occupied Cells
    N = zeros(size(OC));
    for k = 1:numel(OC)
        N(k) = numel(find(GI == OC(k)));
    end
    % Selection Probabilities
    P = exp( - beta * N);
    P = P/sum(P);
    % Selected Cell Index
    sci = RouletteWheelSelection(P);
    % Selected Cell
    sc = OC(sci);
    % Selected Cell Members
    SCM = find(GI == sc);
    % Selected Member Index
    smi = randi([1 numel(SCM)]);
    % Selected Member
    sm = SCM(smi);
```

```
        % Leader
        leader = rep(sm);
    end
```

8. PlotCosts.m

```
function PlotCosts(pop, rep)
    pop_costs = [pop.Cost];
    plot(pop_costs(1, :), pop_costs(2, :), 'ko');
    hold on;
    rep_costs = [rep.Cost];
    plot(rep_costs(1, :), rep_costs(2, :), 'r*');
    xlabel('1^{st} Objective');
    ylabel('2^{nd} Objective');
    grid on;
    hold off;
end
```

9. FindGridIndex.m

```
function particle = FindGridIndex(particle, Grid)
    nObj = numel(particle.Cost);
    nGrid = numel(Grid(1).LB);
    particle.GridSubIndex = zeros(1, nObj);
    for j = 1:nObj
        particle.GridSubIndex(j) = ...
            find(particle.Cost(j)< Grid(j).UB, 1, 'first');
    end
    particle.GridIndex = particle.GridSubIndex(1);
    for j = 2:nObj
        particle.GridIndex = particle.GridIndex - 1;
        particle.GridIndex = nGrid * particle.GridIndex;
        particle.GridIndex = particle.GridIndex + particle.GridSubIndex(j);
    end
end
```

10. CreateGrid.m

```
function Grid = CreateGrid(pop, nGrid, alpha)
    c = [pop.Cost];
    cmin = min(c, [], 2);
    cmax = max(c, [], 2);
```

```
        dc = cmax-cmin;
        cmin = cmin-alpha * dc;
        cmax = cmax + alpha * dc;
        nObj = size(c, 1);
        empty_grid.LB = [];
        empty_grid.UB = [];
        Grid = repmat(empty_grid, nObj, 1);
        for j = 1:nObj
            cj = linspace(cmin(j), cmax(j), nGrid + 1);
            Grid(j).LB = [-inf cj];
            Grid(j).UB = [cj + inf];
        end
end
```

11. ZDT. m

```
function z = ZDT(x)
    n = numel(x);
    f1 = x(1);
    g = 1 + 9/(n-1) * sum(x(2:end));
    h = 1 - sqrt(f1/g);
    f2 = g * h;
    z = [f1
        f2];
end
```

MATLAB 代码以动画的形式更新 Pareto 解集，这里只展示最终结果，如图 7-8 所示。

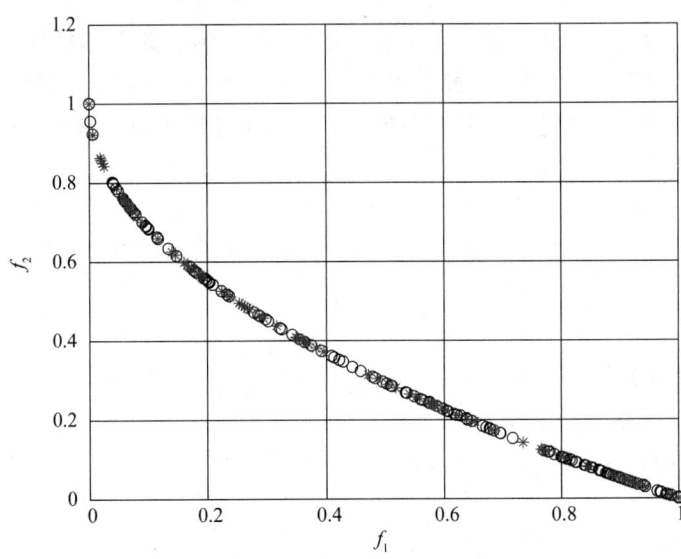

图 7-8　MOPSO 算法求解 ZDT1 函数的 Pareto 前沿

7.5 目标权重导向的多目标粒子群算法设计

通常,多目标粒子群优化的主要任务包括外部档案维护、个体最优位置更新、全局最优位置选取,以及保证粒子始终在搜索空间内飞行等。鉴于多目标粒子群的全局极值不唯一存在,因此,进化过程中个体极值和全局极值的选取方法是关键。本节假设粒子群的种群规模为 M,提出的目标权重导向的多目标粒子群具体设计如下。

7.5.1 外部档案

外部档案用于存放种群进化过程中的 Pareto 最优解,以便寻找问题的 Pareto 最优前沿,设外部档案的容量为 S,外部档案的形式化表示如式(7-2)所示。

$$\boldsymbol{A}_e = \begin{bmatrix} x_1 \\ x_2 \\ \vdots \\ x_S \end{bmatrix} \tag{7-2}$$

因 $\boldsymbol{x}_i = (x_{i1}, x_{i2}, \cdots x_{iD})$,$(i=1,2,\cdots,S)$ 为 D 维向量,则外部档案可表示为式(7-3)的矩阵形式。

$$\boldsymbol{A}_e = \begin{bmatrix} x_{11} & x_{12} & \cdots & x_{1D} \\ x_{21} & x_{22} & \cdots & x_{2D} \\ \vdots & \vdots & \ddots & \vdots \\ x_{S1} & x_{S2} & \cdots & x_{SD} \end{bmatrix} \tag{7-3}$$

7.5.2 拥挤距离

对外部档案中的每个个体均定义一个度量指标,用于标识此个体在外部档案中与其他个体之间的拥挤程度,称为拥挤距离。种群中两个个体 x_i 与 x_j 的距离表示为 $d(x_i,x_j)$,而某个个体的拥挤距离是指此个体周围不被档案中任何其他个体所占有的搜索空间的度量。外部档案的距离矩阵如式(7-4)所示。

$$\boldsymbol{\mathrm{DIS}} = \begin{bmatrix} d(x_1,x_1) & d(x_1,x_2) & \cdots & d(x_1,x_S) \\ d(x_2,x_1) & d(x_2,x_2) & \cdots & d(x_2,x_S) \\ \vdots & \vdots & \ddots & \vdots \\ d(x_S,x_1) & d(x_S,x_2) & \cdots & d(x_S,x_S) \end{bmatrix} \tag{7-4}$$

其中,$d(x_i,x_j)$ 定义如下:

① 当 $i=j$ 时,显然,$d(x_i,x_j)=0$;

② 当 $i \neq j$ 时,$d(x_i,x_j)$ 是 x_i 与 x_j 在 D 维空间的几何距离,如式(7-5)所示。

$$d(x_i,x_j) = \sqrt{\sum_{d=1}^{D}(x_{id}-x_{jd})^2} \tag{7-5}$$

因为多目标优化问题注重的是目标函数值的优劣程度,所以也可选取各自目标函数值的距离作为距离矩阵的值,如式(7-6)所示。

$$\mathbf{DIS}' = \begin{bmatrix} d(f(x_1),f(x_1)) & d(f(x_1),f(x_2)) & \cdots & d(f(x_1),f(x_S)) \\ d(f(x_2),f(x_1)) & d(f(x_2),f(x_2)) & \cdots & d(f(x_2),f(x_S)) \\ \vdots & \vdots & \ddots & \vdots \\ d(f(x_S),f(x_1)) & d(f(x_S),f(x_2)) & \cdots & d(f(x_S),f(x_S)) \end{bmatrix} \quad (7\text{-}6)$$

其中,$d(f(x_i),f(x_j))$ 定义如下:

① 当 $i=j$ 时,显然,$d(f(x_i),f(x_j))=0$;

② 当 $i\neq j$ 时,$d(f(x_i),f(x_j))$ 是 $f(x_i)$ 与 $f(x_j)$ 在 m 维空间的几何距离,如式(7-7)所示。

$$d(f(x_i),f(x_j)) = \sqrt{\sum_{d=1}^{E}(f_d(x_i)-f_d(x_j))^2} \quad (7\text{-}7)$$

以式(7-4)中的个体之间的几何距离表示的距离矩阵为例,拥挤距离 $\mathbf{DIS}_{min}$ 为含有 S 个元素的列向量,如式(7-8)所示。

$$\mathbf{DIS}_{min} = (d_1^{min}, d_2^{min}, \cdots, d_S^{min})^T \quad (7\text{-}8)$$

其中,$d_i^{min}(1\leqslant i\leqslant S)$ 表示 x_i 与其他 Pareto 最优解之间的最小距离,也就是 $\mathbf{DIS}$ 矩阵中第 i 行的最小值(仅限非零值,因为每个非劣解与自身的距离都为 0)。因此,$\mathbf{DIS}_{min}$ 即为两个几何距离最近的解的距离值,这两个解将作为最为拥挤的解处理。

7.5.3 目标权重因子

以含有两个待优化目标的多目标优化问题为例,假设 f_1 和 f_2 作为待优化目标函数,均需要极小化。由于外部档案中存在不止一个 Pareto 解,飞行导向的选取具有随机性,这就可能导致各粒子趋向一个或少数几个位置飞行,破坏了粒子的多样性。为解决此问题,本小节设计了一个目标权重因子作为粒子飞行时新的适应度指标。图 7-9 给出了目标权重因子作用下多目标粒子群进化示意图。

假设某个可行解对应的两个目标函数值 f_1 和 f_2 分别作为横纵坐标,f_2 与 f_1 之比的反正切值 $\arctan(f_2/f_1)$ 设为 θ,显然,$\theta\in[0,\pi/2]$,所以 $\sin\theta\in[0,1]$。本小节将 $\sin\theta$ 作为外部档案中某可行解的目标权重因子,以便推动问题的优化过程。因此,若将某可行解 q 的权重因子设为 η_q,其可表示为

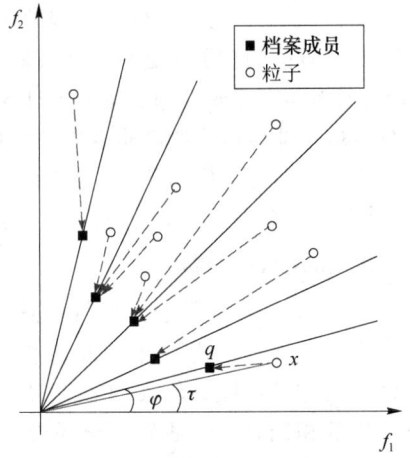

图 7-9 目标权重因子作用下多目标粒子群进化示意图

$$\eta_q = \sin(\arctan(f_2(q)/f_1(q))) \quad (7\text{-}9)$$

显然,η_q 作为目标权重因子,实际表示了在此情况下的可行解对应的二维平面中横纵坐标之间的几何关系。

以图 7-9 中的某可行解 q 为例,分析其权重因子 η_q 的值。显然,$\eta_q=\sin\varphi$,其中,φ 是过原点且斜率为 $f_2(q)/f_1(q)$ 的直线与横坐标的夹角。当前种群中的某个粒子 x 在飞行时,选取与其目标权重因子 $\eta_x=\sin\tau$ 最相近的可行解作为向导。在如图 7-9 所示的众多可行解中,q 便为最佳选择。

7.5.4 相关函数设计

在多目标粒子群算法的实现过程中有如下三个重要的函数。

1. Compare 函数

Compare 函数用于判断某可行解是否为非劣解,更新外部档案和距离矩阵。

(1) 设外部档案的当前容量为 S',并将其初始化为 0。构造过程如下:在满足问题的约束条件的前提下,在种群初始化完成之后,按一定的顺序将粒子放入外部档案。首先将某一粒子 i 放入外部档案,然后对于种群中的任意粒子 j,考查粒子 j 与粒子 i 的支配关系,此时存在以下 3 种情况:

① 若 $i < j$,则 j 不进入外部档案;

② 若 $j < i$,则 j 进入外部档案,同时将 i 从外部档案中移除;

③ 若二者互不支配,且 $S' < S$,则 j 进入外部档案,与 i 并存,S' 自增 1;若二者互不支配,且 $S' = S$,则 j 先假设进入外部档案,再移除拥挤距离最小的非劣解中的任意一个。

依次类推,种群中的每个粒子均按此方式与外部档案中现有的所有粒子比较,判断其支配关系,并采取相应处理方法,直到考查完种群中的全部粒子,外部档案更新完成。种群进化的更新过程与之类似。

(2) 根据外部档案中非劣解的增减情况更新距离矩阵,将新增非劣解与其他解的距离加入距离矩阵,同时移除非劣解与其他解的距离。

2. GetPbest 函数

GetPbest 函数用于为当前种群中的粒子确定(更新)个体极值。

个体极值选取方面,优化过程的前期可采取"不支配则不更新"的原则,即仅在出现新的支配当前个体极值的粒子时更新个体极值,否则一直保持不变。可在优化过程的后期设置一个个体档案,该档案中存放着每个粒子飞过的所有非劣历史位置,以便在目标权重导向的条件下为粒子择优选取个体极值。所谓非劣历史位置,即此粒子飞行过程中经历的具有非支配关系的解的集合。在优化过程的后期,因大范围的寻优已集中在较小的几个范围,因此,在个体极值的选取方面,从个体档案中的非劣历史位置中选取目标权重值较接近当前粒子的可行解作为个体极值。

3. GetGbest 函数

GetGbest 函数用于为当前种群中的粒子确定(更新)全局极值。

在从外部档案为种群中的个体选取全局极值时,文献中多选取比较拥挤距离的方式,将与其他成员的几何距离较大的非劣解作为全局极值。本小节选用概率控制下的目标权重因子和选取次数相结合的方法确定全局极值。

(1) 目标权重因子确定全局极值

在一定概率下(如 0.5),使用目标权重因子确定全局极值。当从外部档案中为某个粒子选取它的向导时,为了使当前粒子所对应的目标权重因子尽量保持不变或发生较小的变化,我们求出当前粒子的目标权重因子值,用权重因子值与其最相近的那个档案成员作为其全局极值。特殊情况下,存在与其权重因子相同的向导,该情况效果最好。

设种群规模为 M;外部档案的大小为 S;当前种群中各粒子所对应的目标权重因子为 $\sin \tau_m$,其中 $m = 1, 2, \cdots, M$;非劣解的目标权重值为 $\sin \varphi_s$,其中 $s = 1, 2, \cdots, S$。对于当前种群中任一编号为 m 的粒子而言,使式(7-10)取得最小值的 φ_s 所对应的非劣解即为与其目标权重值最接近的非劣解,将此非劣解选为此粒子的全局极值。

$$\min(|\sin \tau_m - \sin \varphi_s|), m = 1, 2, \cdots, M, s = 1, 2, \cdots, S \tag{7-10}$$

设矩阵 O 存放了所有粒子与非劣解之间的目标权重差值,如式(7-11)所示,则 $d_{m,s}=|\sin\tau_m-\sin\varphi_s|$ 表示编号 m 的粒子与编号 q 的档案成员的目标权重差值。因此,求矩阵 O 每行的最小值,所对应的非劣解即为当前粒子的全局极值。

$$O=(d_{m,s})_{M\times S}=\begin{bmatrix} d_{11} & d_{12} & \cdots & d_{1,S-1} & d_{1S} \\ d_{21} & d_{22} & \cdots & d_{2,S-1} & d_{2S} \\ \vdots & \vdots & \ddots & \vdots & \vdots \\ d_{M-1,1} & d_{M-1,2} & \cdots & d_{M-1,S-1} & d_{M-1,S} \\ d_{M1} & d_{M2} & \cdots & d_{M,S-1} & d_{MS} \end{bmatrix} \quad (7-11)$$

(2) 根据选取次数确定全局极值

为了保持粒子的多样性,增强选取的均匀性,防止随机选取造成进化陷入局部最优,在一定的概率下(如0.5),按照非劣解所对应的选取次数值最小的原则选取全局极值。在此过程中,增加一个行向量,大小与外部档案当前的容量相同,其每个分量对应一个非劣解,说明此解被选取当做全局极值的次数,作为控制选取次数的量。非劣解每被选取一次,该行向量相应值加1,在下次选取时,选取值较小行向量对应的非劣解。

7.5.5 目标权重导向的多目标粒子群算法的实现

图 7-10 给出了目标权重导向的多目标粒子群算法的流程图,具体执行步骤如下。

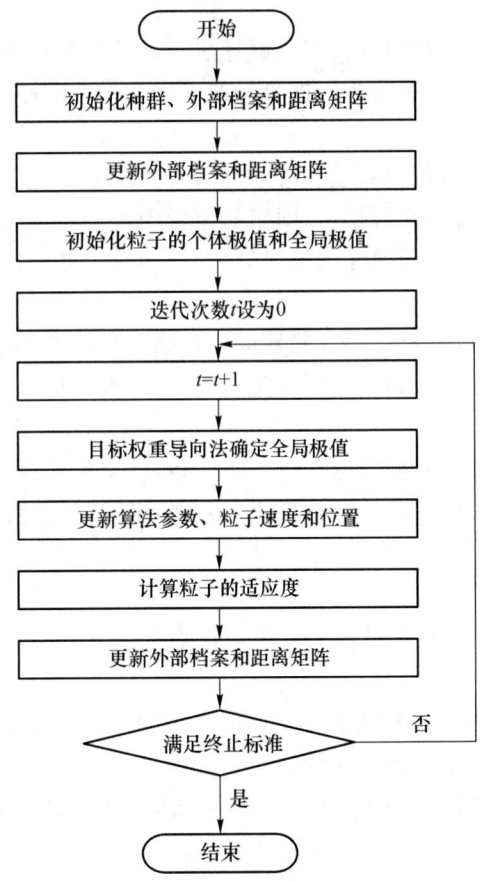

图 7-10 目标权重导向的多目标粒子群算法流程图

步骤 1 根据给定的种群规模初始化粒子群,速度和位置均为随机设置,且满足必要的约束条件,将外部档案和距离矩阵初始化为空;

步骤 2 根据 Compare 函数更新外部档案和距离矩阵;

步骤 3 将粒子的个体极值初始化为每个粒子本身,全局极值从外部档案随机选取,迭代次数 t 初始化为 0;

步骤 4 $t=t+1$;

步骤 5 根据 GetPbest 函数选取个体极值,根据函数 GetGbest 采用目标权重导向和选取次数相结合的方法为种群中每个粒子选取全局极值;

步骤 6 更新算法参数、为种群中粒子更新速度和位置;

步骤 7 计算粒子适应度,根据 Compare 函数更新外部档案,更新距离矩阵;

步骤 8 判断是否满足终止标准,是则结束迭代,输出结果,否则返回步骤 4。

7.6 多目标人工鱼群算法

7.6.1 多目标人工鱼群算法的原理及实现流程

多目标人工鱼群算法相比单目标人工鱼群算法主要增加了一个非支配排序的过程。在多目标优化问题中,人工鱼群的 4 种行为根据鱼群的支配关系做出如下调整。

(1) 聚群(swarm)行为

人工鱼探索当前邻居内的伙伴数量,并计算伙伴的中心位置。若中心位置的目标函数支配当前位置的目标函数,并且不是很拥挤,则当前位置向中心位置移动一步,否则执行觅食行为。此时需遵守两条规则:①尽量向邻近伙伴的中心移动;②避免过分拥挤。

(2) 追尾(follow)行为

人工鱼探索周围邻居鱼的最优位置,若最优位置的目标函数值支配当前位置的目标函数值,并且不是很拥挤,则当前位置向最优邻居鱼移动一步,否则执行觅食行为。

(3) 觅食(pray)行为

人工鱼在当前解的基础上随机选定一个方向移动,计算移动后解的多目标函数,并判断该解是否支配当前解,是则往该方向移动随机距离,否则重新选择方向进行尝试。多次尝试觅食失败后则随机移动。

(4) 随机移动行为

人工鱼在当前解的基础上随机选定一个方向移动。

算法主要实现流程如下:

步骤 1 初始化设置,包括种群规模 N、每条人工鱼的初始位置、人工鱼的视野 visual、步长 step、拥挤度因子 δ、尝试次数 try_number;

步骤 2 计算初始鱼群各个体的多目标函数和适应度函数,取最优人工鱼状态及其值赋予公告牌;

步骤 3 对每个个体进行评价,对其要执行的行为进行选择,包括觅食、聚群、追尾和随机移动行为;

步骤 4 执行人工鱼的行为,更新自身位置,生成新鱼群;

步骤 5 计算鱼群中各个鱼群的多目标函数,执行非支配排序并更新外部集(存储所有的 Pareto 解),若某个体适应度函数优于公告牌,则将公告牌更新为该个体;

步骤 6 当公告牌上最优解达到满意误差界内或者达到迭代次数上限时算法结束,否则返回步骤 3。

7.6.2 多目标人工鱼群算法的应用

本小节应用多目标人工鱼群算法求解 SCH 函数。SCH 的两个目标相互冲突,其数学模型如下:

$$\min\{f_1(x)=x^2, f_2(x)=(x-2)^2\}, \quad x \in [0,1]$$

MATLAB 主要代码如下。

1. Main.m

```
clc;          % 清屏
close all;    % 清图
clear;        % 清除所有变量
%
% ------------------------------------------------------------------- %
addpath('../Objfun');    % 添加测试函数的路径
% 赋值
pop = 20;      % 种群规模
gen = 50;      % 最大迭代次数
% pro = 6;     % 测试函数的选择,可自行在 Objfun 文件中添加所要优化的函数
% 通过 Case 进行选择
fprintf('Case 列表,1 - sch\n');
pro = input('请输入 case:');
% ------------------------------------------------------------------- %
% 测试函数的选择
tic;
[M,V,Real_Pareto] = Testcase(pro);
% 根据问题标签 pro 选择相应的测试函数
% 返回目标数目 M、变量数目 V 和真实帕累托前沿数据 Real_Pareto
% ------------------------------------------------------------------- %
% 初始化种群(Initialize the population)
% 根据种群规模和问题标签初始化种群
% 返回初始种群 chromosome,以及变量的最小值 varmin 和最大值 varmax
[chromosome,varmin,varmax] = initialize_variables(pop,pro);
%
```

```matlab
% 对初始化的种群进行排序(Sort the initialized population)
% 得到非支配外部集
[Rep] = JudgePopDominationQs(chromosome,M,V);
% ------------------------------------------------------------------ %
% 找到初始全局最优鱼群
Dis = FishDis(Rep,M,V);
[~,maxInd] = max(Dis);
BestPop = Rep(maxInd,:);
er = []; gd = []; gama = [];div = [];sp = [];    repN = []; tt = [];
%% 开始优化过程(Start the process)
for i = 1 : gen
    % Perfrom operator
    chromosome = afsa_operator(chromosome,pop,pro,[varmin,varmax],M,V,BestPop);
% 执行人工鱼的操作
    % 找到非支配解并更新外部集
    RepNew = [Rep;chromosome];
    [RepNew] = JudgePopDominationQs(RepNew,M,V);
    Rep = deleterep(RepNew,M,V);
    % 计算并保存优化指标如容错率 er、世代距离 gd、收敛性 gama、多样性 div、均匀性 sp、
    % 非支配解数 repN 和运行时长 tt
    [er(i),gd(i),gama(i),div(i),sp(i),repN(i),tt(i)] = PerformEval(Rep,Real_Pareto,M,V);
    save code2.mat   er gd gama div sp repN tt;
    pause(0.1);
    % 找到全局最优鱼群
    Dis = FishDis(Rep,M,V);
    [~,maxInd] = max(Dis);
    BestPop = Rep(maxInd,:);
    if mod(i,10) == 0
        disp(['当前迭代次数:', num2str(i) ]);
        polt_vs_debug(chromosome,pro,Rep,Real_Pareto,M,V);
        pause(0.1);
        % fprintf('%d\n',i);
        frame = getframe(gcf);
        im = frame2im(frame);
        [I,map] = rgb2ind(im,20);
        if i == 10
            imwrite(I,map,'Result2.gif','gif', 'Loopcount',inf,'DelayTime',0.2);
        else
            imwrite(I,map,'Result2.gif','gif','WriteMode','append','DelayTime',0.2);
```

```
            end
        end
end
%% 结果保存(Result)
% Save the result in ASCII text format.
save solution.txt chromosome-ASCII
```

2. FSA_scatter.m(追尾行为)

```
function [Xt,Yt] = FSA_scatter( Xi, Yi, pop,pro, popminmax, sizepop, visual,
step, try_number, delta, BestPop)
% 追尾行为
popmin = popminmax(1);  popmax = popminmax(2);
V = length(Xi);M = length(Yi);
for k = 1:sizepop
    d(k) = norm( Xi-pop(k,1:V),2);
end
[a,b] = find( d>0 & d<visual );
if(~isempty(b))
    Xc = zeros( size(pop(1,1:V)) );
    for k = 1:length(b)
        XcQ(k,:) = pop(b(k),1:V);
        YcQ(k,:) = evaluate_objective( XcQ(k,:),pro);       % 适应度值
    end
    Cnew = [XcQ,YcQ];
    V = size(XcQ,2);
    M = size(YcQ,2);
    [Cnew] = JudgePopDominationQs(Cnew,M,V);
    XcQ = Cnew(:,1:V);YcQ = Cnew(:,V+1:end);
    % 计算拥挤度并将拥挤度最大的作为最优鱼群
    Dis = FishDis([XcQ YcQ;Xi Yi;],M,V);
    [~,ind] = max(Dis(1:end-1));
    Xmax = XcQ(ind,:);
    Xmax = (Xmax-Xi + BestPop(1:V) - Xi) + Xi;
    Ymax = evaluate_objective(Xmax,pro);
    if Domination2(Ymax,Yi) && Dis(ind)>Dis(end)
        Xt = Xi + ( Xmax − Xi )./norm(Xmax-Xi,2) .* step .* rand(1);
        Xt = PopWs(Xt,pro);
        Yt = evaluate_objective(Xt,pro);       % 适应度值
    else
        % 觅食行为
```

```
            [Xt,Yt] = FSA_find( Xi, Yi, pro, popminmax, visual, step, try_number,
BestPop(1:V));
        end
    else
        % 觅食行为
        [Xt,Yt] = FSA_find( Xi, Yi, pro, popminmax, visual, step, try_number ,
BestPop(1:V));
    end
```

3. FSA_center.m(聚群行为)

```
function [Xt,Yt] = FSA_center( Xi, Yi, II, pop, pro, popminmax, sizepop, visual,
step, try_number, delta,BestPop  )
    % 聚群行为
    popmin = popminmax(1);    popmax = popminmax(2);  % x1
    V = length(Xi);    M = length(Yi);
    % Xi = pop(j,:);       % 当前的种群
    % Yi = fitness(j);     % 当前种群对应的适应度值
    for k = 1:sizepop
        d(k) = norm( Xi-pop(k,1:V) ,2); %
    end
    [~,b] = find( d>0 & d<visual );
    if(~isempty(b))
        Xc = zeros( size(pop(1,1:V)) );
        % 首先计算可视范围内鱼的中心位置 Xc。
        for k = 1:length(b)
            Xc = Xc + pop(b(k),1:V);
        end
        Xc = Xc./length(b);
        Xc = (Xc - Xi + BestPop(1:V) - Xi) + Xi;    % 中心位置
        Yc = evaluate_objective(Xc,pro);      % 适应度值
        
        Dis = FishDis([pop;Xc Yc],M,V);
        if Domination2(Yc,Yi) && Dis(end)>Dis(II)
            % Yi = fitness(j);     % 当前种群对应的适应度值
            Xt = Xi + ( Xc - Xi )./norm(Xc - Xi,2) .* step .* rand(1);%进行聚群操作
            Xt = PopWs(Xt,pro);
            Yt = evaluate_objective(Xt,pro);    % 适应度值
        else
            % 觅食行为
            [Xt,Yt] = FSA_find( Xi, Yi,pro, popminmax, visual, step, try_number,
BestPop(1:V));
```

```
        end
    else
        % 觅食行为
        [Xt,Yt] = FSA_find( Xi, Yi, pro, popminmax, visual, step, try_number,
BestPop(1:V));
    end
```

4. FSA_find.m(觅食行为)

```
function [Xt,Yt] = FSA_find( Xi, Yi, pro, popminmax, visual, step, try_number,
BestPop)
% 觅食行为
popmin = popminmax(1);    popmax = popminmax(2);        % x1
flag = 0;
T1 = popmin * 0.95 + popmax * 0.05;
T2 = popmin * 0.05 + popmax * 0.95;
for i = 1:try_number
        Dir = rand(size( Xi )) * 2 - 1;
%       Dir(Xi < T2) = abs(Dir(Xi < T2));
%       Dir(Xi > T1) = -abs(Dir(Xi > T1));
        Dir = Dir/norm(Dir);
        DirGlobal = BestPop - Xi;
        DirGlobal = DirGlobal/norm(DirGlobal);
        DirZ = DirGlobal * rand + Dir * rand;
        Xt = Xi + visual. * DirZ;
        Xt = PopWs(Xt,pro);
        Yt = evaluate_objective(Xt,pro);       % 适应度值
        if  Domination2(Yt,Yi)
            Xt = Xi + (Xt - Xi)./norm(Xt - Xi). * step. * rand(1);
            Xt = PopWs(Xt,pro);
            Yt = evaluate_objective(Xt,pro);   % 适应度值
            flag = 1;     % 将 flag 设置为 1,表示觅食行为成功,并跳出循环
            break;
        end
end
% 若尝试失败,则执行随机行为
% 如果觅食行为的尝试次数用完(即 flag 仍为 0),则执行随机行为
if flag == 0
        Dir = rand(size( Xi )) * 2 - 1;
%       Dir(Xi < T2) = abs(Dir(Xi < T2));
%       Dir(Xi > T1) = -abs(Dir(Xi > T1));
```

```
        Dir = Dir/norm(Dir);
         DirGlobal = BestPop - Xi;
        DirGlobal = DirGlobal/norm(DirGlobal);
        DirZ = DirGlobal * rand + Dir * rand;
        Xt = Xi + step. * DirZ;
        Xt = PopWs(Xt,pro);
        Yt = evaluate_objective(Xt,pro);      % 适应度值
    end
```

5. afsa_operator.m(人工鱼的行为选择)

```
function chromosomenew = afsa_operator(chromosome,sizepop,pro,varrange,M,V,BestPop,i)
try_number = 50;      % 种群个体最优 try 次数
visual = 1.5;         % 可视距离 = 感知距离
delta = 0.1;          % 拥挤度因子
step = 0.4;           % 步长
% visual_max = 2;       % 可视距离 = 感知距离
% visual_min = 1;
% delta = 0.1;          % 拥挤度因子
% step_max = 1;         % 步长
% step_min = 0.2;
% gen = 100;
% visual = visual_max-(visual_max-visual_min)/gen * i;
% step = step_max-(step_max-step_min)/gen * i;
chromosomex = chromosome(:,1:V);
for j = 1:sizepop
    Xi = chromosome(j,1:V);        % 当前的种群
    Yi = chromosome(j,V+1:end);    % 当前种群对应的适应度值
    % 聚群行为
    [Xc,Yc] = FSA_center( Xi, Yi, j, chromosome, pro, varrange, sizepop, visual, step, try_number, delta,BestPop);
    % 追尾行为
    [Xs,Ys] = FSA_scatter( Xi,Yi, chromosome, pro, varrange, sizepop, visual, step, try_number, delta,BestPop);
    % 选择执行聚群行为还是执行追尾行为
    if Domination2(Yc,Ys)
        chromosome(j,1:V) = Xc;
        chromosome(j,V+1:end) = Yc;
    else
        chromosome(j,1:V) = Xs;
```

```
            chromosome(j,V+1:end) = Ys;
        end
end
chromosomenew = chromosome;
```

6. FishDis.m(计算两条人工鱼之间的距离)

```
function Dis = FishDis(Pop,M,V)
sizepop = size(Pop,1);
Pop = [Pop (1:sizepop)'];
Dis = zeros(1,sizepop);
for ii = 1:M
    % ff = Pop(:,V+ii),提取种群Pop中决策变量之后的第ii个目标函数列向量
    ff = Pop(:,V+ii);
    % 对目标函数值进行排序并返回排序后的索引Ind
    % 这样做的目的是按目标函数值对种群进行重新排序
    [~,Ind] = sort(ff);
    % 根据目标函数值的排序重新排列种群Pop,使目标函数值较小的个体排在前面
    Pop = Pop(Ind,:);
    maxf = max(ff);
    minf = min(ff);
    mmf = abs(maxf-minf);
    % Dis(Pop(1,end)) = 0;
    % Dis(Pop(end,end)) = 0;
    for jj = 2:sizepop-1
        Dis(Pop(jj,end)) = ...
            Dis(Pop(jj,end)) + abs(Pop(jj-1,V+ii) - Pop(jj+1,V+ii))/mmf;
    end
end
```

7. Domination2.m(支配关系的判断)

```
function b = Domination2(fitness1,fitness2)
b = 0;
x = fitness1;
y = fitness2;
% b = 1 受支配,否则不受支配
b = all(x <= y) && any(x < y);
```

8. JudgePopDominationQs.m(按照支配关系进行排序)

```
function [Pop] = JudgePopDominationQs(Pop,M,V)
sizepop = size(Pop,1);
i = 1;j = sizepop;
```

```
popnew = [];
k = 1;
% 进行排序
while (k <= j)
    pop1 = Pop(i,:);        % 首先从种群中选择第一个个体作为基准值
    while(i < j)
            while(i < j && Domination2(pop1(V+1:end),Pop(j,V+1:end)))
            % pop1(V+1:end)
                j = j - 1;
            end
            while(i < j && ~Domination2(pop1(V+1:end),Pop(j,V+1:end)))
                i = i + 1;
            end
            tmp11 = Pop(i,:);
            % 这一步是为了保存个体 Pop(i,:)的信息,以便后续进行交换
            tmp21 = Pop(j,:);
            Pop(i,:) = tmp21;
            Pop(j,:) = tmp11;
            % 通过这四个步骤,种群 Pop 中索引为 i 和 j 的两个个体进行了交换
            % 从而改变了它们在种群中的位置
    end
    Zpflag = 0;
    for ii = 1:j
        if (ii ~= k && Domination2(Pop(ii,V+1:end),pop1(V+1:end)))
            Zpflag = 1;
        end
    end
    if (Zpflag == 0)
        popnew = [popnew;Pop(k,:)];
    end
    k = k + 1;
    i = k;
end
Pop = popnew;
end
```

9. Deleterep.m(删除重复个体)

```
% 这段代码用于删除重复的个体(rep)并返回更新后的个体集合
function rep = deleterep(rep,M,V)
fitness = rep(:,V+1:end);
```

```
Num = size(rep,1);
Index = zeros(1,Num);
for ii = 1:Num,
    for jj = ii + 1:Num,
            if (sum(abs(fitness(ii,:) - fitness(jj,:))) < = 1e - 3 && Index(jj) = = 0)
                Index(jj) = 1;
                % 如果满足以上条件,则将第二个个体的索引位置标记为 1,表示重复
            end
    end
end
rep = rep(Index = = 0,:);
```

10. PerformEval.m(计算算法评估值)

```
function [er,gd,gama,div,sp,RepNum,tt] = PerformEval(Rep,Real_Pareto,M,V)
Rep = Rep(:,V + 1:end);
RepNum = size(Rep,1);
RealRepNum = size(Real_Pareto,1);
%% er 容错率计算
mindis = 1e - 2;
for ii = 1:RepNum
    RepTmp = kron(ones(RealRepNum,1),Rep(ii,:));
    Tmp = sum((Real_Pareto-RepTmp).^2,2).^0.5;
    ertmp(ii) = min(Tmp)>mindis;
end
er = mean(ertmp);
%% GD 计算
c = zeros(1,RepNum);
p = 2;
for ii = 1:RepNum
    RepTmp = kron(ones(RealRepNum,1),Rep(ii,:));
    Tmp = sum((Real_Pareto-RepTmp).^2,2).^0.5;
    c(ii) = min(Tmp);
end
gd = sum(c.^p).^(1/p)/RepNum;
%% 收敛性 gama 计算
c = zeros(1,RepNum);
p = 2;
for ii = 1:RepNum
```

```matlab
            RepTmp = kron(ones(RealRepNum,1),Rep(ii,:));
            Tmp = sum((Real_Pareto-RepTmp).^2,2).^0.5;
            c(ii) = min(Tmp);
    end
    gama = mean(c);
    %% 多样性 div 计算
    d = zeros(1,RepNum);
    for ii = 1:RepNum
            RepTmp = kron(ones(RepNum,1),Rep(ii,:));
            Tmp = sum((Rep-RepTmp).^2,2).^0.5;
            Tmp(Tmp == 0) = inf;
            d(ii) = min(Tmp);
    end
     dfi = zeros(1,M);
    for ii = 1:M
            [~,Ind1] = min(Rep(:,ii));
            [~,Ind2] = min(Real_Pareto(:,ii));
            dfi(ii) = sum((Real_Pareto(Ind2) - Rep(Ind1)).^2,2).^0.5;
    end
    div = (sum(dfi) + sum(abs(d-mean(d))))/(sum(dfi) + (mean(d) * M));
    %% 均匀性 SP 计算
    d = zeros(1,RepNum);
    for ii = 1:RepNum
            RepTmp = kron(ones(RepNum,1),Rep(ii,:));
            Tmp = sum((Rep-RepTmp).^2,2).^0.5;
            Tmp(Tmp == 0) = inf;
            d(ii) = min(Tmp);
    end
    sp = mean(abs(d-mean(d)))/mean(d)/M;
    %% 运行时间
    tt = toc;
```

11. Testcase. m(Objfun 文件夹下)

```matlab
function [M,V,Real_Pareto] = Testcase(pro)
switch pro
    % ---------------------------- SCH 测试函数 ---------------------------- %
    case 1
        M = 2;     % 目标函数个数
        V = 1;     % 决策变量个数
        Real_Pareto = load('../Objfun/SCH_Pareto.txt');     % 导入 SCH 函数的 Pareto 真实前沿数据
    end
```

12. evaluate_objective.m(Objfun 文件夹下)

```matlab
%% 计算目标函数值
function f = evaluate_objective(x,problem)
%% 目标问题的选择
switch problem
    % ------------------------------ SCH 测试函数 ------------------------------ %
    case 1
        f = [];
        for i = 1 : 1
            % 目标函数 1(Objective function one)
            f(1) = x(i)^2;
            % 目标函数 2(Objective function two)
            f(2) = (x(i) - 2)^2;
        end
end
```

13. initialize_variables.m(Objfun 文件夹下)

```matlab
%% 初始化变量
function [f,varmin,varmax] = initialize_variables(N,problem)
%% 主程序
% 变量的取值范围
switch problem
    case 1
        %% SCH 测试函数的上、下限
        %
        min_SCH = 0;        % 下限
        max_SCH = 1;        % 上限
        varmin = min_SCH;
        varmax = max_SCH;
        %
        % ------------------------------------------------------------ %
end
%% 目标问题的选择
switch problem
    % ------------------------------ SCH 测试函数 ------------------------------ %
    case 1
        M = 1;     % 决策变量个数
        K = 3;     % 目标函数个数 + 决策变量个数
        % SCH 测试函数的 for 循环
```

```
            for i = 1:N      % 种群规模
                % 初始化决策变量(Initialize the decision variables)
                for j = 1:M     % 决策变量个数
                    f(i,j) = min_SCH + (max_SCH - min_SCH) * rand(1);
                end
                % 计算目标函数值(Evaluate the objective function)
                f(i,M + 1:K) = evaluate_objective(f(i,:),problem);
            end
```

14. PopWs.m(Objfun 文件夹下)

```
function Xout = PopWs(Xin,Pro)
%% 主程序
% 变量的取值范围
% Both the MOP's has 0 to 1 as its range for all the decision variables
switch Pro
    case 1
        %% SCH 测试函数的上、下限
        min_SCH = 0;        % 下限
        max_SCH = 1;        % 上限
        varmin = min_SCH;
        varmax = max_SCH;
        Xout = min(max(Xin,varmin),varmax);
end
```

15. polt_vs_debug.m(Objfun 文件夹下)

```
function polt_vs_debug(pop,pro,chromosome,Real_Pareto,M,V)
figure(1);clf;
switch pro
    % ———————————————— SCH 测试函数 ———————————————— %
    case 1
        plot(chromosome(:,V + 1),chromosome(:,V + 2),'ro','markersize',3.5);
        grid on;
        xlabel('F_1');
        ylabel('F_2');
        hold on
        plot(Real_Pareto(:,1),Real_Pareto(:,2),'b-','LineWidth',1.4);
        xlabel('F_1');
        ylabel('F_2');
        title('SCH using AFSA');
```

```
        axis([0 4 0 4]);
        set(gca,'xtick',[0:0.5:4]);
        set(gca,'ytick',[0:0.5:4]);
        %           set(gcf,'position',[200,350,290,270]);
        h = legend;
        set(h,'FontSize',1.5);
        legend('Test results','Real pareto front');
end
```

MATLAB 中以动画的形式更新 Pareto 解集,这里只展示最终结果,如图 7-11 所示。

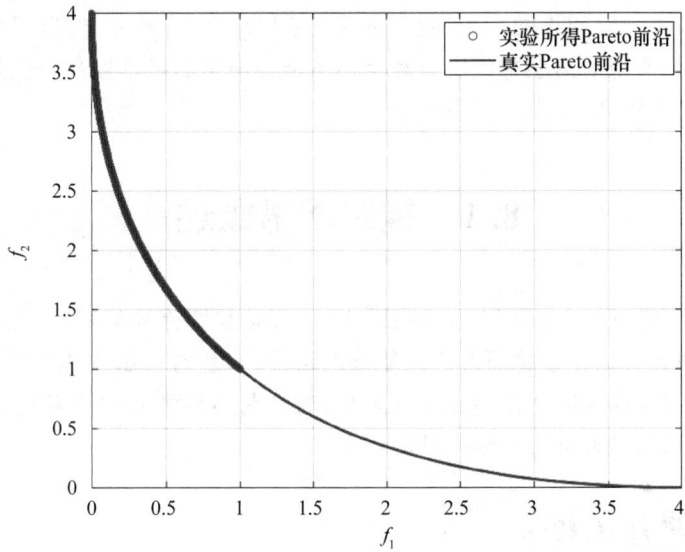

图 7-11　多目标人工鱼群算法求解 SCH 函数的 Pareto 前沿

第8章 人工神经网络

本章论述了人工神经网络的特点、发展现状及实际应用,介绍了神经网络模型。在此基础上,本章详细论述了典型前馈型神经网络和反馈型神经网络的基本原理和网络结构,最后给出了 MATLAB 应用实例,以及实际应用案例。

8.1 神经网络概述

人工神经网络(artificial neural network,ANN),通常简称神经网络,是指由大量处理单元(神经元)按某种方式相互连接而形成的复杂网络结构,是对人脑组织结构和运行机制的某种抽象、简化和模拟。这种网络依靠复杂的系统,通过调整神经元的相互连接关系,实现分布式并行信息处理,从而具备解决实际问题的能力。

8.1.1 神经网络的特点

1. 信息存储的分布性

人工神经网络是由大量神经元相互连接而形成的网络,各个连接权值的大小可表示特定的信息。人工神经网络通过各个连接权值分布式存储信息,使网络可以在部分神经元受损或输入信号因各种原因发生部分畸变时,仍然能够给出正确的输出,从而提高网络的容错性和鲁棒性。

2. 信息处理的并行性

人工神经网络的每个神经元都可以根据接收到的信息进行独立的运算和处理,并输出结果,同一层的神经元可以同时计算输出结果,并将结果同时传输到下一层,以做进一步处理,这体现了人工神经网络并行处理的特点。虽然单个神经元的结构极其简单,功能十分有限,但大量神经元构成的网络系统所能实现的行为是非常丰富的。人工神经网络的广泛互联和并行处理能力使网络具有高度的非线性和实时性。

3. 信息处理与信息存储合二为一

人工神经网络的每个神经元都兼具信息处理和信息存储能力,神经元之间连接权值的变化,既体现了神经元对信息的存储能力,同时又与神经元对激励的响应一起反映神经元对信息的处理能力。

4. 信息处理的自适应性

自适应性是指一个系统通过改变自身的性能以适应环境变化的能力。神经网络的自适应性体现在自学习、自组织和泛化能力。人工神经网络的自学习是指当外界环境发生变化时,神经网络通过对训练样本进行学习,自动地调整网络的结构和参数,以得到期望的输出。人工神经网络的自组织是指网络能在外部刺激下按一定规则调整神经元之间的连接,并逐渐构建起新的神经网络。人工神经网络的泛化能力是指网络对以前未曾见过的输入做出反应的能力。泛化能力使网络具有进一步学习和自调节的能力。

8.1.2 神经网络的发展

人工神经网络是一个多学科交叉的前沿技术领域,其发展主要经过早期阶段、低潮时期、复兴时期和高潮时期四个阶段。

1. 早期阶段

1943 年,神经学家沃伦·麦卡洛克(Warren McCulloch)和数学家沃尔特·皮茨(Walter Pitts)在"A Logical Calculus of the Ideas Immanent in Nervous Activity"文章中提出了人工神经元的数学模型——M-P 模型。该模型开启了神经科学理论的研究时代。1949 年,心理学家唐纳德·赫布(Donald Olding Hebb)在 *The Organization of Behavior* 中对神经元之间连接权值的变化进行了分析,首次提出了一种调整权值的方法,称为 Hebb 学习规则。Hebb 学习规则为人工神经网络的学习算法奠定了基础。1958 年,计算机学家弗兰克·罗森布拉特(Frank Rosenblatt)提出了一种具有三层网络特性的神经网络结构,称为感知器(perceptron)。Rosenblatt 指出感知过程具有统计分离性,我们可利用教师信号对感知器进行训练,从而使感知器模拟人脑的感知能力和学习能力。1960 年,电机工程师伯纳德·威德罗(Bernard Widrow)与特德·霍夫(Marcian Edward "Ted" Hoff)在"Adaptive Switching Circuits"文章中提出了自适应线性元件(adaptive linear element,Adaline)和 Widrow-Hoff 学习规则(也称最小均方算法或 δ 规则)的神经网络训练方法,并将其应用于实际工程,成为第一个用于解决实际问题的人工神经网络,促进了神经网络的研究应用和发展。

2. 低潮时期

马文·明斯基(Marvin Minsky)和西摩·佩珀特(Seymour Papert)对感知器模型的功能和局限性进行了深入研究,于 1969 年出版了 *Perceptrons* 一书。该书指出简单的线性感知器的功能是有限的,它无法解决线性不可分的两类样本的分类问题,如简单的"异或"问题。这一论断给当时的人工神经网络研究带来沉重的打击,使神经网络研究陷入长达 10 年的低潮时期。20 世纪 80 年代,传统的冯·诺依曼计算机的迅猛发展为基于逻辑符号处理方法的人工智能提供了强大的计算支持,而它们的问题和局限性尚未暴露。这一阶段,符号主义成为研究热点,结构模拟陷入低潮。

1969 年,美国波士顿大学的格罗斯伯格(Grossberg)和他的夫人卡彭特(Carpenter)提出了自适应共振理论,该理论借鉴人的认知过程和大脑工作的特点,是一种模仿人脑认知过程的自组织聚类算法。1972 年,芬兰的科洪恩(Kohonen)提出了一个与感知器不同的线性神经网络模型,称为联想存储器(associative memory)。同年,美国神经生理学家和心理学家约翰·罗伯特·安德森(John Robert Anderson)提出了一个与之类似的神经网络,称为交互存储器

(interacive memory)。在网络结构、学习算法和传递函数方面,两者几乎相同。1980 年,Kohonen 提出了自组织映射(self-organizing feature map,SOM)神经网络。SOM 神经网络是一类非常重要的无导师学习网络,主要应用于模式识别、语音识别和分类等场合。1975 年,日本的福岛邦彦(Kunihiko Fukushima)提出了一个自组织识别神经网络模型并于 1980 年发表新认知机(neocognitron)。新认知机是视觉模式识别机制模型,它与生物视觉理论相符合,其目的在于综合出一种神经网络模型使其像人类一样具有模式识别的能力。

3. 复兴时期

1982 年,美国物理学家约翰·霍普菲尔德(John Hopfield)提出了 Hopfield 神经网络,对神经网络的动态特性进行了研究,引入了能量函数的概念,给出了网络的稳定性判据。Hopfield 神经网络有离散型和连续型两种,离散型适用于联想记忆,连续型适合处理优化问题。1984 年至 1986 年 Hopfield 连续发表了多篇有关其网络应用的文章,获得了工程技术界的重视。1986 年,贝尔实验室宣布他们将利用 Hopfield 理论首先在硅片上制作硬件的神经计算机网络,并继而仿真出耳蜗与视网膜等硬件网络。1984 年,多伦多大学教授杰弗里·辛顿(Geoffrey Hinton)等借助统计物理学的概念和方法提出了一种随机神经网络模型—玻耳兹曼(Blotzmann)机,其学习过程采用模拟退火技术,有效地克服了 Hopfield 神经网络存在的能量局部极小问题。1986 年,大卫·莱姆哈特(David Rumelhart)与戴维·麦克莱兰(David McCelland)出版了 *Parallel Distributed Proccssing* 一书,提出了误差反向传播神经网络,即 BP 神经网络,解决了长期以来权值调整问题没有有效方法的难题。BP 神经网络可以求解感知器不能解决的问题,回答了 *Perceptrons* 一书中关于神经网络局限性的问题,从实践上证实了多层神经网络具有很强的学习能力,可以解决许多具体问题。1988 年,继 BP 算法之后,戴维·布鲁姆赫德(David Broomhead)和戴维·洛(David Lowe)将径向基函数引入神经网络的设计中,形成了径向基函数(RBF)神经网络。RBF 神经网络是神经网络真正走向实用化的一个重要标志。此后的近十年时间,神经网络由于其浅层结构,容易过拟合,以及参数训练速度慢等原因,又慢慢淡出了人们的视线。

4. 高潮时期

2006 年,计算机处理速度和存储能力大幅提升,为深度学习的提出铺平了道路。多伦多大学的辛顿(Hinton)教授和他的学生萨拉赫丁诺夫(Salakhutdinov)在美国 *SCIENCE* 杂志上发表题为"Reducing the Dimensionality of Data with Neural Networks"的文章,提出了一种名为深度学习(deep learning)的逐层预训练神经网络学习方法,解决了多层神经网络存在的问题,再次掀起人工神经网络在学术界和工业界研究热潮。这篇文章是一个分水岭,拉开了深度学习大幕,标志着深度学习的诞生。同年,基于受限玻尔兹曼机(RBM),Hinton 又提出了深度信念网络(deep belief network,DBN)。自动编码器、卷积神经网络,以及长短时记忆(long short terms memory,LSTM)网络等都在各自的应用领域收获了优异的成绩。

8.1.3 神经网络的应用

神经网络具有大规模并行、分布式存储和处理、自组织、自学习和泛化能力,特别适用于需要同时考虑多因素、多条件的,不精确、模糊的信息处理问题。经过几十年的发展,神经网络理论在模式识别、图像处理、自动控制、信号处理、辅助决策、人工智能等众多研究领域取得了广泛的成功。下面介绍神经网络在一些领域的应用现状。

(1) 模式识别领域

模式识别是对表征事物或现象的各种形式的信息进行处理和分析,以对事物或现象进行描述、辨认、分类和解释的过程。该技术以贝叶斯概率论和信息论为理论基础,对信息的处理过程更接近人类大脑的逻辑思维过程。人工神经网络是模式识别的常用方法,近年发展起来的人工神经网络模式识别方法逐渐取代了传统的模式识别方法。经过多年的研究和发展,模式识别已成为当前比较先进的技术,被广泛应用于文字识别、语音识别、指纹识别、遥感图像识别、人脸识别、手写体字符的识别、工业故障检测、精确制导等任务。

(2) 信号处理领域

信号处理是对信号进行干扰、变换、分析、综合等处理过程的统称,其目的是抽取出反映事件变化本质或者研究者感兴趣的有用信息。神经网络的自学习和泛化能力使其成为对各类信号进行多用途加工处理的一种天然工具,可有效解决信号处理中的自适应和非线性问题。前者如信号的自适应滤波、时间序列预测、信号估计和噪声消除等;后者如非线性滤波、非线性预测、非线性编码和调制/解调等。

现代信息处理要解决的问题是很复杂的,人工神经网络具有模仿或代替与人的思维有关的功能,可以实现自动诊断、问题求解,从而解决传统方法所不能或难以解决的问题。人工神经网络系统具有很高的容错性、鲁棒性及自组织性,即使连接线遭到很高程度的破坏,它仍能处在优化工作状态,这点在军事系统电子设备中得到了广泛应用。现有的智能信息系统有智能仪器、自动跟踪监测仪器系统、自动控制制导系统、自动故障诊断和报警系统等。

(3) 智能故障诊断与自动控制领域

智能故障诊断在对故障信号进行检测与处理的基础上,结合领域专家知识和人工智能技术进行推理,具有对给定环境下的诊断对象进行状态识别和状态预测的能力。智能故障诊断可以综合多个领域专家的最佳经验,其功能水平可以超过专家,实现多故障、多过程、突发性故障的快速分析诊断。基于神经网络的智能故障诊断系统具有以下特点:具有人工智能的特点,能够模拟人的逻辑思维过程,解决需要进行逻辑推理的复杂诊断问题;可以根据诊断过程的需要,搜索并利用领域专家的知识及经验来达到诊断目的;具有自学习、自完善的能力。诊断系统在与环境进行信息交互的过程中,可以从环境的变化中学习新知识,以对知识库中的知识自动进行调整、修改和维护,不断实现自我完善。

人工神经网络由于其独特的模型结构和固有的非线性模拟能力,以及较高的自适应性和容错性等突出特征,在控制系统中获得了广泛的应用。其在各类控制器框架结构的基础上,加入了非线性自适应学习机制,从而使控制器具有更好的性能。基本的控制结构有监督控制、直接逆模控制、模型参考控制、内模控制、预测控制、最优决策控制等。

(4) 优化计算领域

最优化计算的研究目的为:针对所研究的系统求得一个合理运用人力、物力和财力的方案,达到系统的最优目标。神经网络具有并行分布式的计算结构,因此,在求解诸如组合优化、非线性优化等一系列问题上表现出高速的集体计算能力。目前在高速通信开关控制、航班分配、货物调度、路径选择、组合编码、排序、系统规划、交通管理记忆图论等各类问题的计算上得到了成功应用。

8.2 神经网络基本理论

8.2.1 神经网络模型

目前人们提出的神经元模型已有很多,最早提出且影响最大的是 1943 年神经学家 McCulloch 和数学家 Pitts 提出的 M-P 模型。M-P 模型将神经元视为二值开关元件,按不同方式组合神经元可以运行各种逻辑,它是大多数神经网络模型的基础。M-P 模型的建立基于以下 6 点抽象与简化:

① 每个神经元都是一个多输入、单输出的信息处理单元;
② 神经元输入分兴奋性输入和抑制性输入两种类型;
③ 神经元具有空间整合特性和阈值特性;
④ 神经元输入与输出之间具有固定的时滞,主要取决于突触延搁;
⑤ 忽略时间整合作用和不应期;
⑥ 神经元本身是非时变的,即其突触时延和突触强度均为常数。

M-P 模型结构如图 8-1 所示。

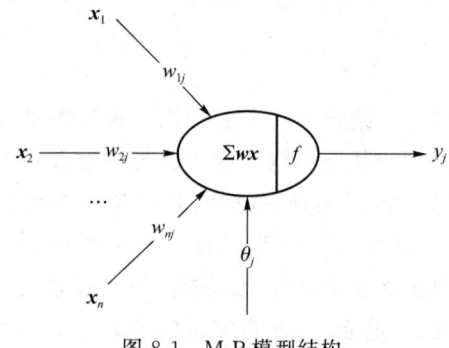

图 8-1 M-P 模型结构

M-P 模型是一个多输入、单输出的非线性结构元件,其输入/输出关系为

$$I_j = \sum_{i=1}^{n} \omega_{ij} x_i - \theta_j \tag{8-1}$$

$$y_j = f(I_j) \tag{8-2}$$

其中,x_i 表示从其他神经元传来的输入信号,ω_{ij} 表示从神经元 i 到神经元 j 的连接权值,θ_j 表示阈值,$f(\cdot)$ 表示激励函数或转移函数,y_j 表示神经元 j 的输出信号。作为一种最基本的神经元数学模型,M-P 模型包括加权、求和与激励(转移)三部分功能。

(1) 加权

输入信号向量 $x_i(i=1,2,\cdots,n)$ 同时输入神经元 j 模拟了生物神经元的许多激励输入,对于 M-P 模型而言,x_i 取值均为 0 或 1。加权系数 ω_{ij} 模拟了生物神经元具有不同的突触性质和突触强度,其正负模拟了生物神经元中突触的兴奋和抑制,其大小则代表了突触的不同连接强度。

(2) 求和

$\sum_{i=1}^{n} \omega_{ij} x_i$ 相当于生物神经元的膜电位,实现了对全部输入信号的空间整合(这里忽略了时间整合作用)。神经元激活与否取决于阈值电平,即只有当其输入总和超过阈值电平时,神经元才被激活,发放脉冲;否则,神经元不会产生输出信号。θ_j 实现了阈值电平的模拟。

(3) 激励(转移)

激励函数 $f(\cdot)$ 表征了输出与输入之间的对应关系,一般为非线性函数。对于 M-P 模型而言,神经元只有兴奋和抑制两种状态,即神经元信号输出只有 0、1 两种状态。因此,激励函

数 $f(\cdot)$ 应为单向阈值型函数。

不同神经元数学模型采用不同的激励函数,这些函数反映了神经元输出与其激活状态之间的关系,不同的关系使得神经元具有不同的信息处理特性。以下是几种常见的激励函数,它们都已成功应用于不同的人工神经网络模型。

(1) 阈值型函数

在神经网络模型中,最简单的激励函数就是阈值型函数,其输出只有两种情况:一种可以用阶跃函数表示,函数图像如图 8-2 所示,函数公式如式(8-3)所示;另一种可以用符号函数表示,函数图像如图 8-3 所示,函数公式如式(8-4)所示。

$$f(x)=\begin{cases}1, & x\geqslant 0\\ 0, & x<0\end{cases} \tag{8-3}$$

$$f(x)=\begin{cases}1, & x\geqslant 0\\ -1, & x<0\end{cases} \tag{8-4}$$

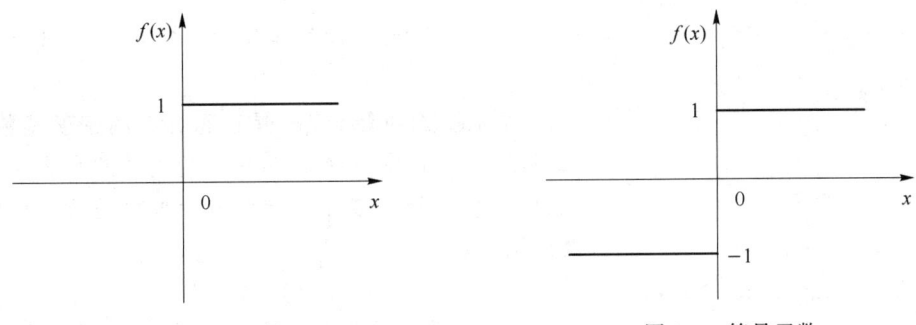

图 8-2　阶跃函数　　　　　　　图 8-3　符号函数

(2) 分段线性函数

与阈值型函数相比,分段线性函数的输出更具多样性,它在某一区间内呈线性变化。其具体函数图像如图 8-4 所示,函数公式如式(8-5)所示。

$$f(x)=\begin{cases}1, & x\geqslant \dfrac{1}{k}\\ kx, & -\dfrac{1}{k}\leqslant x<\dfrac{1}{k}\\ -1, & x<\dfrac{1}{k}\end{cases} \tag{8-5}$$

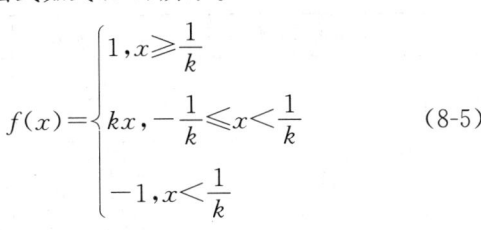

图 8-4　分段线性函数

(3) 双曲正切函数

双曲正切函数与分段线性函数的图像相似,但双曲正切函数更接近实际情况,其具体函数图像如图 8-5 所示,函数公式如式(8-6)所示。

$$f(x)=\tan h(x)=\dfrac{\mathrm{e}^x-\mathrm{e}^{-x}}{\mathrm{e}^x+\mathrm{e}^{-x}} \tag{8-6}$$

(4) Sigmoid 函数

人工神经元的激励函数是在 $(0,1)$ 内连续取值的单调可微函数,其被称为 Sigmoid 函数,简称 S 形函数。著名的 BP 神经网络模型使用的激励函数就是 S 形函数,函数图像如图 8-6 所示,函数公式如式(8-7)所示。

$$f(x)=\frac{1}{1+\exp(-\beta x)}, \beta>0 \qquad (8-7)$$

当 β 趋于无穷大时，S 形函数趋于阶跃函数。通常情况下，β 取值为 1。

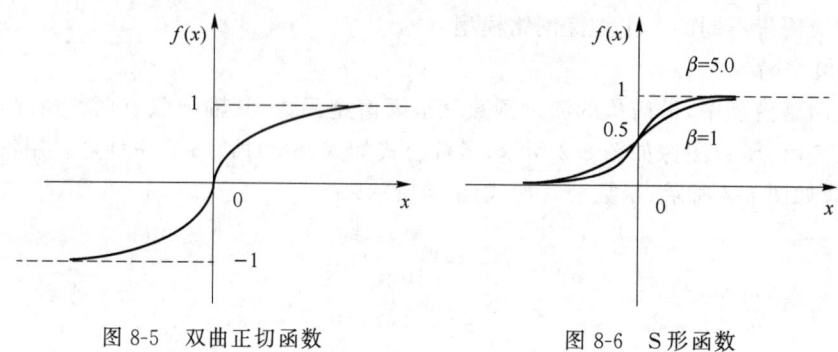

图 8-5　双曲正切函数　　　　　图 8-6　S 形函数

（5）高斯函数

RBF 神经网络模型使用的激励函数是高斯函数，函数图像如图 8-7 所示，函数公式如式 (8-8) 所示。

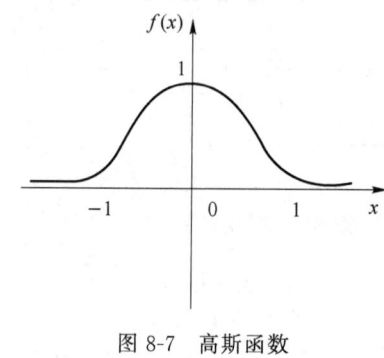

图 8-7　高斯函数

高斯函数（钟形函数）是正态分布的密度函数，在自然科学、社会科学等领域都有高斯函数的身影。高斯函数是可微的，分一维和高维。高斯函数是极为重要的一类激活函数。

$$f(x)=e^{-(x^2/\delta^2)} \qquad (8-8)$$

上述 5 类非线性函数有的可微，有的不可微，但具有共同的两个显著特征：突变性和饱和性。利用它们，我们可以模拟神经细胞兴奋过程所产生的神经冲动及疲劳等。表 8-1 为神经元模型中常用的非线性函数。

表 8-1　神经元模型中常用的非线性函数

名称	阶跃函数	符号函数	双曲正切函数	Sigmoid 函数	高斯函数
公式	$g(x)=\begin{cases}1, x\geq 0\\ 0, x<0\end{cases}$	$g(x)=\begin{cases}1, x\geq 0\\ -1, x<0\end{cases}$	$g(x)=\dfrac{e^x-e^{-x}}{e^x+e^{-x}}$	$g(x)=\dfrac{1}{1+e^{-x}}$	$g(x)=e^{-(x^2/\delta^2)}$
图像	阶跃图像	符号函数图像	双曲正切图像	Sigmoid 图像	钟形图像
特征	不可微、类阶跃、正值	不可微、类阶跃、零均值	不可微、类阶跃、零均值	可微、类阶跃、正值	可微、类脉冲

8.2.2　神经网络的结构

人工神经元实现了生物神经元的抽象、简化与模拟，是人工神经网络的基本处理单元。大量神经元互连构成庞大的神经网络才能实现对复杂信息的处理与存储，并表现出各种优越的特性。

人工神经网络的模型有很多种，可以按照不同的方法进行分类。其中常见的两种分类方法是按网络连接的拓扑结构分类和按网络内部的信息流向分类。

目前,神经网络的连接方式有很多种,其中,前馈型神经网络和反馈型神经网络是两种典型的网络结构。

1. 前馈型神经网络

单纯前馈型神经网络的结构特点与图 8-8 中的分层网络完全相同,前馈一词是指网络信息处理的方向是从输入层到各隐层再到输出层。从信息处理能力来看,网络中的节点可分为两种:一种是输入节点,只负责从外界引入信息,并将其向前传递给第一隐层;另一种是具有处理能力的节点,包括各隐层节点和输出层节点。前馈型神经网络中某一层的输出是下一层的输入,信息的处理具有逐层传递进行的方向性,一般不存在反馈环路。因此,这类网络很容易串联起来,以建立多层前馈网络。

多层前馈网络可用一个有向无环路的图表示,其中,输入层常记为网络的第一层,第一个隐层记为网络的第二层,依次类推。所以,当提到具有单层计算神经元的网络时,指的应是一个两层前馈网络(输入层和输出层);当提到具有单隐层的网络时,指的应是一个三层前馈网络(输入层、隐层和输出层)。

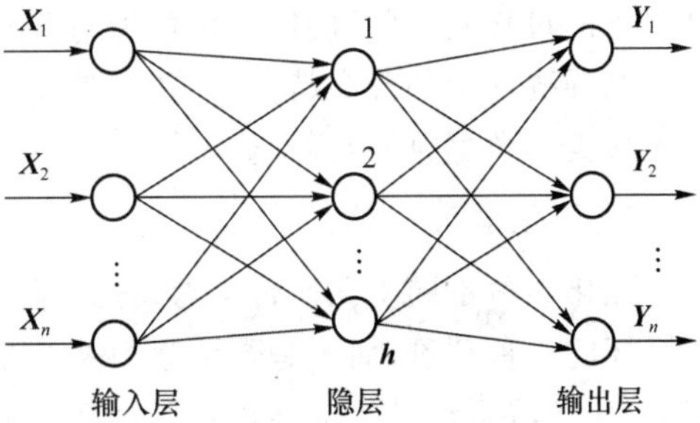

2. 反馈型神经网络

反馈型神经网络存在信号从输出到输入的反向传播。如图 8-9 所示,反馈型神经网络的输出层到输入层有连接,存在信号的反向传播。这意味着在反馈型神经网络中,所有节点都具有信息处理功能,而且每个节点既可从外界接收输入,同时又可以向外界输出。

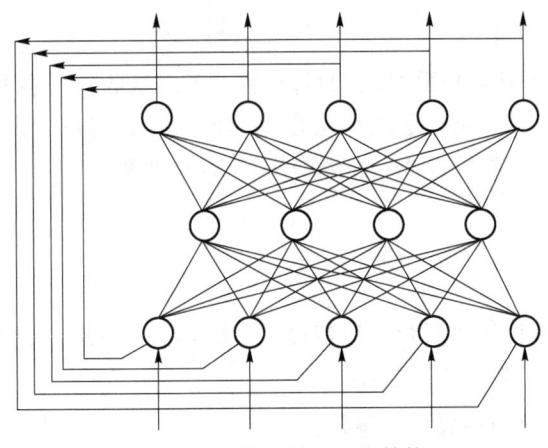

图 8-8 前馈型神经网络结构

图 8-9 反馈型神经网络结构

8.2.3 神经网络的学习

神经网络能够模拟任意非线性函数,其实现过程就是确定具体的网络结构,给出从输入到输出的加权系数的调整规则和输出误差判断规则,并通过"学习"将网络中的各个加权系数求解出来。因此,实现基于神经网络的非线性数学建模的关键就是求解加权系数,这个过程叫作神经网络的学习。神经网络的学习方式是决定神经网络信息处理能力的重要因素。

神经网络的学习方法也称训练方法,根据不同的学习环境可将学习方法分为3种:有监督学习、无监督学习和强化学习。

1. 有监督学习(有教师学习)

有监督学习的误差信号为神经网络的实际输出与期望输出之差。神经网络的参数根据训练向量和反馈回的误差信号进行逐步、反复的调整,神经网络可实现教师功能的模仿。多层感知器的误差反传给学习算法,即有监督学习的典范之一。

2. 无监督学习(无教师学习,自组织学习)

无监督学习中没有教师信号,没有任何范例可供参考。无监督学习只要求提供输入,学习是根据输入的信息、特有的网络结构和学习规则来调节自身的参数或结构(这是一种自学习、自组织的过程)。网络的输出由学习过程自行产生,它将反映输入信息的某种固有特性(如聚类或某种统计上的分布特征)。竞争性学习规则即无教师学习的典范之一。无监督学习主要用于聚类和数据压缩与简化。

3. 强化学习

强化学习不同于无监督学习,强化学习的强化信号是由环境提供的对学习系统所产生动作好坏的一种评价,而不是告诉学习系统如何产生正确的动作。由于外部环境提供了很少的信息,故学习系统必须依靠自身的经历进行学习,在"行动-评价"的环境中获得知识,改进行动方案,进而适应环境。强化学习系统需要某种"随机单元",使得学习系统在可能的动作空间中进行搜索并发现正确的动作。

8.3 前馈型神经网络

前馈型神经网络属于有监督学习,它的每个神经元只接收前一层的输出,并仅输出给下一层,各层之间没有反馈。前馈网络是目前应用最广泛、发展最迅速的人工神经网络之一。下面详细介绍典型的前馈网络:感知器、BP神经网络和RBF神经网络。

8.3.1 感知器

1957年,美国计算机科学家罗森布拉特提出了感知器(perceptron),这是最早的前馈网络模型。感知器分单层感知器和多层感知器。

1. 单层感知器的网络结构和学习算法

(1) 单层感知器的网络结构

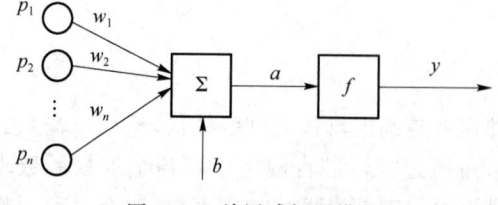

图 8-10 单层感知器模型

单层感知器是指只含有输入层和输出层的神经网络,模型如图 8-10 所示。

输入层包括 p_1、p_2、$\cdots$、p_n 共 n 个神经元和对应的权值 w_1、w_2、$\cdots$、w_n,b 为偏置,a 为输入加权求和的结果。输出层包含一个求和操作的和函数 f 和感知器的输出 y。对于感知器来说，f 一般为符号函数，即输出结果只有 -1 和 1（单次输入，对应一个单值的输出；多次输入，得到输出向量）。感知器的输入和输出可以表示为

$$a = \sum_{i=1}^{n} p_i w_i + b \tag{8-9}$$

$$y = f(a) \tag{8-10}$$

（2）单层感知器的学习算法

利用感知器的学习规则对网络进行训练，具体训练步骤如下：

① 初始化网络，计算实际输出和目标输出之间的误差，利用学习规则修正权值和偏置；
② 计算在新的权值和偏置下的误差，继续修正权值和偏置；
③ 当达到一定的误差要求或者满足最大迭代次数时，训练结束，得到感知器模型。

设误分类的点坐标为 (x_i, y_i)，则 x_i 距离超平面的距离为

$$\frac{1}{\|w\|} |wx_i + b| \tag{8-11}$$

其中，$\|w\|$ 为 w 的 L2 范数。

由于 $|y_i| = 1$，因此，式(8-11)恰好等于

$$\frac{-y_i(wx_i + b)}{\|w\|} \tag{8-12}$$

定义损失函数为所有误分类数据点到超平面的距离之和，

$$L_0(w,b) = -\frac{1}{\|w\|} \sum_{x_i \in M} y_i(wx_i + b) \tag{8-13}$$

如果没有误分类点，则 $L(w,b) = 0$。感知器的训练算法就是求使得 $L(w,b) = 0$ 的 w 和 b。感知器损失函数定义为

$$L(w,b) = -\sum_{x_i \in M} y_i(wx_i + b) \tag{8-14}$$

可以看到，感知器损失函数去掉了分母的 $\|w\|$。当 $\|w\| \neq 0$ 时，$L_0(w,b) = 0$ 和 $L(w,b) = 0$ 是等价的。而感知器的训练算法可以保证最终求得的 w 满足条件 $\|w\|$。

2. 多层感知器的网络结构和学习算法

多层感知器（multi-layer perceptron，MLP）也叫人工神经网络（ANN），除了输入输出层，它中间可以有多个隐层，且每个隐藏层的输出通过激活函数进行变换。它可以实现任意的逻辑函数、复杂的模式分类，以及实现到空间的任意连续映射的逼近。

多层感知器的一个重要特点就是多层，我们将第一层称为输入层，最后一层称为输出层，中间的层称为隐层。MLP 没有规定隐层的数量，因此，可以根据实际的需求选择合适的隐层层数。

（1）MLP 的网络结构

MLP 的网络结构如图 8-11 所示，该图中只涉及了 1 层隐层，输入只有 3 个变量 (x_1, x_2, x_3) 和 1 个偏置量 b，输出层有 3 个神经元。相比于感知器

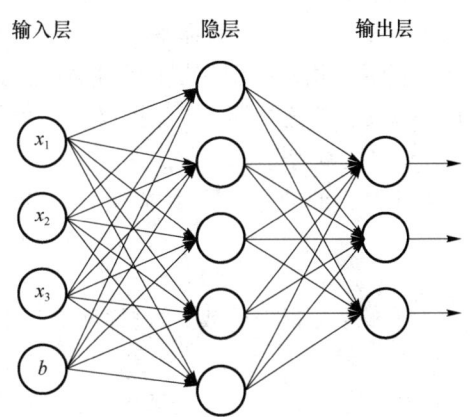

图 8-11 MLP 神经网络结构模型

算法中的神经元模型 MLP 神经网络对神经元模型进行了集成。

(2) 多层感知器的学习算法

① 多层感知器前向传播算法

前向传播指的是信息从第一层逐渐地向高层进行传递的过程。

假设第一层为输入层,输入的信息为(x_1,x_2,x_3)。对于层l,用L_l表示该层的所有神经元,其输出为y_l,其中,第j个节点的输出为$y_l^{(j)}$,该节点的输入为$u_l^{(j)}$,连接第l层与第$(l-1)$层的权重矩阵为W_l,第$l-1$层的第i个节点到第l层的第j个节点的权重为$w_l^{(ji)}$。

结合之前定义的字母标记,对于第二层的 3 个神经元的输出有

$$y_2^{(1)} = f(u_2^{(1)}) = f\left(\sum_{i=1}^n w_2^{(1i)} x_i + b_2^{(1)}\right) = f(w_2^{(11)} x_1 + w_2^{(12)} x_2 + w_2^{(13)} x_3 + b_2^{(1)}) \quad (8\text{-}15)$$

$$y_2^{(2)} = f(u_2^{(2)}) = f\left(\sum_{i=1}^n w_2^{(2i)} x_i + b_2^{(2)}\right) = f(w_2^{(21)} x_1 + w_2^{(22)} x_2 + w_2^{(23)} x_3 + b_2^{(2)}) \quad (8\text{-}16)$$

$$y_2^{(3)} = f(u_2^{(3)}) = f\left(\sum_{i=1}^n w_2^{(3i)} x_i + b_2^{(3)}\right) = f(w_2^{(31)} x_1 + w_2^{(32)} x_2 + w_2^{(33)} x_3 + b_2^{(3)}) \quad (8\text{-}17)$$

将上述的式子转换为矩阵表达式

$$\boldsymbol{y}_2 = \begin{pmatrix} y_2^{(1)} \\ y_2^{(2)} \\ y_2^{(3)} \end{pmatrix} = f\left[\begin{pmatrix} w_2^{(11)} & w_2^{(12)} & w_2^{(13)} \\ w_2^{(21)} & w_2^{(22)} & w_2^{(23)} \\ w_2^{(31)} & w_2^{(32)} & w_2^{(33)} \end{pmatrix} \begin{pmatrix} x_1 \\ x_2 \\ x_3 \end{pmatrix} + \begin{pmatrix} b_2^{(1)} \\ b_2^{(2)} \\ b_2^{(3)} \end{pmatrix}\right] = f(W_2 X + \boldsymbol{b}_2) \quad (8\text{-}18)$$

将第二层的前向传播计算过程推广到网络中的任意一层,则

$$\begin{cases} y_l^{(j)} = f(u_l^{(j)}) \\ u_l^{(j)} = \sum_{i \in L_{l-1}} w_l^{(ji)} y_{l-1}^{(i)} + b_l^{(j)} \\ \boldsymbol{y}_l = f(\boldsymbol{u}_l) = f(W_l \boldsymbol{y}_{l-1} + \boldsymbol{b}_l) \end{cases} \quad (8\text{-}19)$$

其中,$f(\cdot)$为激活函数,$b_l^{(j)}$为第l层的第j个节点的偏置。

② 多层感知器反向传播算法

基本的模型搭建完成后,训练的时候所做的就是完成模型参数的更新。由于存在多层的网络结构,因此,我们无法直接利用损失来对中间的隐层进行参数更新,但可以利用损失从顶层到底层的反向传播来进行参数的估计。

假设多层感知机用于分类,在输出层有多个神经元,每个神经元对应一个标签。输入样本为$\boldsymbol{x}=(x_1,x_2,\cdots,x_n)$,其标签为$t$。

对于层l,用L_l表示该层的所有神经元,其输出为y_l,其中,第j个节点的输出为$y_l^{(j)}$,该节点的输入为$u_l^{(j)}$,连接第l层与第$(l-1)$层的权重矩阵为W_l,第$l-1$层的第i个节点到第l层的第j个节点的权重为$w_l^{(ji)}$。

对于网络的最后一层(第k层)——输出层,定义其损失函数为

$$E = \frac{1}{2} \sum_{j \in L_k} (t^{(j)} - y_k^{(j)})^2 \quad (8\text{-}20)$$

为了极小化损失函数,通过梯度下降进行推导:

$$\begin{cases} \dfrac{\partial E}{\partial w_l^{(ji)}} = \dfrac{\partial E}{\partial y_l^{(j)}} \dfrac{\partial y_l^{(j)}}{\partial w_l^{(ji)}} = \dfrac{\partial E}{\partial y_l^{(j)}} \dfrac{\partial y_l^{(j)}}{\partial u_l^{(j)}} \dfrac{\partial u_l^{(j)}}{\partial w_l^{(ji)}} \\ \dfrac{\partial E}{\partial b_l^{(j)}} = \dfrac{\partial E}{\partial y_l^{(j)}} \dfrac{\partial y_l^{(j)}}{\partial b_l^{(j)}} = \dfrac{\partial E}{\partial y_l^{(j)}} \dfrac{\partial y_l^{(j)}}{\partial u_l^{(j)}} \dfrac{\partial u_l^{(j)}}{\partial w_l^{(j)}} \end{cases} \quad (8\text{-}21)$$

在式(8-21)中，根据之前的定义，很容易得到

$$\begin{cases} \dfrac{\partial y_l^{(j)}}{\partial u_l^{(j)}}=f'(u_l^{(j)}) \\ \dfrac{\partial u_l^{(j)}}{\partial w_l^{(ji)}}=y_{l-1}^{(i)} \\ \dfrac{\partial u_l^{(j)}}{\partial b_l^{(j)}}=1 \end{cases} \quad (8\text{-}22)$$

那么有

$$\begin{cases} \dfrac{\partial E}{\partial w_l^{(ji)}}=\dfrac{\partial E}{\partial y_l^{(j)}}\dfrac{\partial y_l^{(j)}}{\partial u_l^{(j)}}\dfrac{\partial u_l^{(j)}}{\partial w_l^{(ji)}}=\dfrac{\partial E}{\partial w_l^{(ji)}}f'(u_l^{(j)})y_{l-1}^{(i)} \\ \dfrac{\partial E}{\partial b_l^{(j)}}=\dfrac{\partial E}{\partial y_l^{(j)}}\dfrac{\partial y_l^{(j)}}{\partial u_l^{(j)}}\dfrac{\partial u_l^{(j)}}{\partial w_l^{(j)}}=\dfrac{\partial E}{\partial w_l^{(j)}}f'(u_l^{(j)}) \end{cases} \quad (8\text{-}23)$$

下一层所有节点的输入都与前一层的每个节点的输出有关，因此，损失函数可以认为是下一层的每个神经元节点输入的函数。那么

$$\begin{aligned}
\dfrac{\partial E}{\partial y_l^{(j)}} &= \dfrac{\partial E(u_{l+1}^{(1)},u_{l+1}^{(2)},\cdots,u_{l+1}^{(k)},\cdots,u_{l+1}^{(K)})}{\dfrac{\partial E}{\partial y_l^{(j)}}} \\
&= \sum_{k\in L_{l+1}} \dfrac{\partial E}{\partial u_{l+1}^{(k)}}\dfrac{\partial u_{l+1}^{(k)}}{\partial y_l^{(j)}} \\
&= \sum_{k\in L_{l+1}} \dfrac{\partial E}{\partial y_{l+1}^{(k)}}\dfrac{\partial y_{l+1}^{(k)}}{\partial u_{l+1}^{(k)}}\dfrac{\partial u_{l+1}^{(k)}}{\partial y_l^{(j)}} \\
&= \sum_{k\in L_{l+1}} \dfrac{\partial E}{\partial y_{l+1}^{(k)}}\dfrac{\partial y_{l+1}^{(k)}}{\partial u_{l+1}^{(k)}}w_{l+1}^{(kj)}
\end{aligned} \quad (8\text{-}24)$$

此处定义节点的灵敏度为误差对输入的变化率，即

$$\boldsymbol{\delta}=\dfrac{\partial E}{\partial \boldsymbol{u}} \quad (8\text{-}25)$$

那么第 l 层第 j 个节点的灵敏度为

$$\delta_l^{(j)}=\dfrac{\partial E}{\partial u_l^{(j)}}=\dfrac{\partial E}{\partial y_l^{(j)}}\dfrac{\partial y_l^{(j)}}{\partial u_l^{(j)}}=\dfrac{\partial E}{\partial y_l^{(j)}}f'(u_l^{(j)}) \quad (8\text{-}26)$$

结合灵敏度的定义，则有

$$\dfrac{\partial E}{\partial y_l^{(j)}}=\sum_{k\in L_{l+1}}\dfrac{\partial E}{\partial y_{l+1}^{(k)}}\dfrac{\partial y_{l+1}^{(k)}}{\partial u_{l+1}^{(k)}}w_{l+1}^{(kj)}=\sum_{k\in L_{l+1}}\delta_{l+1}^{(k)}w_{l+1}^{(kj)} \quad (8\text{-}27)$$

式(8-27)两边同时乘以 $f'(u_l^{(j)})$，则有

$$\delta_l^{(j)}=\dfrac{\partial E}{\partial y_l^{(j)}}f'(u_l^{(j)})=f'(u_l^{(j)})\sum_{k\in L_{l+1}}\delta_{l+1}^{(k)}w_{l+1}^{(kj)} \quad (8\text{-}28)$$

我们注意到式(8-28)中表达的是前后两层的灵敏度关系，而对于最后一层，也就是输出层来说，并不存在后续的一层，因此并不满足上式。但输出层的输出是直接和误差联系的，因此，我们可以用损失函数的定义来直接求取偏导数。那么

$$\delta_l^{(j)}=\dfrac{\partial E}{\partial y_l^{(j)}}f'(u_l^{(j)})=\begin{cases} f'(u_l^{(j)})\sum_{k\in L_{l+1}}\delta_{l+1}^{(k)}w_{l+1}^{(kj)}, l\text{ 层为隐层} \\ f'(u_l^{(j)})(y_l^{(j)}-t^{(j)}), l\text{ 层为输出层} \end{cases} \quad (8\text{-}29)$$

至此，损失函数对各参数的梯度为

$$\begin{cases} \dfrac{\partial E}{\partial w_l^{(ji)}} = \dfrac{\partial E}{\partial u_l^{(j)}} \dfrac{\partial u_l^{(j)}}{\partial w_l^{(ji)}} = \delta_l^{(j)} y_{l-1}^{(i)} \\ \dfrac{\partial E}{\partial b_l^{(j)}} = \dfrac{\partial E}{\partial u_l^{(j)}} \dfrac{\partial u_l^{(j)}}{\partial b_l^{(j)}} = \delta_l^{(j)} \end{cases} \qquad (8\text{-}30)$$

上述推导都是建立在单个节点的基础上，对于各层所有节点，采用矩阵的方式表示，则上述公式可以写为

$$\frac{\partial E}{\partial \boldsymbol{w}_l} = \boldsymbol{\delta}_l \boldsymbol{y}_{l-1}^{\mathrm{T}} \qquad (8\text{-}31)$$

$$\frac{\partial E}{\partial \boldsymbol{b}_l} = \boldsymbol{\delta}_l \qquad (8\text{-}32)$$

$$\boldsymbol{\delta}_l = \begin{cases} (\boldsymbol{W}_{l+1}^{\mathrm{T}} \boldsymbol{\delta}_{l+1}) f'(\boldsymbol{u}_l), & l \text{ 为隐层} \\ (\boldsymbol{y}_l - \boldsymbol{t}) f'(\boldsymbol{u}_l), & l \text{ 为输出层} \end{cases} \qquad (8\text{-}33)$$

3. 感知器的局限性

单层感知器的主要局限性包括如下 3 点：

① 单层感知器的激活函数是单向阈值函数（强限幅传递函数），因此，感知器网络的输出值只能是 0 或 1；

② 单层感知器只能对线性可分的向量集合进行分类；

③ 单层感知器对权值向量的学习算法是基于迭代思想的，它通常采用纠错学习规则进行学习，故当感知器神经网络的所有输入样本中存在奇异样本时，网络训练所花费的时间就很长。

多层感知器的主要局限性包括如下 5 点：

① 网络的隐层层数和节点个数选取非常难；

② 停止阈值、学习率、动量常数的计算需要采用"trial-and-error"法，极其耗时；

③ 学习速度慢；

④ 容易陷入局部极值；

⑤ 学习可能会不够充分。

8.3.2 BP 神经网络

BP 神经网络是包含多个隐含层的网络，具备处理线性不可分问题的能力。20 世纪 80 年代中期，以 Rumelhart 和 McClelland 为首的科学家成立了 PDP(parallel distributed procession)小组，提出了著名的误差反向传播(error back propagtion,BP)算法，解决了多层神经网络的学习问题。BP 神经网络就是一种利用误差反向传播训练算法的前向网络，是迄今为止应用最为广泛的神经网络。BP 神经网络是前向神经网络的核心部分，也是整个人工神经网络体系中的精华。BP 神经网络目前广泛应用于函数逼近、模式识别、数据挖掘、系统辨识与自动控制等领域。

1. BP 神经网络的结构模型和学习算法

(1) BP 神经网络的结构模型

BP 神经网络是多层的，除了输入层和输出层，隐含层可以为一层或多层。典型的 3 层 BP 神经网络的拓扑结构如图 8-12 所示。

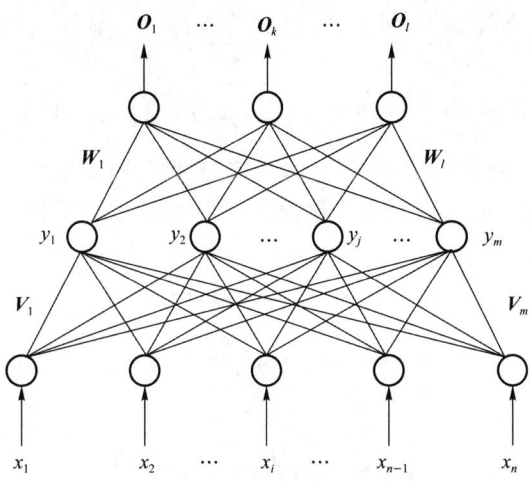

图 8-12 3 层 BP 神经网络结构

在如图 8-12 所示的 3 层 BP 神经网络结构中,输入向量为 $\boldsymbol{X}=(x_1,x_2,\cdots,x_i,\cdots,x_n)^{\mathrm{T}}$;隐含层输出向量为 $\boldsymbol{Y}=(y_1,y_2,\cdots,y_j,\cdots,y_m)^{\mathrm{T}}$;输出层输出向量为 $\boldsymbol{O}=(O_1,O_2,\cdots,O_k,\cdots,O_l)^{\mathrm{T}}$;在训练过程中,还需设定与输出层对应的期望输出向量 $\boldsymbol{D}=(d_1,d_2,\cdots,d_k,\cdots,d_l)^{\mathrm{T}}$;输入层到隐含层之间的权值矩阵为 $\boldsymbol{V}$,其中列向量 v_j 为隐含层第 j 个神经元对应的权向量;隐含层到输出层之间的权值矩阵为 $\boldsymbol{W}$,其中列向量 w_k 为输出层第 k 个神经元对应的权向量。

对于输出层,有

$$\begin{aligned} o_k &= f(t_k), k=1,2,\cdots,l \\ t_k &= \sum_{j=1}^{m} w_{jk}\, y_j, k=1,2,\cdots,l \end{aligned} \quad (8\text{-}34)$$

对于隐含层,有

$$\begin{aligned} y_j &= f(t_j), j=1,2,\cdots,m \\ t_j &= \sum_{i=1}^{n} v_{ij} x_i, j=1,2,\cdots,m \end{aligned} \quad (8\text{-}35)$$

变换函数 $f(x)$ 通常为单极性的 Sigmoid 函数,如式(8-36)所示,该函数具有连续性、可导性的特点,其导数如式(8-37)所示。$f(x)$ 也可采用双极性的 Sigmoid 函数,如式(8-38)所示。

$$f(x)=\frac{1}{1+\mathrm{e}^{-x}} \quad (8\text{-}36)$$

$$f'(x)=f(x)[1-f(x)] \quad (8\text{-}37)$$

$$f(x)=\frac{1-\mathrm{e}^{-x}}{1+\mathrm{e}^{-x}} \quad (8\text{-}38)$$

为降低复杂度,输出层可采用线性函数,如式(8-39)所示。

$$f(x)=kx \quad (8\text{-}39)$$

(2)BP 神经网络的学习算法

BP 学习算法的实质是使网络总误差最小,采用"最速下降法",按照误差函数的负梯度方向进行权值调整,其中包括输入向量的正向传播和输出误差的反向传播。以图 8-12 为例,我们对 BP 算法进行推导。

当网络输出和期望输出不等时,定义输出误差 E 为

$$E=\frac{1}{2}(\boldsymbol{D}-\boldsymbol{O})^2=\frac{1}{2}\sum_{k=1}^{l}(d_k-o_k)^2 \quad (8\text{-}40)$$

$$E = \frac{1}{2}\sum_{k=1}^{l}[d_k - f(t_k)]^2 = \frac{1}{2}\sum_{k=1}^{l}\left(d_k - f\left(\sum_{i=0}^{m} w_{jk} y_j\right)\right)^2 \tag{8-41}$$

$$E = \frac{1}{2}\sum_{k=1}^{l}\left(d_k - f\left(\sum_{i=0}^{m} w_{jk} f\left(\sum_{i=0}^{n} v_{ij} x_i\right)\right)\right)^2 \tag{8-42}$$

网络输出误差是关于各层权值 w_{jk} 和 v_{ij} 的函数，故调整权值就可以改变误差 E。调整权值的原则是使误差不断减小，可采用梯度下降算法，其中，负号表示梯度下降；常数 $\eta \in (0,1)$ 表示比例系数，即学习速率。

$$\begin{aligned} o_k &= f(t_k), k = 1,2,\cdots,l; \\ t_k &= \sum_{i=1}^{m} w_{jk} y_j, k = 1,2,\cdots,l \end{aligned} \tag{8-43}$$

对于输出层，

$$\Delta w_{jk} = -\eta \frac{\partial E}{\partial w_{jk}} = -\eta \frac{\partial E}{\partial t_k}\frac{\partial t_k}{\partial w_{jk}} \tag{8-44}$$

给输出层定义一个误差信号，令

$$\delta_k^o = -\frac{\partial E}{\partial t_k} \tag{8-45}$$

则输出层的权值调整为

$$\Delta w_{jk} = \eta \delta_k^o y_j \tag{8-46}$$

输出层调整量 δ_k^o 展开为

$$\delta_k^o = -\frac{\partial E}{\partial t_k} = -\frac{\partial E}{\partial o_k}\frac{\partial o_k}{\partial t_k} = -\frac{\partial E}{\partial o_k} f'(t_k) \tag{8-47}$$

进而求网络误差对输出层输出的偏导，根据式(8-40)可得

$$\frac{\partial E}{\partial o_k} = -(d_k - o_k) \tag{8-48}$$

将得到的结果进行代入式(8-47)，并应用式(8-39)和式(8-40)求得

$$\delta_k^o = -(d_k - o_k) o_k (1 - o_k) \tag{8-49}$$

将式(8-49)代入式(8-44)，可得 3 层 BP 神经网络学习算法输出层的权值调整式为

$$\Delta w_{jk} = \eta \delta_k^o y_j = \eta(d_k - o_k) o_k (1 - o_k) y_j \tag{8-50}$$

同理，重复上述步骤，即可得到隐含层的权值调整式

$$\Delta v_{ij} = \eta \delta_j^y x_i = \eta\left(\sum_{k=1}^{l} \delta_k^o w_{jk}\right) y_j (1 - y_j) x_i \tag{8-51}$$

上面介绍的 BP 算法是标准 BP 算法，其特点是每次针对一个训练样本输入，回传误差用于更新权值，这会导致训练次数增加，权值参数更新变得十分频繁，收敛速度很慢。

基于累计误差最小化原则得到的累积误差 BP 算法，是在输入了所有训练样本之后，根据总误差来调整各层的权值参数，这样降低了参数更新的频率，加快了收敛速度。

2. BP 神经网络的设计

BP 神经网络采用有监督学习，因此，在解决某个具体的问题时，训练数据是必要的。BP 神经网络的设计包含以下几个方面。

(1) 输入/输出变量的确定和预处理

输出量代表系统要实现的功能目标，可以是系统的性能指标、类别归属或非线性函数的函数值等。数据的表达方式会影响向量的维数大小。对于具体问题，输入量必须选择那些对输

出影响大且能够检测或提取的相关性很小的输入变量。输入层和输出层的节点个数取决于输入向量和输出向量的维数。

(2) 神经网络结构的设计

确定了输入和输出变量后,网络输入层和输出层的节点个数也就确定了。剩下的问题是考虑隐含层和隐含层节点。从原理上讲,只要有足够多的隐含层和隐含层节点,BP神经网络就可以实现复杂的非线性映射关系。

(3) BP神经网络的训练和测试(训练方法的选择)

初始化网络的权值,网络通过学习训练数据,获得阈值、传输函数及参数,然后进行泛化测试。如果训练数据能很好地代表系统的输入/输出特征,并且神经网络进行了有效的学习与训练,那么神经网络将具有较好的映射性能。

3. BP神经网络的局限性与改进

BP神经网络具有实现任何复杂非线性映射的能力,特别适合求解内部机制复杂的问题。但在神经网络的实际应用中,BP神经网络也具有一些不可避免的缺陷:

① 网络的训练易陷入局部最小值,而达不到全局最小值;
② 网络的学习收敛速度缓慢;
③ 网络的结构难以确定,参数和样本的选择一直是一个困难的问题;
④ 网络的泛化能力不能得到保证。

针对标准BP算法的不足,出现了几种改进方法,如在权值更新阶段引入动量因子从而改善收敛的能力,自适应调节学习率以加速收敛过程等,在此不进行详细阐述,相关细节可自行了解。

4. BP神经网络的相关函数

MATLAB神经网络工具箱提供了BP神经网络的分析和设计函数,表8-2列出了MATLAB神经网络工具箱中与BP神经网络相关的主要函数,在MATLAB的命令行中利用help命令也可得到相关函数的详细介绍。

表 8-2 与 BP 神经网络相关的主要函数

函数名	功能
newff()	创建一个 BP 神经网络
feedforwardnet()	创建一个 BP 神经网络(推荐使用)
logsig()	Log-Sigmoid 函数
tansig()	Tan-Sigmoid 函数
purelin()	纯线性函数
traingd()	梯度下降 BP 神经网络训练函数
learngd()	基于梯度下降的学习函数

8.3.3 RBF 神经网络

BP神经网络是一种全局逼近网络,需针对每个样本数据对连接权值进行调整,故学习速度较慢,难以满足实时性要求。1988年Broomhead和Lowe根据生物神经元具有局部响应的原理,将径向基函数引入神经网络。径向基函数(radial basis function,RBF)神经网络是一种前馈型局部逼近神经网络,对于每个样本数据,该网络仅需对少量的连接权值进行调整,故其学习速度快、实时性强。RBF 神经网络广泛应用于非线性函数逼近、时间序列分析、模式识别、信号处理、系统建模、控制和故障诊断等领域。

1. 径向基函数神经网络的模型

RBF 神经网络是单隐层的前向网络,它由 3 层构成:第一层为输入层,第二层为隐含层,第三层为输出层。隐含层是非线性的,采用径向基函数作为基函数,输出层则是线性的。其基本思想是:用径向基函数作为隐单元的"基",构成隐含层空间,隐含层对输入矢量进行变换,将低维的模式输入数据变换到高维空间内,使得在低维空间内的线性不可分问题在高维空间内线性可分。根据隐含层节点的个数,RBF 神经网络有两种模型:正规化网络(regularization network)和广义网络(generalized network)。

(1) 径向基函数

径向基函数是指某种沿径向对称的标量函数,通常定义为空间中任一点 X 到某一中心 c 之间欧氏距离的单调函数。

设有 P 个输入样本 $X_p, \phi(\|X-X_p\|), p=1,2,\cdots,P, X_p$ 是函数的中心。$\phi(\cdot)$ 以输入空间的点 X 与中心 X_p 的距离为自变量,故称为径向基函数。可以证明,在一定条件下,径向基函数 $\phi(\|x-c\|)$ 可以逼近几乎所有函数,这里 c 是一个固定的值。

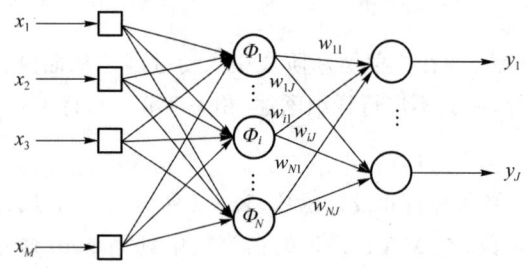

图 8-13 正则化径向基函数的网络结构

(2) 正规化网络

正规化网络的隐层神经元的个数与训练样本的个数相同。第 i 个隐含节点的输出为 $\phi(\|X-X_i\|)$,即基函数,$X_i=(x_{i1}, x_{i2}, \cdots, x_{im})$ 为基函数的中心。假设有 $K=N$ 个训练样本,从第 i 个隐含节点到第 j 个输出节点的权值为 w_{ij},正则化径向基函数的网络结构如图 8-13 所示。

设实际输出为 $Y_k=(y_{k1}, y_{k2}, \cdots, y_{kj}, \cdots, y_{kJ})$,$J$ 为输出单元的个数,表示第 k 个输入向量产生的输出。那么输入训练样本 X_k 时,网络第 j 个输出神经元得出的结果为

$$y_{kj} = \sum_{i=1}^{N} w_{ij}\phi(X_k, X_i), j=1,2,\cdots,J \tag{8-52}$$

(3) 广义网络

正规化网络的训练样本 X_k 与基函数 $\phi_k(\cdot)$ 是一一对应的。当 N 很大时,隐含层节点增多,计算量将大得惊人,在求解网络的权值时容易产生病态问题。为解决这一问题,我们可以用 Galerkin 方法来减少隐含层神经元的个数。广义径向基函数的网络结构如图 8-14 所示。

与正规化网络不同,广义网络的隐含层有 I 个节点,其中 $I<K$。该网络增加了阈值 Φ_0,它的输出恒为 1,输出单元与其相连的权值为 w_{0j},其他与正规化一样,那么输入训练

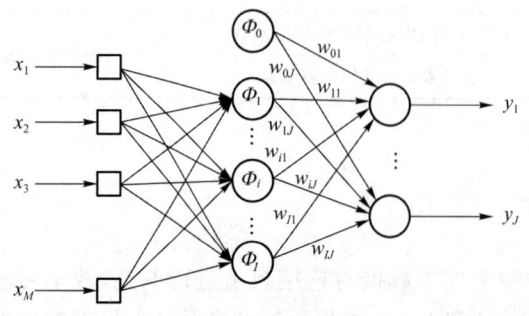

图 8-14 广义径向基函数的网络结构

样本 X_k 时,网络第 j 个输出神经元得出的结果为

$$y_{kj} = w_{0j} + \sum_{i=1}^{I} w_{ij}\phi(X_k, X_i), j = 1, 2, \cdots, J \tag{8-53}$$

与正则化网络的主要区别在于,广义网络选择了 I 个新的基函数和相应的新的权值 w_{ij} 来逼近正规化网络中的 N 个隐含节点。

2. 径向基函数神经网络的学习算法

在径向基函数神经网络中,需要训练的参数是隐含层中基函数的中心和标准差,隐含层与输出层之间的权值。当采用正规化 RBF 神经网络结构时,隐节点数即样本数,基函数的数据中心即样本本身,参数设计只需要考虑标准差和输出节点的权值。当采用广义 RBF 神经网络结构时,该网络的学习算法解决的问题为训练的全部参数。当知道了网络的隐节点数、数据中心和标准差时,RBF 神经网络从输入到输出成为一个线性方程组,此时,输出层权值学习可采用最小二乘法、梯度下降法等方法求解。因此,确定 RBF 神经网络的数据中心和标准差是设计 RBF 神经网络的重要环节。

(1) 固定中心

当隐含层节点和训练数据的数目相等时(正规化网络),每一个训练数据就充当这一隐节点的数据中心。因此,隐含层的中心为输入数据的向量。这时,标准差由 $\sigma = d/\sqrt{2n}$ 确定,d 是所有选择的数据中心之间的最大欧氏距离,n 为数据中心的个数。

(2) 随机固定中心

当隐含层节点的个数少于训练数据的个数时,在随机选取固定中心的方法中,隐含层基函数的中心被随机地从样本数据中选取且固定不变,标准差的确定方法与之相同。

(3) 自组织选取中心

自组织选取中心的思路是:首先用自组织学习(用 K-means 算法对样本输入进行聚类)方法确定径向基函数的中心,再确定标准差;然后用有监督学习(梯度法)训练隐含节点的输出权值。

假设有 I 个聚类中心,第 n 次迭代的第 i 个聚类中心为 $t_i(n), i=1,2,\cdots,I$,这里 I 值需要根据经验确定。

① 从输入样本数据中随机选择 I 个不同的样本作为初始的聚类中心 $t_i(0)$。

② 从训练数据中随机抽取训练样本 X 作为输入,计算该输入样本距离哪一个聚类中心最近,就把它归为该聚类中心的同类,即

$$I(X_k) = \arg_i \min \|X_k - t_i(n)\| \tag{8-54}$$

找到相应的 i 值,将 X_k 归为第 i 类。

③ 更新聚类中心。新的聚类中心为

$$t_i(n+1) = \begin{cases} t_i(n) + \eta[X_k(n) - t_i(n)], i = i(X_k) \\ t_i(n), \text{其他} \end{cases} \tag{8-55}$$

其中,η 为学习步长,$0 < \eta < 1$。每次只会更新一个聚类中心,其他聚类中心不会被更新。

④ 当聚类中心不再变化时,算法就收敛了。如果判断结果没有收敛,则返回②继续迭代。结束时求得的 $t_i(n)$ 为最终确定的聚类中心。

(4) 有监督选取中心

径向基网络通过训练样本,利用误差纠正算法进行监督学习,以同时获取数据中心、方差、

权值 3 个参数,即计算总的输出误差对各参数的梯度,再用梯度下降法修正待学习的参数。

3. 其他径向基函数神经网络

(1) 概率神经网络

概率神经网络(probabilistic neural networks,PNN)是基于 Bayes 分类规则与 Parzen 窗概率密度函数估计方法的四层前馈型人工神经网络。PNN 结构简单、训练方便、应用广泛。它能用线性学习算法完成以往非线性学习算法不能完成的问题,同时又不需要训练,实时处理性能好。PNN 是基于模式样本后验概率估计的分类器,已广泛用于模式识别、故障诊断、专家系统与回归拟合等领域。

(2) 广义回归神经网络

广义回归神经网络(general regression neural network,GRNN)是建立在非参数回归的基础上的四层前向型人工神经网络,以样本数据为后验条件,执行 Parzen 非参数估计,依据最大概率原则计算网络输出。广义回归网络以径向基函数神经网络为基础,因此具有良好的非线性逼近性能。与径向基函数神经网络相比,其训练更为方便,在信号过程、结构分析、控制决策系统等各个学科和工程领域均得到了广泛应用,广义回归神经网络尤其适合解决曲线拟合的问题。

4. 径向基函数神经网络的相关函数

MATLAB 神经网络工具箱提供的与算法相关的径向基函数神经网络的工具函数如表 8-3 所示。在 MATLAB 的命令行窗口中输入"help radbasis",便可得到与径向基函数神经网络相关的函数,进一步利用 help 命令又能得到相关函数的详细介绍。

表 8-3　与径向基函数神经网络相关的函数

函数名	功能
newrb()	新建一个径向基函数神经网络
newrbe()	新建一个严格的径向基函数神经网络
newgrnn()	新建一个广义回归径向基函数神经网络
newpnn()	新建一个概率径向基函数神经网络

8.4　反馈型神经网络

8.4.1　Hopfield 神经网络

1. Hopfield 神经网络概述

反馈网络(recurrent network),又称自联想记忆网络,其目的是设计一个网络,以储存一组平衡点,使得当给网络一组初始值时,网络将自行运行,并最终收敛到这个设计的平衡点上。反馈网络能够表现出非线性动力学系统的动态特性。它的主要特性包括如下两点:一是网络具有若干个稳定状态,当网络从某一初始状态开始运动时,其总可以收敛到某一个稳定的平衡状态;二是这个稳定的平衡状态可以通过设计网络的权值而被存储到网络中。

1982 年,美国加州工学院物理学家 Hopfield 发表了一篇对人工神经网络研究颇有影响的论文，提出了 Hopfield 神经网络。Hopfield 神经网络是单层对称全反馈网络，根据其激活函数的不同，可分为离散型 Hopfield 神经网络（discrete hopfield neural network，DHNN）和连续型 Hopfield 神经网络（continuous hopfield neural network，CHNN）。DHNN 的激活函数为二值型的，其输入、输出为$\{0,1\}$的反馈网络，主要用于联想记忆。CHNN 的激活函数的输入与输出之间的关系为连续可微的单调上升函数，主要用于优化计算。

2. Hopfield 神经网络模型

反馈网络结构如图 8-15 所示。

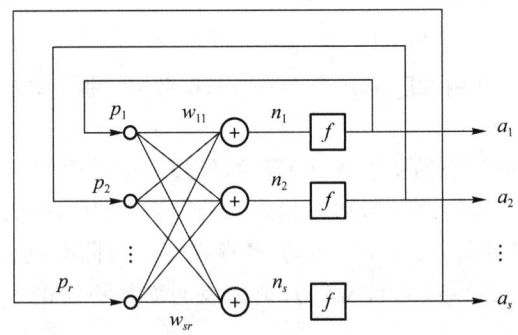

图 8-15　反馈网络结构

在反馈网络中，如果其激活函数 $f(\cdot)$ 是一个二值型的硬函数，如图 8-16 所示，即 $a_i=\mathrm{sgn}(n_i)$，$i=1,2,\cdots,r$，则称此网络为离散型反馈网络；如果 $a_i=f(n_i)$ 中的 $f(\cdot)$ 为一个连续单调上升的有界函数，那么这类网络被称为连续型反馈网络，CHNN 的激活函数如图 8-17 所示。

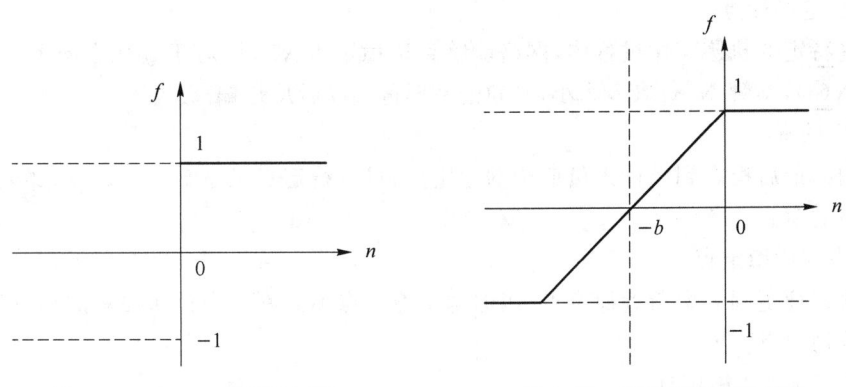

图 8-16　DHNN 的激活函数　　　　图 8-17　CHNN 的激活函数

3. 网络状态轨迹

设状态矢量 $\boldsymbol{N}=(n_1,n_2,n_3,\cdots,n_r)$，网络的输出矢量为 $\boldsymbol{A}=(a_1,a_2,a_3,\cdots,a_s)^\mathrm{T}$，在一个 r 维状态空间上，我们可以用一条轨迹来描述状态变化情况。从初始值 $N(t_0)$ 出发，$N(t_0+\Delta t)\rightarrow N(t_0+2\Delta t)\rightarrow\cdots\rightarrow N(t_0+m\Delta t)$，这些在空间上的点组成的确定轨迹是演化过程中所有可能状态的集合，我们称这个状态空间为相空间。

三维空间中的状态轨迹如图 8-18 所示。

对于 DHNN，因为 $N(t)$ 中的每个值都只可能为 ± 1 或 $\{0,1\}$，那么对于确定的权值 ω_{ij}，其轨迹是跳跃的阶梯式，如图 8-18(a)所示。对于 CHNN，因为 $f(\cdot)$ 是连续的，所以其轨迹也是连续的，如图 8-18(b)和图 8-18(c)所示。

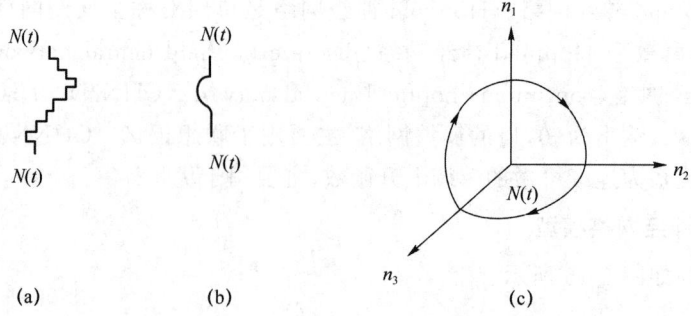

图 8-18　三维空间中的状态轨迹

对于不同的连接权值 ω_{ij} 和输入 $P_j(i,j=1,2,\cdots,r)$，反馈网络状态轨迹可能出现以下几种情况。

(1) 状态轨迹为稳定点

状态轨迹从系统在 t_0 时状态的初值 $N(t_0)$ 开始，经过一定的时间 $t(t>0)$ 后，到达 $N(t_0+t)$。如果 $N(t_0+t+\Delta t)=N(t_0+t)$，$\Delta t>0$，那么状态 $N(t_0+t)$ 称为网络的稳定点或平衡点。

即反馈网络从任一初始态 $P(0)$ 开始运动，若存在某一有限时刻 t，从 t 时刻以后的网络状态不再发生变化，即 $P(t+\Delta t)=P(t)$，$\Delta t>0$，则称该网络是稳定的。处于稳定的网络的状态叫作稳定状态，又称吸引子。

在一个反馈网络中，存在很多稳定点，根据不同情况，这些稳定点可以分为如下 4 种。

① 渐近稳定点

如果在稳定点 N_e 周围的 $N(\sigma)$ 区域内，从任意一个初始状态 $N(t_0)$ 出发的每个运动，当 $t\to\infty$ 时都收敛于 N_e，则称 N_e 为渐近稳定点。

② 不稳定平衡点

在某些特定的轨迹演化过程中，网络能够到达稳定点 N_{en}，但对于其他方向上的任意一个小的区域 $N(\sigma)$，不管 $N(\sigma)$ 取多么小，其轨迹在时间 t 以后总是偏离 N_{en}。

③ 网络的解

如果网络最后稳定到设计人员期望的稳定点，且该稳定点又是渐近稳定点，那么这个稳定点称为网络的解。

④ 网络的伪稳定点

网络最终稳定到一个渐近稳定点上，但这个稳定点不是网络设计所要求的解，那么这个稳定点称为伪稳定点。

(2) 状态轨迹为极限环

如果在某些情况下，状态 $N(t)$ 的轨迹是一个圆或一个环，状态 $N(t)$ 的轨迹沿着环重复旋转，永不停止，此时的输出 $A(t)$ 也出现周期变化，即出现振荡，这种状态轨迹称为极限环。图 8-18(c) 的轨迹即为出现极限环的情形。对于 DHNN，轨迹变化可能在两种状态下来回跳动，其极限环为 2。如果在 r 种状态下循环变化，称其极限环为 r。

(3) 混沌现象

如果状态 $N(t)$ 的轨迹在某个确定的范围内运动，但既不重复，又不能停下来，状态变化为无穷多个，而轨迹也不能发散到无穷远，这种现象称为混沌 (chaos)。在出现混沌的情况下，系统输出变化为无穷多个，并且随时间推移不能趋向稳定，但又不发散。

(4) 状态轨迹发散

如果状态 $N(t)$ 的轨迹随时间一直延伸到无穷远，此时状态发散，系统的输出也发散。在人工神经网络中,由于输入、输出激活函数是一个有界函数,虽然状态 $N(t)$ 是发散的,但其输出 $A(t)$ 仍是稳定的,而 $A(t)$ 的稳定反过来又限制了状态的发散。一般非线性人工神经网络中发散现象是不会发生的,除非神经元的输入、输出激活函数是线性的。

目前的人工神经网络是利用第一种情况(状态轨迹为稳定点)来解决问题的。如果把系统的稳定点视作一个记忆的话,那么从初始状态朝这个稳定点移动的过程就是寻找该记忆的过程。状态的初始值可以认为是给定的有关该记忆的部分信息,状态 $N(t)$ 移动的过程是从部分信息寻找全部信息的过程,即联想记忆的过程。

如果把系统的稳定点考虑为一个能量函数的极小点,在状态空间中,从初始状态 $N(t_0)=N(t_0+t)$,最后到达 N^*。若 N^* 为稳定点,则可以看作是 N^* 把 $N(t_0)$ 吸引了过去,在 $N(t_0)$ 时能量比较大,而吸引到 N^* 时能量已极小了。根据这个道理,我们可以把这个能量的极小点作为一个优化目标函数的极小点,把状态变化的过程看成优化某一个目标函数的过程。

因此,反馈网络的状态移动过程实际上是一种计算联想记忆或优化的过程。它的解并不需要真的去计算,只需要形成一类反馈神经网络,并适当地讨论其权重值 $\omega_{i,j}$,使其初始输入 $A(t_0)$ 向稳定吸引子的状态移动,就可以达到这个目的。

Hopfield 神经网络是利用稳定吸引子来对信息进行储存的,利用从初始状态到稳定吸引子的运行过程来实现对信息的联想存取。

通过对神经元之间的权和阈值的设计,我们要求单层的反馈网络达到如下目标:
① 网络系统能够达到稳定收敛;
② 网络的稳定点;
③ 吸引域的设计。

4. 离散型 Hopfield 神经网络(DHNN)

离散型 Hopfield 神经网络的输出类似于 M-P 模型,可表示为

$$a_i = \begin{cases} 1, & \sum_{j \pm i} \omega_{ij} a_i \geqslant 0 \\ -1, & \sum_{j \pm i} \omega_{ij} a_i < 0 \end{cases} \tag{8-56}$$

在式(8-56)中,取 $b=0$,权矩阵中有 $\omega_{ij}=\omega_{ji}$,且取 $\omega_{ii}=0$,即 DHNN 采用对称联接。因此,其网络结构可以用一个加权元向量图表示。

DHNN 结构如图 8-19 所示。

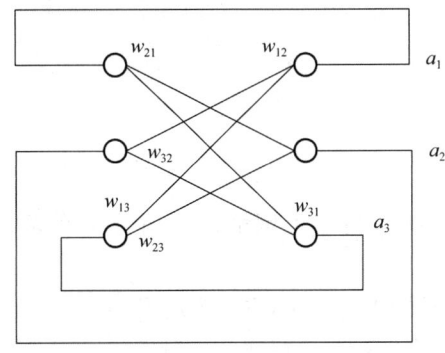
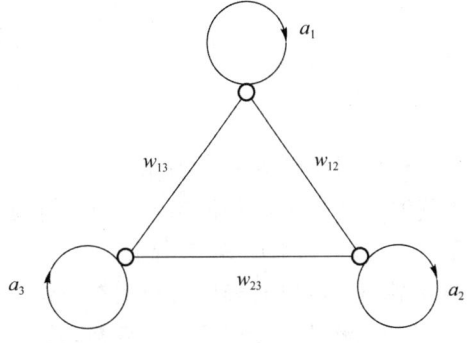

(a) Hopfield神经网络结构　　(b) 等价的Hopfield网络结构

图 8-19　DHNN 结构

由图 8-19(a)可知，考虑 DHNN 的权值特性 $\omega_{ij}=\omega_{ji}$，网络各节点加权输入和分别为

$$S_1=\omega_{12}a_2+\omega_{13}a_3$$
$$S_2=\omega_{21}a_1+\omega_{23}a_3 \qquad (8-57)$$
$$S_3=\omega_{31}a_1+\omega_{13}a_2$$

对于以符号函数为激活函数的网络，网络的方程可写为

$$n_j(t)=\sum_{\substack{i=1\\i\neq j}}^{r}\omega_{ij}\,a_j \qquad (8-58)$$

$$a_i(t+1)=\operatorname{sgn}[n_j(t)]=\begin{cases}1,n_j(t)\geqslant 0\\-1,n_j(t)<0\end{cases} \qquad (8-59)$$

联想记忆功能是 DHNN 的一个重要功能。要想实现联想记忆，反馈网络必须符合以下两个基本条件：

① 网络能够收敛到稳定的平衡状态，并以其作为样本的记忆信息；

② 网络必须具有回忆能力，能够根据某一残缺的信息回忆起与之对应的完整的记忆信息。

DHNN 实现联想记忆的过程分为两个阶段：学习记忆阶段和联想回忆阶段。在学习记忆阶段，设计者通过某一设计方法确定一组合适的权值，使网络记忆期望的稳定平衡点；联想回忆阶段则是网络的工作过程。

状态更新过程状态有 3 种情况：由 -1 变为 1，由 1 变为 -1，以及保持不变。在任一时刻，网络中只有一个神经元被选择进行状态更新或保持，所以异步状态更新的网络从某一初态开始需经过多次状态更新后才可以达到某种稳态。这种更新方式的特点是：

① 易于实现，每个神经元都有自己的状态更新时刻，不需要同步机制；

② 功能上的串行状态更新可以限制网络的输出状态，避免不同稳态等概率的出现；

③ 异步状态更新更接近实际的生物神经系统的表现。

5. 连续型 Hopfield 神经网络(CHNN)

Hopfield 神经网络可以推广到输入和输出都取连续数值的情形。相较于离散型 Hopfield 神经网络，网络的基本结构不变，状态输出方程在形式上也相同。若定义网络中第 i 个神经元的输入总和为 n_i，输出状态为 a_i，则网络的状态转移方程可写为

$$a_i=f(\sum_{j=1}^{r}\omega_{ij}\,p_j+b_i) \qquad (8-60)$$

其中，神经元的激活函数 f 为 S 形函数(或双曲正切)，即

$$f_1=\frac{1}{1+\mathrm{e}^{-\lambda(n_i+b_i)}} \qquad (8-61)$$

或

$$f_2=\tan h(\lambda(n_i+b_i)) \qquad (8-62)$$

激活函数图像如图 8-20 所示。

连续型 Hopfield 神经网络的网络拓扑结构是单层反馈非线性网络，每一个节点的输出均反馈至节点的输入，如图 8-21 所示。

连续型 Hopfield 神经网络模型在简化生物神经元性质的同时，重点突出了如下特点：

① 神经元作为一个输入输出变换，其传输特性具有 Sigmoid 特性；

② 神经元之间大量的兴奋性、抑制性连接，主要通过反馈来实现；

③ 神经元既代表产生动作电位的神经元又代表按渐进方式工作的神经元。

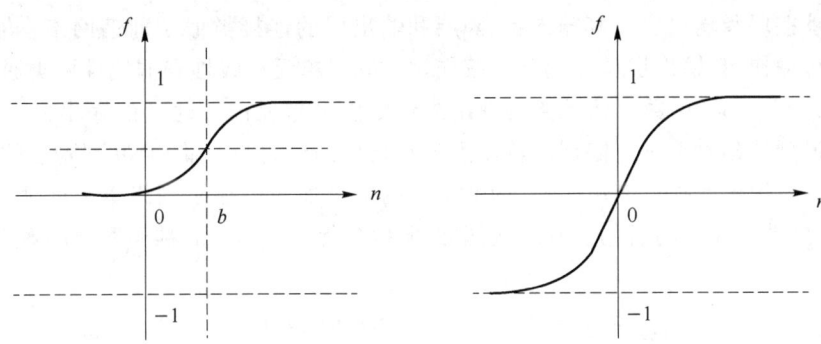

图 8-20　连续型 Hopfield 神经网络的激活函数图像

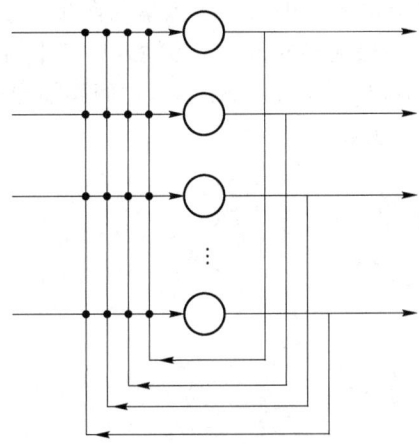

图 8-21　连续型 Hopfield 神经网络的网络拓扑结构

因此,连续型 Hopfield 神经网络模型准确地保留了生物神经网络的动态和非线性特征。

Hopfield 神经网络的提出是与其实际应用密切相关的,其主要功能有联想记忆(离散型 Hopfield 神经网络)和优化计算功能(连续型 Hopfield 神经网络)。Hopfield 神经网络除在模式识别方面有重要应用外,对于解决组合优化问题,它也有许多用途。组合优化问题,就是在给定的约束条件下,求出使目标函数极小(或极大)的变量组合问题。将 Hopfield 神经网络应用于求解组合优化问题,就是把目标函数转化为网络的能量函数,把问题的变量对应于网络的状态。

当网络的能量函数收敛于极小值时,网络的状态就对应于问题的最优解。由于神经网络的计算量不随维数的增加而发生指数性的剧增,故神经网络对于优化问题的快速计算特别有效。

8.4.2　Elman 神经网络

Elman 神经网络是一种典型的局部回归网络(global feed forward local recurrent)。Elman 神经网络可以看作是一个具有局部记忆单元和局部反馈连接的递归神经网络。Elman 神经网络具有与多层前向网络相似的多层结构,是在 BP 神经网络基本结构的基础上,在隐层后增加一个承接层,作为一步延时算子,达到记忆的目的,从而使系统具有适应时变特性的能力,增强了网络的全局稳定性。它比前馈型神经网络具有更强的计算能力,还可以用来解决快速寻优问题,属于带反馈的 BP 神经网络,具有短期记忆功能。

1. Elman 神经网络结构

Elman 神经网络是应用较为广泛的一种典型的反馈型神经网络模型。一般分为 4 层:输入层、隐层、承接层和输出层。其输入层、隐层和输出层的连接类似于前馈网络。输入层单元仅起到信号传输作用,输出层单元起到加权作用。隐层单元有线性和非线性两类激励函数,通常激励函数为 Sigmoid 函数。而承接层则用来记忆隐层单元前一时刻的输出值,可以认为是一个有一步迟延的延时算子。隐层的输出通过承接层的延迟与存储,自联到隐层的输入,这种自联方式使其对历史数据具有敏感性,内部反馈网络的加入增加了网络本身处理动态信息的能力,从而达到动态建模的目的。其结构图如图 8-22 所示。Elman 神经网络的数学表达式为

$$y(k) = g(w_3 x(k)) \tag{8-63}$$

$$x(k) = f(w_1 x_c(k) + w_2(u(k-1))) \tag{8-64}$$

$$x_c(k) = x(k-1) \tag{8-65}$$

其中,y 为 m 维输出节点向量;x 为 n 维中间层节点单元向量;u 为 r 维输入向量;x_c 为 n 维反馈状态向量;w_1 为承接层到中间层连接权值;w_2 为输入层到中间层连接权值;w_3 为中间层到输出层连接权值;$g(\cdot)$ 为输出神经元的传递函数,是中间层输出的线性组合;$f(\cdot)$ 为中间层神经元的传递函数,常采用 S 形函数。

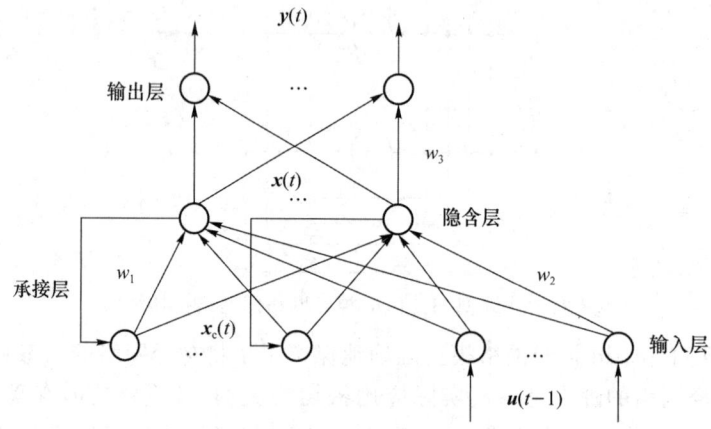

图 8-22　Elman 神经网络结构

2. Elman 算法流程

设第 k 步系统的实际输出为 $y_d(k)$,则 Elman 网络的目标函数即误差函数可表示为

$$E(k) = \frac{1}{2}(y_d(k) - y(k))^T (y_d(k) - y(k)) \tag{8-66}$$

根据梯度下降法,分别计算 $E(k)$ 对权值的偏导数并使其为 0,可得到 Elman 网络的学习算法如下:

$$\begin{aligned}
\Delta w_{ij}^{I3} &= \eta_3 \delta_i^0 x_j(k), i=1,2,\cdots,m, j=1,2,\cdots,n \\
\Delta w_{jq}^{I2} &= \eta_2 \delta_j^h u_q(k-1), j=1,2,\cdots,n, q=1,2,\cdots,r \\
\Delta w_{jl}^{I1} &= \eta_1 \sum_{i=1}^{m}(\delta_i^0 w_i^{I3}) \frac{\partial x_j(k)}{\partial w_{jl}^{I1}}, j=1,2,\cdots,n, l=1,2,\cdots,n
\end{aligned} \tag{8-67}$$

$$\begin{aligned}
\delta_i^0 &= (y_{d,i}(k) - y_i(k)) g_i'(\cdot) \\
\delta_j^h &= \sum_{i=1}^{m}(\delta_i^0 w_i^{I3}) f_j'(\cdot)
\end{aligned} \tag{8-68}$$

$$\frac{\partial x_j(k)}{\partial w_{jl}^{I1}} = f_j'(\cdot) x_l(k-1) + \alpha \frac{\partial x_j(k-1)}{\partial w_{jl}^{I1}}, j=1,2,\cdots,n, l=1,2,\cdots,n \tag{8-69}$$

其中,η_1, η_2, η_3 分别是 w^{J1}, w^{J2}, w^{J3} 的学习步长。

Elman 算法流程如图 8-23 所示。

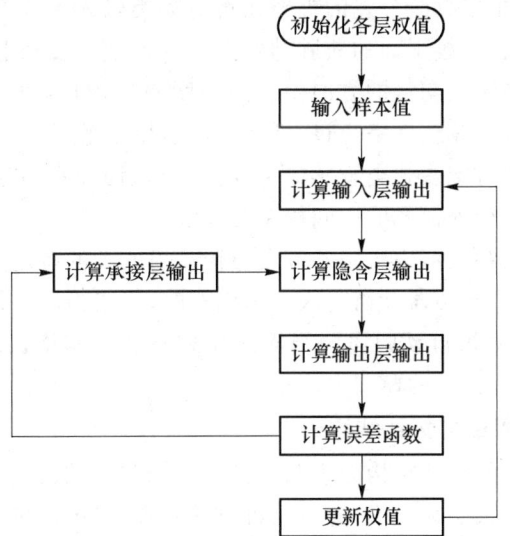

图 8-23　Elman 算法流程

Elman 是动态网络，适应时变特性，有短期记忆功能，能够内部反馈、存储和利用过去时刻输出信息，在计算能力和网络稳定性上比 BP 神经网络更好，但与 BP 神经网络一样，算法都是采用基于梯度下降法，会出现训练速度慢和容易陷入局部极小值的缺点，对神经网络的训练较难达到全局最优。

8.4.3　自组织映射神经网络

在生物神经系统中，存在着一种"侧抑制"现象，即当一个神经细胞兴奋后，会对其周围的神经细胞产生抑制作用。这种"侧抑制"使神经细胞之间出现竞争行为。开始时可能多个细胞同时兴奋，但一个兴奋程度最强的神经细胞会逐渐抑制周围神经细胞的兴奋，使周围神经细胞兴奋度减弱，最终兴奋度最高的细胞是这次竞争的"胜者"，而其他神经细胞在竞争中"失败"。

自组织竞争神经网络就是模拟上述生物神经系统功能的人工神经网络。输出层各神经元之间都是双向连接线，各连接线被赋予相应的权值，从而实现对生物网络神经元相互竞争和抑制现象的模拟。

自组织竞争神经网络通过对"侧抑制"现象进行模拟，具备了自组织功能，能够进行无教师学习。自组织竞争神经网络的一大特点是：具有自组织功能，能够自适应地改变网络参数和结构，从而实现无教师学习。自组织竞争神经网络的无教师学习方式更类似于人类大脑神经网络的学习，大幅拓宽了神经网络在模式识别和分类上的应用。

Kohonen 于 1982 年提出自组织映射(self-organizing map，SOM)神经网络。它是一种无监督的竞争学习网络，学习过程中不需要任何监督信息。SOM 神经网络将高维数据映射到低维空间中，一般是一维或者二维，并且在映射过程中保持数据的拓扑结构不变，即高维空间中相似的数据在低维空间中接近。

自 SOM 神经网络提出以来，自组织特征映射网络得到快速发展和改进，目前广泛应用于样本分类、排序和样本检测等方面和工程、金融、医疗、军事等领域，并成为其他人工神经网络的基础。

SOM神经网络的运行分为训练和工作两个阶段。

在训练开始阶段,竞争层哪个位置的神经元将对哪类输入模式产生最大响应是不确定的。当输入模式的类别改变时,二维平面的获胜神经元也会改变。在获胜神经元周围的邻域内的所有神经元的权向量均向输入向量的方向做不同程度调整,调整力度依据邻域内节点与获胜节点距离的由近至远逐渐衰减。网络通过自组织方式,用大量训练样本调整网络的权值,最后使输出层各神经元成为对特定模式类敏感的神经网络,从而使竞争层各神经元的连接权向量的空间分布能够正确反映输入模式的空间概率分布。

SOM神经网络训练结束后,输出层各节点与输入模式类的特定关系就固定下来了,因此,SOM神经网络可用作模式分类器。当输入一个模式时,网络输出层代表该模式类的特定神经元将产生最大响应,将该输入自动归类。当输入模式不属于网络训练时见过的任何模式时,SOM神经网络将它归入最接近的模式类。

1. 自组织特征映射网络的拓扑结构

自组织特征映射网络的拓扑结构分为两层:输入层和输出层(竞争层)。SOM神经网络拓扑结构不包括隐含层。输入层为一维,竞争层可以是一维、二维或多维。其中二维竞争层由矩阵方式构成,二维竞争层的应用最为广泛。SOM神经网络中有两种连接权值,一种是神经元对外部输入反应的连接权值,另外一种是神经元之间的特征权值,它的大小控制着神经元之间交互作用的强弱。网络拓扑结构如图8-24所示。

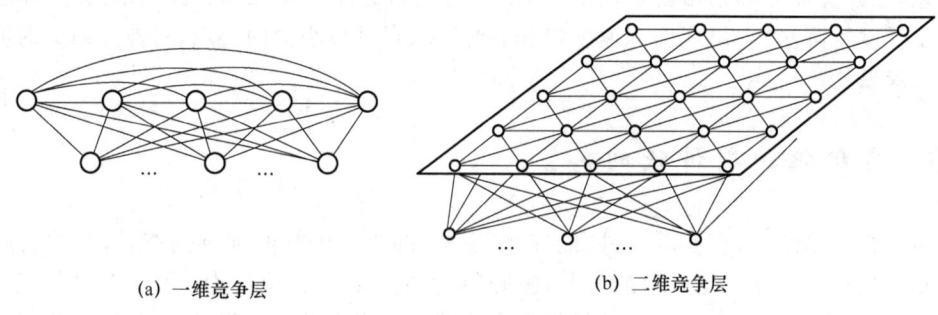

(a) 一维竞争层　　　　　(b) 二维竞争层

图 8-24　网络拓扑结构

SOM神经网络不是通过一个神经元或者一个神经元向量来反映分类结果,而是用若干神经元同时反映分类结果。神经网络对学习模式的记忆不是一次性完成的,而是通过反复学习,将输入模式的统计特征"溶解"到各个连接权值上的。对SOM神经网络而言,一旦由于某种原因,某个神经元受到损害(在实际应用中,表现为连接权溢出、计算误差超限、硬件故障等)或者完全失效,剩下的神经元仍可以保证所对应的记忆信息不会消失。故自组织特征映射网具有很强的抗干扰特性。

2. 自组织特征映射网络的学习算法

自组织特征映射网络采用的学习算法称为科霍恩算法,与胜者为王算法相比,其主要区别在于调整权向量与侧抑制的方式不同。胜者为王算法的调整是封杀式的。SOM神经网络的获胜神经元对其邻近的神经元的影响是由近及远,由兴奋逐渐转变为抑制的,因此其学习算法中不仅获胜神经元本身要调整权向量,它周围的神经元在其影响下也要不同程度地调整权向量。

科霍恩学习算法的具体步骤如下:

(1) 初始化

给输出层各权向量赋予较小的随机数并进行归一化处理,得到$\hat{w}_j(j=1,2,\cdots,m)$,建立初

始优胜邻域 $N_j^*(0)$ 和学习率 η 初值,其中 m 为输出层神经元数目。

(2) 接受输入

从训练集中随机取出一个输入模式并进行归一化处理,得到 $\hat{X}^p(p=1,2,\cdots,n)$,其中 n 为输入层神经元数目。

(3) 相似性测量

比较两个不同模式的相似性可转化为比较两个向量的距离,因而可以用模式之间的距离作为聚类判断的标准,与输入模式最相似的神经元即为获胜神经元。如果输入模式已归一化,那么可以直接计算 $\hat{X}^p$ 和 $\hat{w}_j$ 的点积,从中找到点积最大的获胜神经元 j^*。如果输入模式未经归一化,则计算欧氏距离,从中找出欧氏距离最小的获胜神经元。

$$d_j = \|\hat{x} - \hat{w}_j\| = \sqrt{\sum_{j=1}^m (X - \hat{w}_j)^2} \tag{8-70}$$

(4) 定义优胜邻域 $N_j^*(t)$

设 j^* 为中心,确定 t 时刻的权值调整域,一般初始邻域 $N_j^*(0)$ 较大,训练过程中 $N_j^*(t)$ 随训练时间收缩。

(5) 调整权值

对优胜邻域 $N_j^*(t)$ 内的所有节点调整权值,

$$w_{ij}(t+1) = w_{ij}(t) + \alpha(t,N)(X_i^p - w_{ij}^t), i=1,2,\cdots,n, j \in N_j^*(t) \tag{8-71}$$

其中 $\alpha(t,N)$ 是训练时间 t 和邻域内第 j 个神经元与获胜神经元 j^* 之间的拓扑距离 N 的函数,该函数随 t 和 N 的增大而减小。

(6) 结束判定

当学习率 $\alpha(t) \leqslant \alpha_{\min}$ 时,结束训练;不满足结束条件时,返回(2)继续学习。

8.5 神经网络的应用

8.5.1 MATLAB 实现

1. 基于 MATLAB 的 BP 神经网络数据拟合实例

(1) 数据准备

下载数据 simplefit_dataset,它包含两个变量,一个变量是输入变量 simplefitInputs,为 1×94 的向量,即 94 个数据,每个数据都是一维;另一个变量是输出变量 simplefitTargets,也为 1×94 的向量,即 94 个数据,每个数据都是一维。通过画图 plot(simplefitInputs,simplefitTargets,'+'),我们可以看出输入、输出的分布情况,如图 8-25 所示。

```
load simplefit_dataset;
plot( simplefitInputs,simplefitTargets,'+');
```

(2) 采用网络进行拟合

```
[x,t] = simplefit_dataset;      % 将 simplefitInputs,simplefitTargets 分别赋予 x,t
net = fitnet(15);               % 建立用于拟合的前馈网络,隐层节点数为 15
net = train(net,x,t);           % 训练网络,默认采用 trainlm 算法,目标误差函数 mse
view(net)      % 查看网络
```

可以看出,网络有 1 个输入节点,15 个隐层节点,1 个输出节点,如图 8-26 所示。

```
y = net(x);       % 网络输出
perf = perform(net,t,y)
```

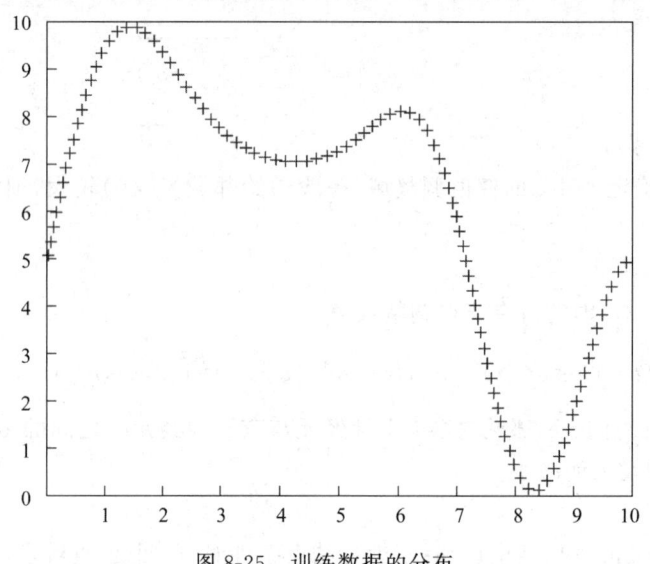

图 8-25　训练数据的分布

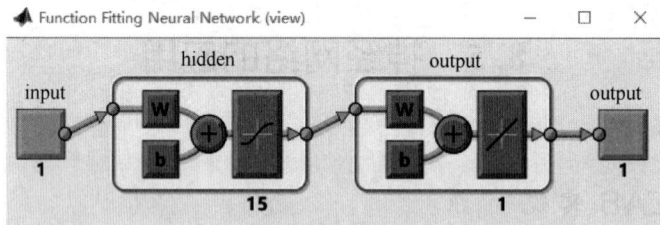

图 8-26　网络结构

如果需要观察训练参数和结果,可以再由网络训练界面获得(该界面在训练时自动弹出)。由于数据划分、初始权值等为随机产生,因此,我们在运行该程序时会产生不同结果。

如图 8-27 所示,在 Plots 看板中,单击【Performance】按钮,我们可以观察训练过程。范例采用的是利用校验集误差提前停止训练的方式,而且程序自动将数据集分为训练集、校验集和测试集,一般校验步数默认为 6,即如果校验误差在某次训练之后的 6 步都没有下降,那么将不再训练,并将此处作为训练停止的标志。单击【Training State】按钮,我们可以看到具体训练参数的变化,如图 8-28 所示。

由图 8-28 可以看出,由于在规定训练次数内(设为 1 000 次),训练误差和校验集的误差在规定步数内一直在下降或没有上升,因此没有提前停止,权值的取值由训练到 1 000 步的时候确定。

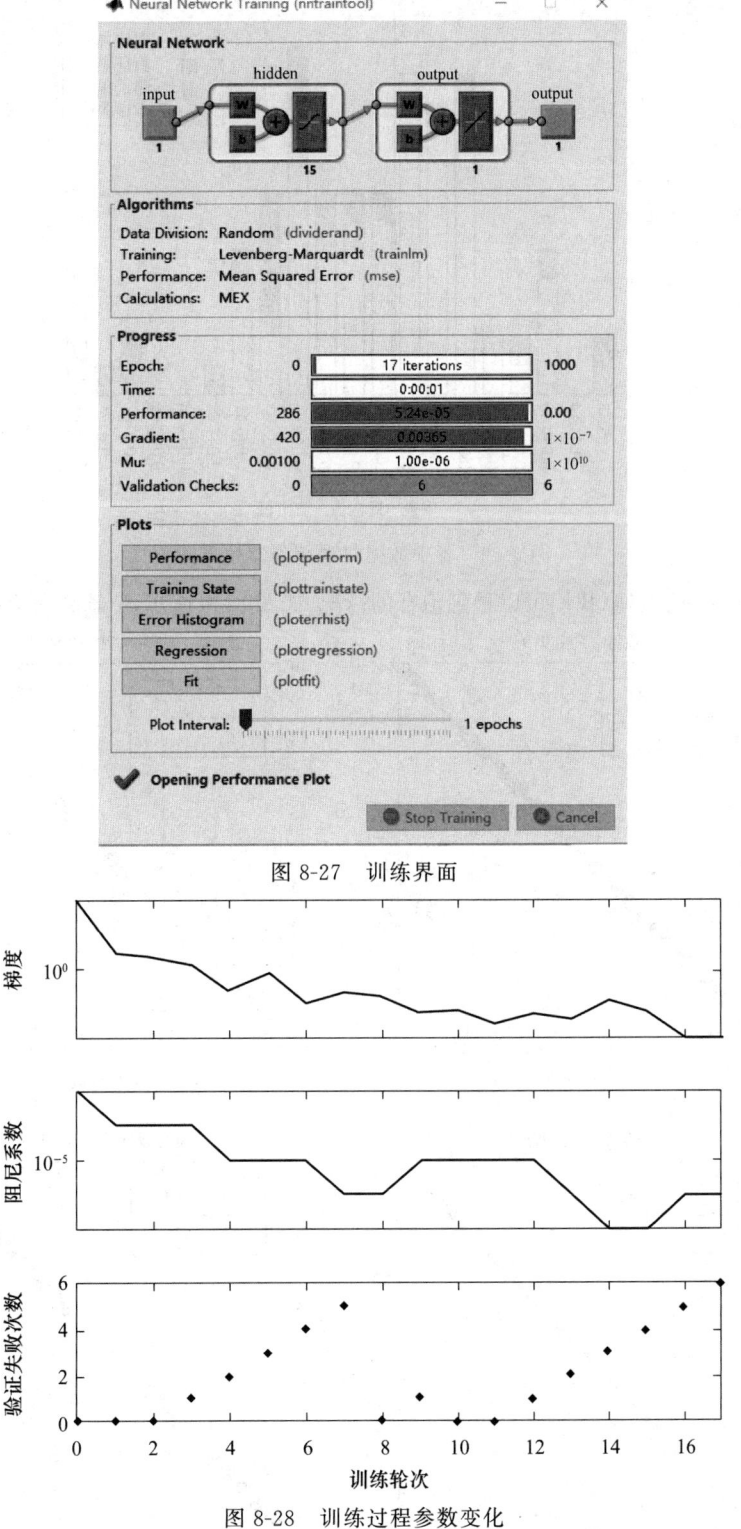

图 8-27　训练界面

图 8-28　训练过程参数变化

单击【Error Histogram】按钮，我们可以看到训练集、校验集、测试集的误差分布柱形图，如图 8-29 所示。

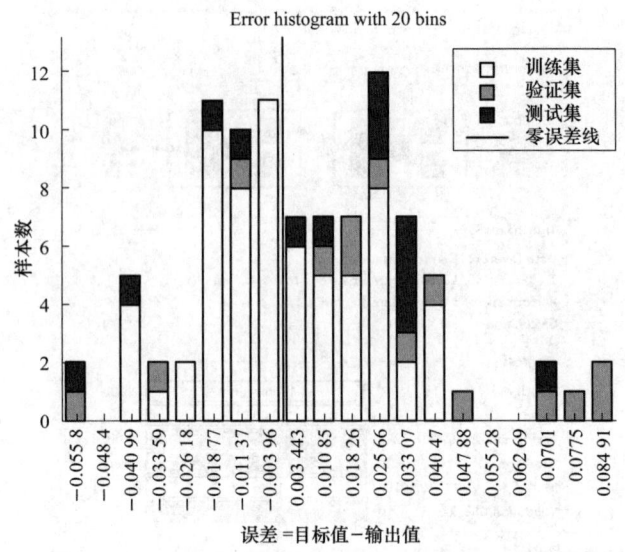

图 8-29　各项数据集误差分布柱形图

单击【Regression】按钮，我们可以看到拟合的情况，如图 8-30 所示，R 越高表示拟合程度越高。

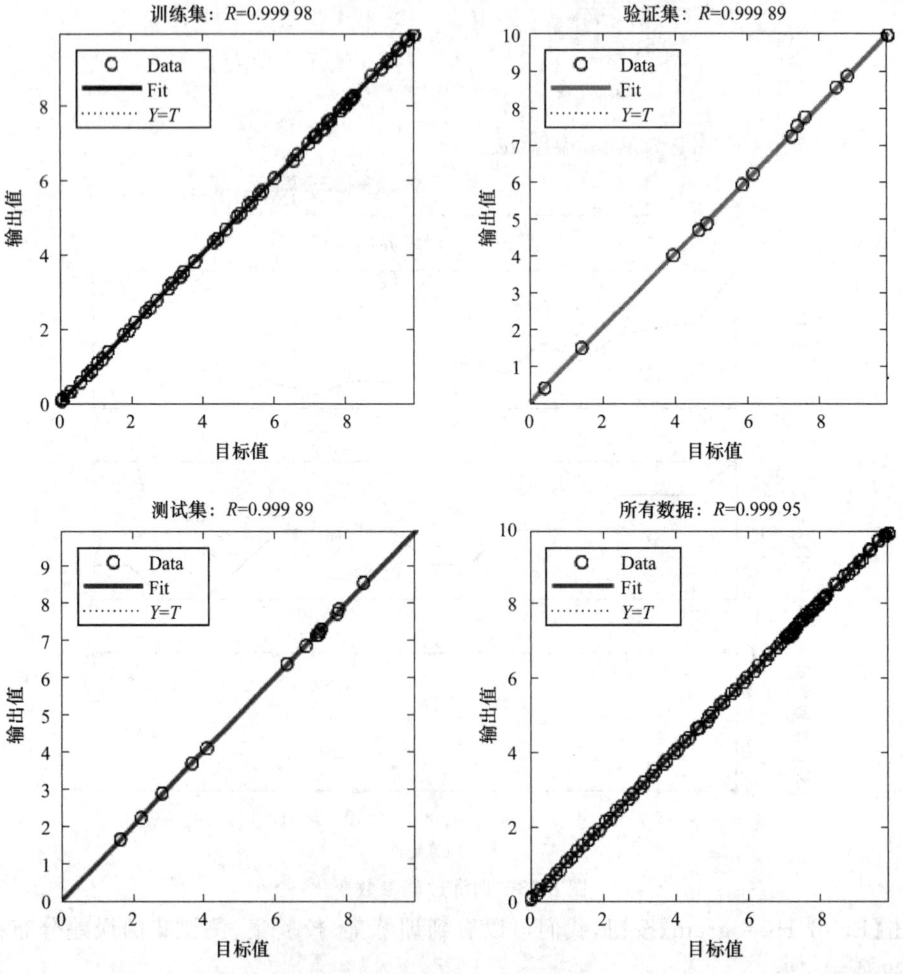

图 8-30　各项数据集拟合情况

单击【Fit】按钮,网络拟合数据及误差如图 8-31 所示。

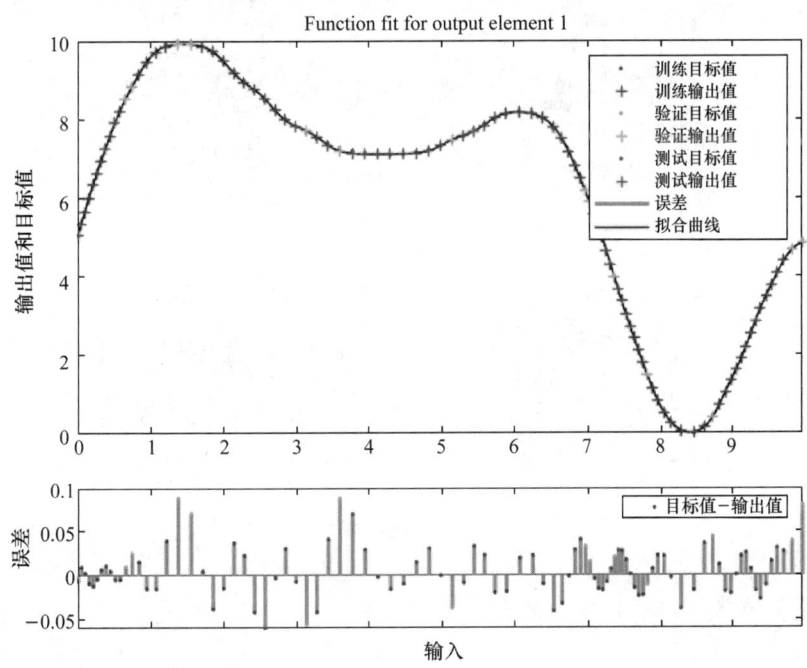

图 8-31　网络拟合数据及误差

2. 基于 MATLAB 的 SOM 神经网络聚类实例

问题描述:在二维平面上有 1 000 个点,采用 SOM 神经网络进行聚类。

(1) 导入数据

本例采用 MATLAB 的自带数据 simplecluster_dataset,该数据实际包含两个变量:一个是输入变量 simpleclusterInputs,为 2×1 000 的矩阵,即 1 000 组数据,每一组数据为二维向量;另一个是目标输出变量 simplelclusterTargets,为 4×1 000 的矩阵,即 1 000 组数据,每一组数据为四维向量,表示其类别。采用如下程序:

```
load simplecluster_dataset;
[x,t] = simplecluster_dataset;    % 将 simpleclusterInputs 和 simplelclusterTargets
分别赋值给 x 和 t
plot (x(1,:),x(2,:),'+')    % 数据分布图,如图 8-32 所示
```

(2) 创建网络

采用函数 selforgmap 创建一个 SOM 神经网络,输出为 10×10 的网格。

```
dimension1 = 10;
dimension2 = 10;
net = selforgmap ([dimension1 dimension2]);    % 网络为一个 SOM 神经网络
```

此时,网络仅设计了输出节点,为二维平面输出,若将输出节点设计为一维线阵,那么只写一个参数即可,例如,selforgmap([dimension1])。

(3) 训练网络

```
net = train(net, x);    % 查看网络训练界面,如图 8-33 所示
```

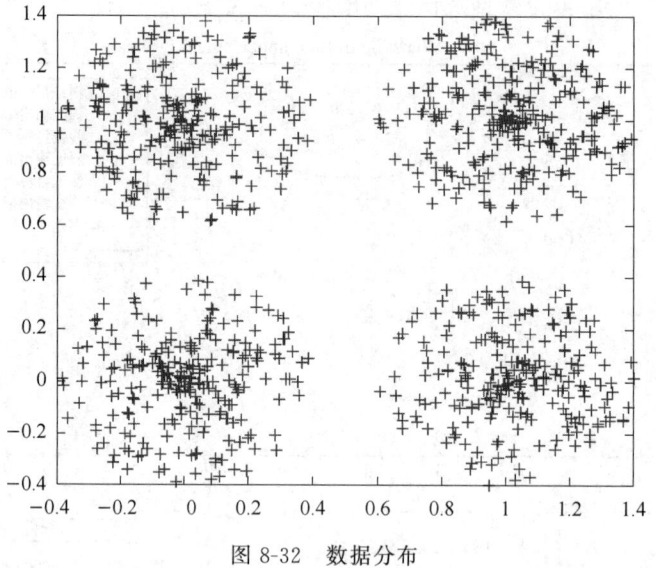

图 8-32 数据分布

```
% 查看网络结构(图 8-34)以及数据分类结果
view (net)
y = net(x);
classes = vec2ind (y) ;
```

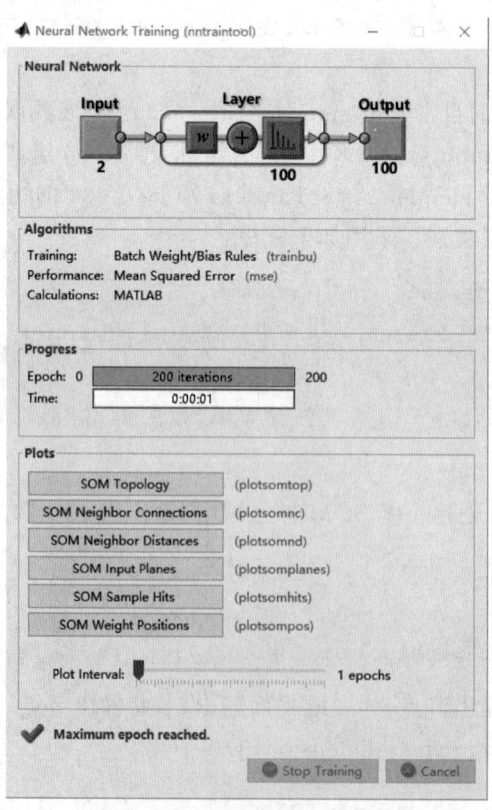

图 8-33 网络训练界面

可以看到，网络是二维输入，100维输出的，w为权值。

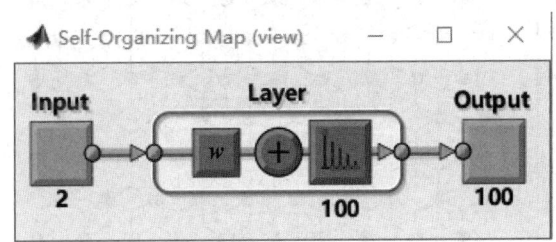

图 8-34　网络结构

在 SOM 神经网络的训练过程中，相邻神经元的权向量逐渐调整后成为输入向量的聚类中心。另外，在输出层拓扑结构中，相邻的神经元在输入空间中也逐渐靠近，这样，在输入空间的高维向量就可以在网络的高维拓扑结构中得以展示。在【Neural Network Training】窗口，单击【Plots】下面的按钮，就可以观察网络的拓扑结构（SOM topology）、权值连接情况（SOM neighbor connections）、邻域间的距离（SOM neighbor distance）、与输入相连的权值分布情况（SOM input planes）、输入激活神经元的情况（SOM sample hits）、权值的位置（SOM weight positions）。

单击【SOM Topology】按钮或输入指令，就可以看到 SOM 神经网络的拓扑结构，如图 8-35 所示。每一个六边形都是一个神经元，在二维平面上排布为 10×10 的方阵，每一个神经元与其他 6 个神经元相连（默认结构，还可以设置为其他结构，边缘神经元除外）。

进而单击【SOM Neighbor Connections】按钮或输入命令 $plotsomnc(net)$，就可以看到线段，这些线段表示两个神经元之间存在的连接，如图 8-36 所示。

究竟神经元之间的连接强度，或者说神经元之间的距离如何，可以单击【SOM Neighbor Distance】按钮或者输入指令 $plotsomnc(net)$ 进行观察，如图 8-37 所示。

颜色越深表示神经元之间的距离越远，可以比较明显地看出，图中形成了两条交叉的分界线，这两条分界线将区域分成四部分，而每一部分都恰好与样本的分布区间吻合。

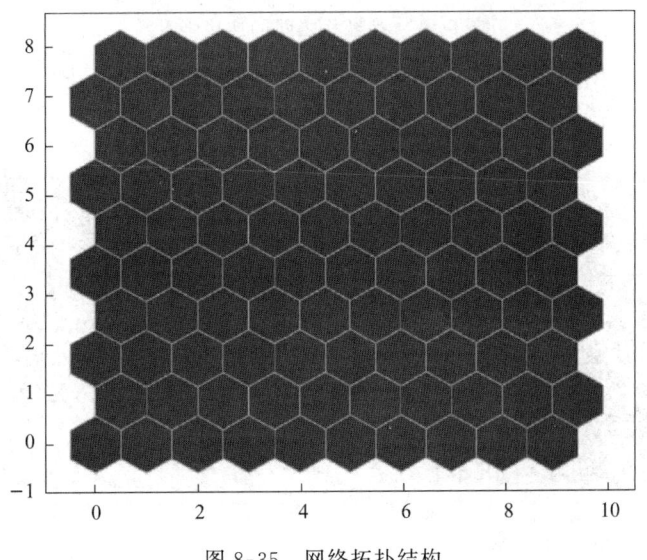

图 8-35　网络拓扑结构

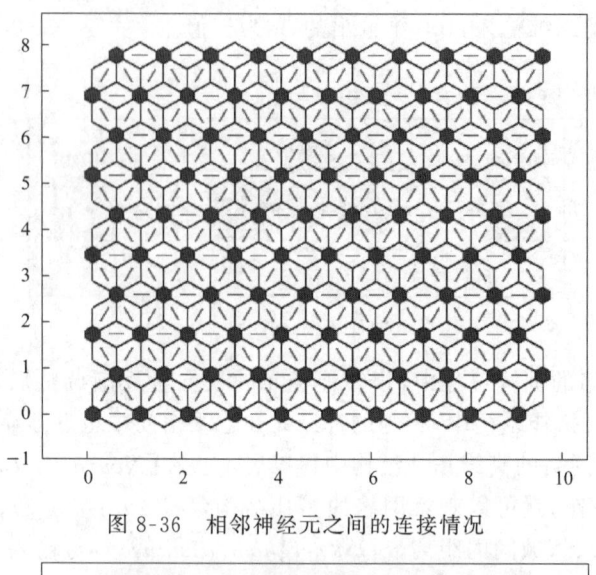

图 8-36　相邻神经元之间的连接情况

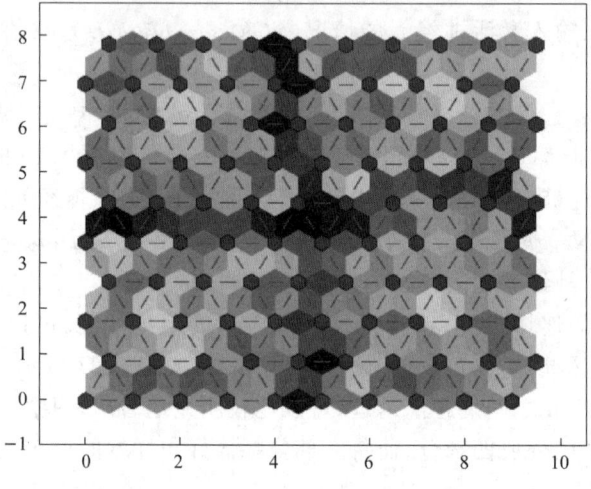

图 8-37　神经元之间的连接强度

下面观察与输入相连的权值的分布情况，单击【*SOM Input Planes*】按钮或输入指令 *plotsomplanes(net)* 进行观察，如图 8-38 所示。

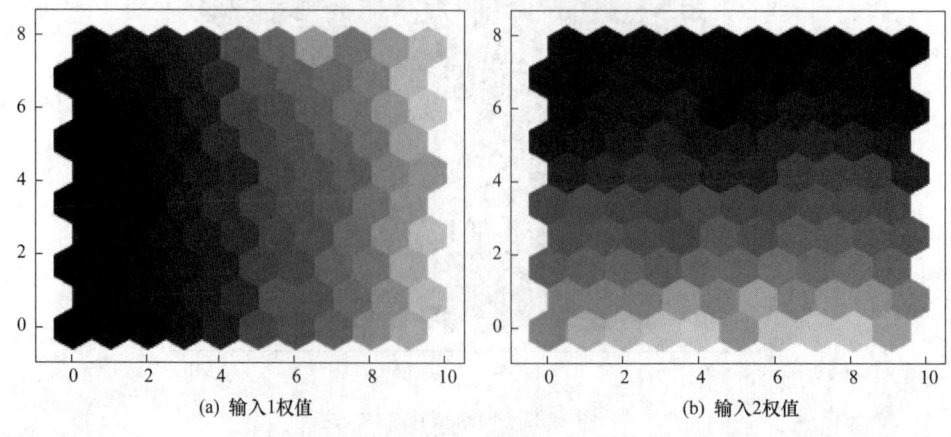

(a) 输入1权值　　　　　　　　　　(b) 输入2权值

图 8-38　权值分布

同样，我们可以观察权值看板，图 8-38 显示了每一维输入对应输出节点的权值，颜色越深表示权值越大。如果两个输入的连接模式非常接近，则可以认为这两个输入有很高的相关性。在这个例子中，输入 1 和输入 2 的连接模式非常不同。

如果要观察一个神经元成为多少个输入向量的聚类中心，可单击【SOM Sample Hits】按钮或输入指令 $plotsomhits(net, x)$，如图 8-39 所示。

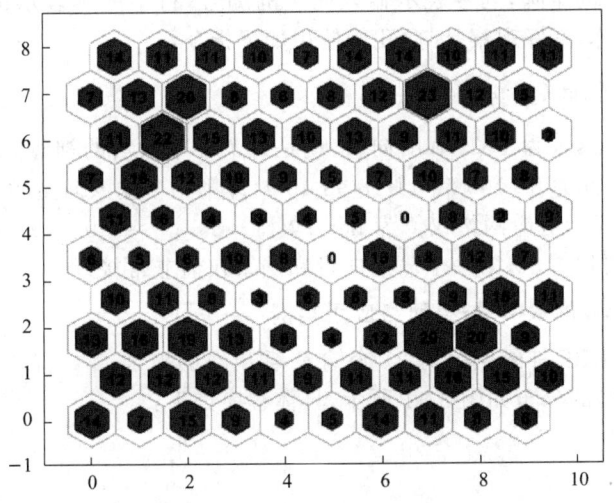

图 8-39　神经元激活情况

图 8-39 中，网络拓扑结构是 10×10 的网格，即输出有 100 个神经元。其中数字最大的是 28，位于第八行第三列（左下角为原点），表示该神经元（第 73 个）成为 28 个输入样本的聚类中心。没有数字的表示该神经元没有被激活。

在该问题中，由于权值向量也是二维向量（与输入同维数），因此，我们也可以在输入空间中表示出权值向量的位置。单击【SOM Weight Positions】按钮或者输入命令 $plotsompos(net, x)$ 即可，如图 8-40 所示。深色的点表示神经元对应权值的位置，线段表示拓扑连接。可

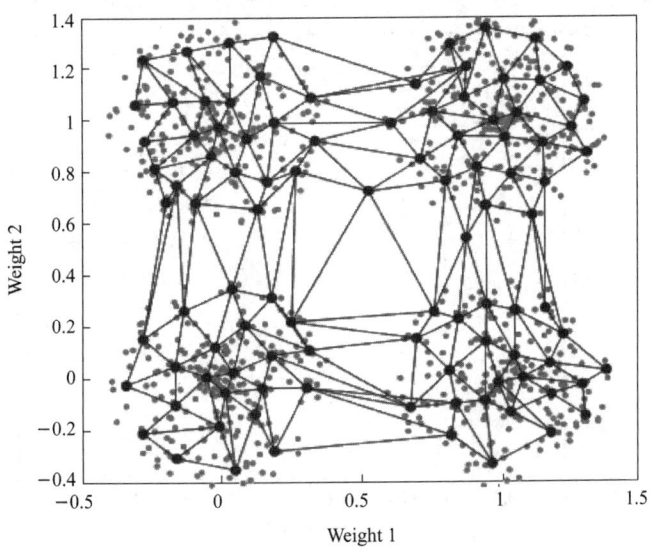

图 8-40　权值向量的位置

以看出，尽管网络的拓扑结构发生了变形，但是仍然保持着一定的规律，即相邻神经元的权值位置也比较接近。

(4) 测试网络

上文是网络及训练结果，如果要确定输入向量究竟属于哪一个类别，可输入指令 $y=net(x)$，根据输入 x 得到网络的输出。

Y 为 $100 \times 1\,000$ 的矩阵，列号表示输入向量的编号，行中的 1 表示该位置的神经元被激活，这是一个稀疏矩阵，不好观察，因此我们使用如下指令：

```
classes = vec2ind(y);
```

这样就得到的 casses 为 1×100 的向量，就是每个样本激活的神经元编号。例如，前八个输入向量激活的神经元为 88 100 56 11 18 93 46 4，即第一个输入向量激活第 88 个神经元，即第九行，第八个神经元。对应网络权值为 net.IW{1}(88,:,) = [0.0499 1.0611]，x(:,1)' = [0.0354 1.0331]，可以看出，第一个输入向量和网络权值非常接近。

3. 基于 MATLAB 的 RBF 神经网络应用实例

问题描述：建立 RBF 神经网络对 21 个输入-输出对的拟合。

① 数据点 (X, T) 的分布如图 8-41 所示，具体程序如下：

```
clear
X = -1:.1:1;
T = [-.8702  -.5765  -.0423  .4271  .7400  .6600  .4629…
     .2456  -.2514  -.5634  -.5050  -.2950  -.1457  .1288…
     .2572  .3856  .2449  .1716  -.0452  -.2159  -.3201];
figure(1)
plot(X,T,'+');
xlabel('输入 X');
ylabel('目标 T');
hold on;
```

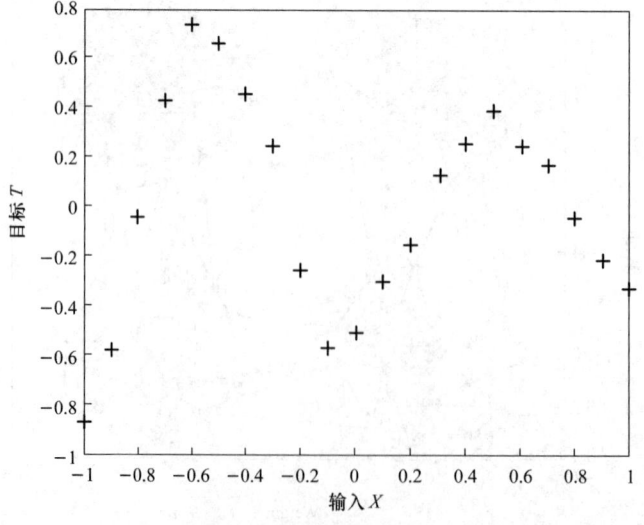

图 8-41 训练数据分布

② 可以采用 MATLAB 神经网络工具箱 newrb 进行 RBF 神经网络的设计。在直接采用 newrb 之前，我们先观察 RBF 神经网络的工作过程，即径向基函数的作用，以及加权求和后的效果。RBF 神经网络采用函数 radbas 计算输出。径向基函数对数据的处理程序如下，结果如图 8-42 所示。

```
x = -3:.1:3;
a1 = radbas(x);
plot(x,a1)
xlabel('输入 x');
ylabel('输出 a1');
```

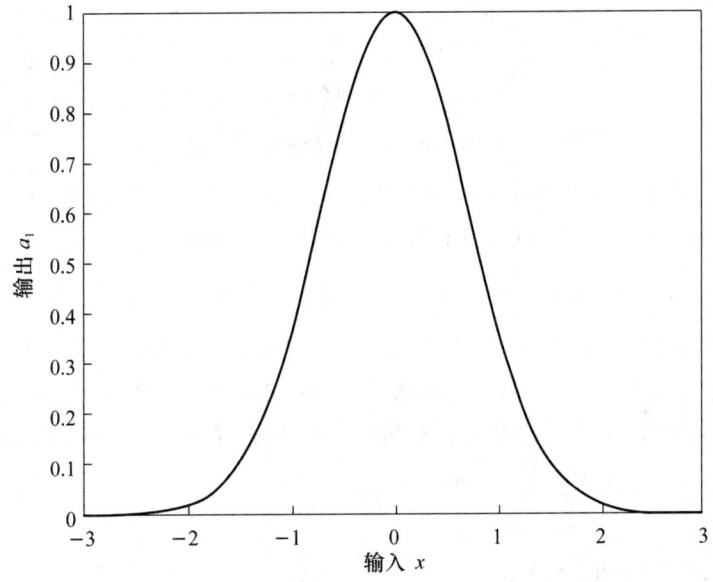

图 8-42　径向基函数的作用

下面观察多个径向基函数 a_1、a_2、a_3 加权求和为 a_4 的效果，如图 8-43 所示。

```
a2 = radbas(x-2);
a3 = radbas(x+1);
a4 = a1 + a2 * 1 + a3 * 0.6;
plot(x,a1,'b-',x,a2,'b--',x,a3,'b--',x,a4,'m-')
xlabel('输入 x');
ylabel('输出 a4');
legend('a1','a2','a3','a4')
```

可以看出，如果选择合适的径向基函数宽度及加权系数等，可以形成新的曲线，以拟合样本数据。

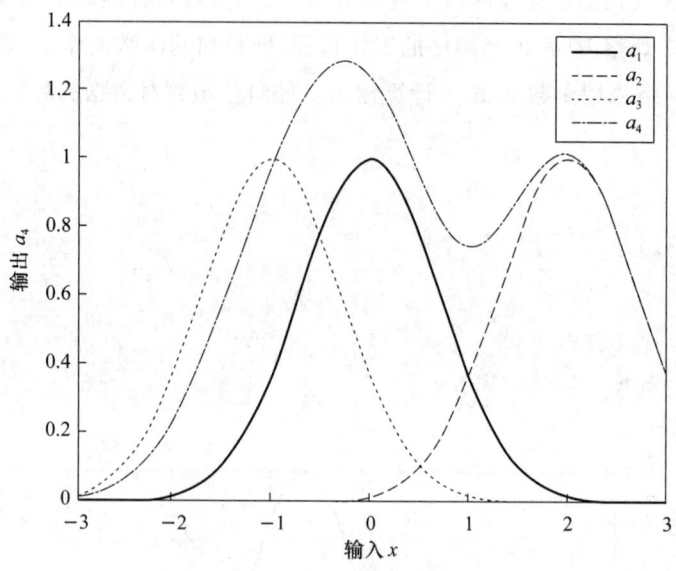

图 8-43 径向基函数加权后的效果

③上文演示了径向基函数的拟合情况,我们也可以基于输入、输出数据,直接利用 newrb 函数进行设计,例如,产生一个新的 RBF 神经网络,具体步骤如下:

```
net = newrb(X,T,eg, sc)
```

其中,X、T 分别代表输入、输出,eg 为误差二次方和目标值,sc 为径向基函数的分布宽度。sc 越小,径向基函数宽度越窄,每个径向基函数覆盖的范围越小,拟合所需要的径向基函数越多。下面针对同一问题对比不同 sc 的影响。忽略②中的程序,直接将如下程序放在①程序之后。

```
eg = 0.02;      %误差二次方和目标值
sc1 = 0.01;     %过小的分布宽度
net = newrb( X,T,eg,sc1);
Y1 = net(X);
sc2 = 100;      %过大的分布宽度
net = newrb(X,T,eg ,sc2);
Y2 = net(X);
sc3 = 1;        %适合的分布宽度
net = newrb(X,T,eg,sc3);
Y3 = net(X);
figure(1)
plot(X, Y1,'r-',X,Y2,'k--',X,Y3,'b-.');
% hold on;
legend( 'sample','sc = 0.1','sc = 100','sc = 1')
hold off;
```

运行后的结果如图 8-44 所示。

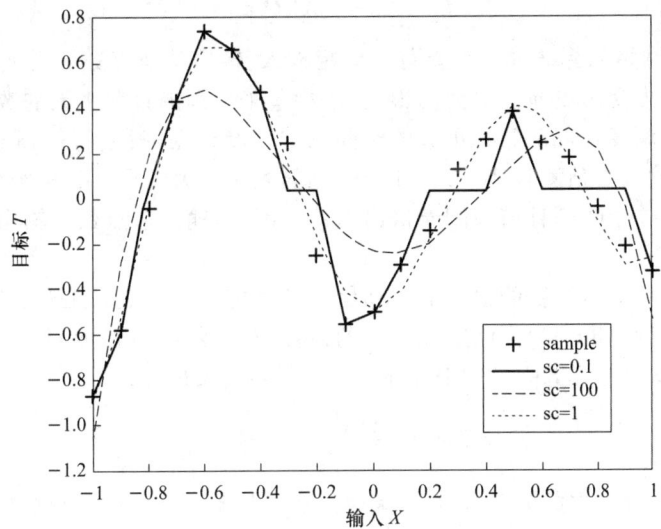

图 8-44　不同分布宽度下 RBF 神经网络的拟合效果

8.5.2　应用实例

1. 基于 BP 神经网络的光伏发电功率预测

目前，光伏发电因其具有污染少、能源利用率高及规模灵活等优点而得到了大量的应用，是我国新能源发电领域发展最迅速、应用推广最为广泛的行业之一。高效利用光伏发电可以有效减少煤炭能源发电，是缓解环境问题的有效措施。然而，光伏发电易受外界因素的影响，存在波动性强、间歇性和不确定性等缺点，会对电力系统的稳定运行造成一定的影响。对光伏系统的发电量进行预测，有助于电力调度部门提前做好调度安排，降低光伏发电的随机性对电网的冲击，还可以帮助含有多种微元的微电网系统做出合适的控制决策。

目前，关于光伏发电功率预测方法已经取得了一些研究进展，其中基于 BP 神经网络的光伏发电功率预测精度、收敛性较好。BP 神经网络是基于误差反向传播的多层前馈神经网络，具有强大的非线性映射能力和较好的泛化能力，适用于受自然环境影响大，随机性强的光伏发电量预测。它是目前研究最为成熟，应用最为广泛的预测方法，可实现光伏发电量的短期和超短期预测。

基于 BP 神经网络的光伏发电预测算法主要由数据预处理、模型构建、数据训练、生成结果分析 4 部分构成，如图 8-45 所示。实验数据选用美国国家能源部可再生能源实验室（NREL）华盛顿地区 2006 年 1 月—2006 年 12 月的实测光伏功率数据，样本的采样周期为 15 min。

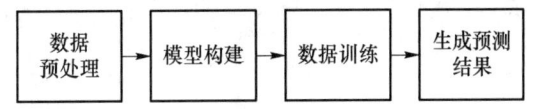

图 8-45　基于 BP 神经网络的光伏发电预测

（1）数据预处理

数据预处理主要是对光伏发电系统采集的光伏功率数据的预处理和归一化处理。对光伏发电功率的不良数据以天为单位进行剔除，以保证最终预测结果真实可靠。光伏发电功率数据的归一化处理主要是为了达到输入数据和输出数据的数量级一致的目的，从而降低 BP 神经网络预测结果误差。

(2) 构建模型

基于 BP 神经网络的算法模型需要首先确定输入、输出层节点数。在实际预测过程中,考虑待预测日光伏出力受历史光伏出力的影响,本小节采用预测日前 1 天的数据作为训练样本。为了使电力系统的调度管理部门有足够的时间制定调度计划,我们将待预测日一整天的数据作为预测数据,即输入为预测日前一天 96 个时刻的光伏出力数据,BP 神经网络的输出层为全连接层,最终得到 96 个时刻日前预测光伏出力值。因此,输入节点数与输出节点数都为 96。

(3) 数据训练

隐含层节点数将决定系统的学习能力和信息处理能力,所以我们既要考虑算法的合理性还要考虑算法的运行速度。为了确定隐含层的最优节点数,我们需要对不同隐含层模型进行仿真,使用 MAE 作为考核指标,当 MAE 最小时,预测效果最好。

$$\mathrm{MAE} = \frac{1}{m} \sum_{i=1}^{m} |(y_i - \hat{y}_i)| \tag{8-72}$$

其中,y_i 为光伏输出功率的真实值,$\hat{y}_i$ 为光伏输出功率的预测值,m 为测试样本集的数量。

按照 8:1:1 的比例将数据集划分为训练集、验证集和测试集。初始化模型参数,将训练样本集输入 BP 模型进行训练,从而得到 BP 神经网络预测模型的参数。

(4) 生成预测结果

模型在不同天气类型下的预测结果与真实值对比如图 8-46 所示。仿真结果表明,基于 BP 神经网络的光伏发电预测算法达到了较高的预测精度,预测效果稳定。

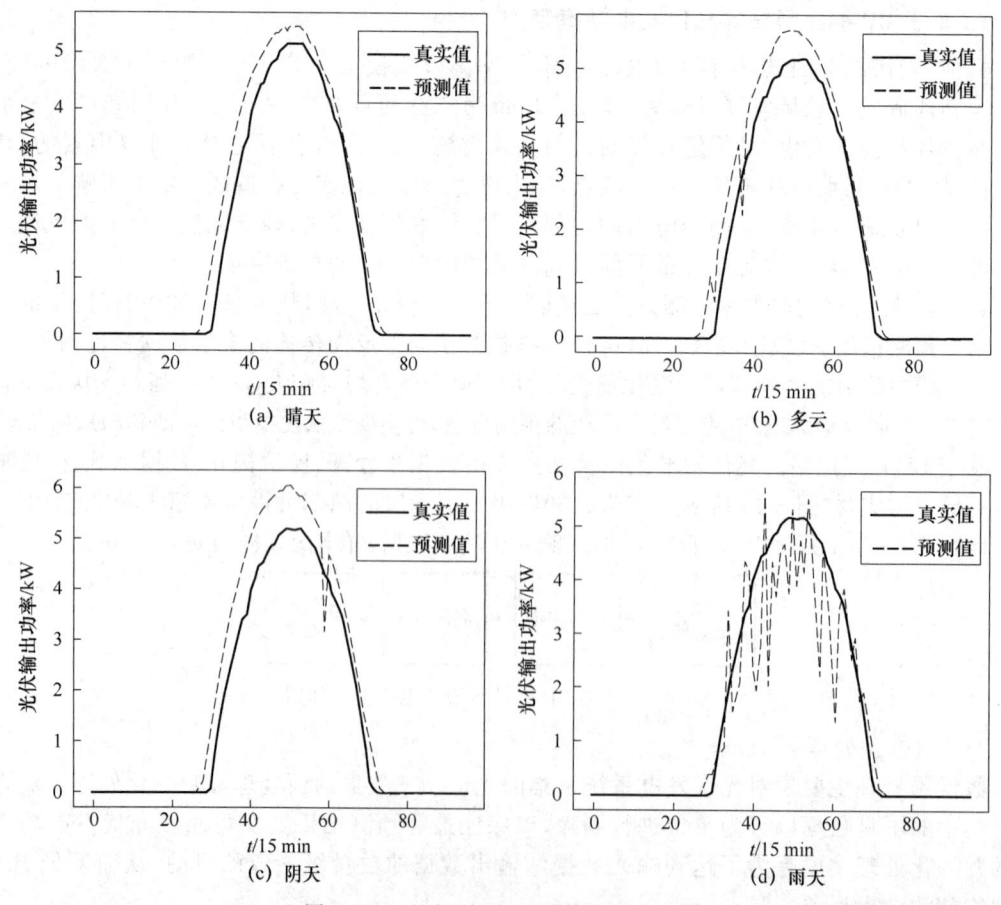

图 8-46 不同天气类型预测结果对比图

2. 基于 Elman 神经网络的热力参数预测

电站性能在线监测、设备状态检测与故障诊断、机组运行优化等系统的实现依赖于现场数据的准确获取。由于传感器故障、漂移和各种干扰的存在，运行过程中不可避免地会出现热力参数失效，使基于数据开发的系统性能下降，甚至造成系统无法工作。因此，为了保证机组运行的安全性和经济性，对生产过程实时数据进行预测和验证是非常必要的。在机组运行中一旦发现实时数据有误，需提供合理的预测值以保证机组后续性能计算的准确性。

Elman 神经网络是一种典型的多层动态递归神经网络，通过存储内部状态使自身具备映射动态特性的功能，从而使系统具有适应时变特性的能力。基于 Elman 神经网络的热力参数预测模型一般分为 4 层，包括输入层、隐含层、承接层和输出层。输入层为 8 个神经元，包括抽气温度、抽气压力、母管压力、进水温度等；输出层为 12 个神经元，包括进气压力、出水温度、疏水温度、阀门开度等；隐含层和承接层神经元个数根据实验结果确定。

本小节选取某 600 MW 超临界机组热力系统为研究对象，在机组正常运行情况下采集变负荷过程的共 15 000 组样本数据（采样时间为 1 s），包含负荷为 600 MW、540 MW、480 MW、420 MW 时的稳态数据，以及 4 种工况间升、降负荷的动态过程数据。采用 MATLAB 构建 Elman 神经网络模型并完成网络训练。网络隐含层、输出层的激活函数分别选用 tansig 和 purelin 函数。经试验，网络隐含层取 25 个神经元，经 50 个训练周期后，均方误差可达到 1.2567×10^{-5}，具有较高的拟合精度。训练好的神经网络与原始样本输出的对比如图 8-47 所示。从图中可以看出，神经网络模型预测值与实际值基本重合，误差很小。

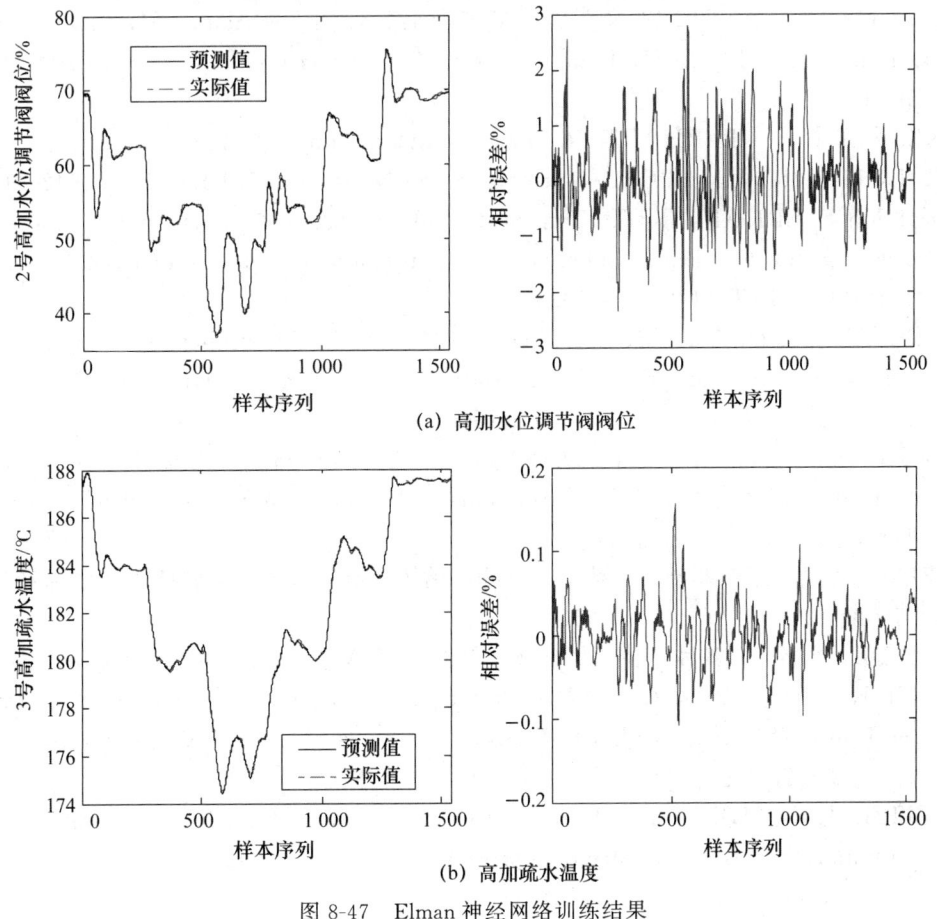

图 8-47 Elman 神经网络训练结果

参 考 文 献

[1] HOLLAND J H. Adaptation in natural and artificial systems: an introductory analysis with applications to biology, control, and artificial intelligence[M]. Ann Arbor: University of Michigan Press, 1992.

[2] DAS S, SUGANTHAN P N. Differential evolution: a survey of the state-of-the-art [J]. IEEE Transactions on Evolutionary Computation, 2011, 15(1): 4-31.

[3] BREST J, GREINER S, BOSKOVIC B, et al. Self-adapting control parameters in differential evolution: a comparative study on numerical benchmark problems[J]. IEEE Transactions on Evolutionary Computation, 2006, 10(6): 646-657.

[4] ZHANG J Q, SANDERSON A C. JADE: adaptive differential evolution with optional external archive[J]. IEEE Transactions on Evolutionary Computation, 2009, 13(5): 945-958.

[5] KENNEDY J, EBERHART R. Particle swarm optimization[C]//Proceedings of ICNN'95 - International Conference on Neural Networks. IEEE, 1995: 1942-1948.

[6] SHI Y, EBERHART R C. Empirical study of particle swarm optimization[C]// Proceedings of the 1999 congress on evolutionary computation-CEC99 (Cat. No. 99TH8406). IEEE, 1999, 3: 1945-1950.

[7] LIANG J J, QIN A K, SUGANTHAN P N, et al. Comprehensive learning particle swarm optimizer for global optimization of multimodal functions[J]. IEEE Transactions on Evolutionary Computation, 2006, 10(3): 281-295.

[8] DORIGO M, MANIEZZO V, COLORNI A. Ant system: optimization by a colony of cooperating agents[J]. IEEE Transactions on Systems, Man, and Cybernetics Part B, Cybernetics, 1996, 26(1): 29-41.

[9] 李晓磊,邵之江,钱积新. 一种基于动物自治体的寻优模式:鱼群算法[J]. 系统工程理论与实践, 2002, 22(11): 32-38.

[10] 雷德明,严新平. 多目标智能优化算法及其应用[M]. 北京:科学出版社, 2009.

[11] DEB K, PRATAP A, AGARWAL S, et al. A fast and elitist multiobjective genetic algorithm: NSGA-II[J]. IEEE Transactions on Evolutionary Computation, 2002, 6(2): 182-197.

[12] ZITZLER E, THIELE L. Multiobjective evolutionary algorithms: a comparative case study and the strength Pareto approach[J]. IEEE Transactions on Evolutionary Computation, 1999, 3(4): 257-271.